生态文明建设丛书

林家彬 顾 问

李家彪 主 编 **王宇飞** 副主编

环境共治：理论与实践

郭施宏　陆健　张勇杰　著

上海科学技术文献出版社
Shanghai Scientific and Technological Literature Press

图书在版编目（CIP）数据

环境共治：理论与实践／郭施宏，陆健，张勇杰著 . —上海：上海科学技术文献出版社，2021

（生态文明建设丛书）

ISBN 978-7-5439-8413-4

Ⅰ．①环… Ⅱ．①郭…②陆…③张… Ⅲ．①环境管理—研究 Ⅳ．① X32

中国版本图书馆 CIP 数据核字（2021）第 175571 号

选题策划：张　树
责任编辑：苏密娅　姚紫薇
封面设计：留白文化

环境共治：理论与实践
HUANJING GONGZHI: LILUN YU SHIJIAN
郭施宏　陆　健　张勇杰　著
出版发行：上海科学技术文献出版社
地　　址：上海市长乐路 746 号
邮政编码：200040
经　　销：全国新华书店
印　　刷：常熟市人民印刷有限公司
开　　本：720mm×1000mm　1/16
印　　张：14.75
字　　数：248 000
版　　次：2021 年 10 月第 1 版　2021 年 10 月第 1 次印刷
书　　号：ISBN 978-7-5439-8413-4
定　　价：98.00 元
http://www.sstlp.com

丛书导读

　　生态文明这一概念在我国的提出，反映了我国各界对人与自然和谐关系的深刻反思，是发展理念的重要进步。生态文明建设是建设中国特色社会主义"五位一体"总布局的重要组成部分。其根本目的在于从源头上扭转生态环境恶化趋势，为人民创造良好的生活环境；使得全体公民自觉地珍爱自然，更加积极地保护生态。可以说，生态文明建设是不断满足人民群众对优美生态环境的需要、实现美丽中国的关键举措，也是现阶段重构人与自然关系、实现人与自然和谐相处的主要方式。在新冠肺炎疫情引发人们重新审视人与自然关系的背景下，上海科学技术文献出版社推出的这套"生态文明建设丛书"可谓正当其时。

　　本套丛书有9册，系统且全面地介绍了当前我国生态文明建设中的一些重要主题，如自然资源管理、生物多样性、低碳发展等。在此对这9册书的主要内容分别作一简短概括，作为丛书的导读。

　　《自然资源融合管理》（马永欢等著）构建了自然资源融合管理的理论体系。在理论研究过程中，作者们在继承并吸收地球系统科学等理论的基础上，构建了自然资源融合管理的"5R+"理论模型，提出了自然资源融合管理的三种基本属性（目标共同性、行为一致性、效应耦合性），概括了自然资源融合管理的基本特征，设计了自然资源融合管理的五条路径，提出了自然资源融合管理支撑"五位一体"总体布局的战略格局，从自然资源融合管理的角度解释了生态文明建设。

　　水资源是自然资源管理的难点。《生态文明与水资源管理实践》（高娟、王化儒等著）一册对生态文明建设背景下水资源管理的实践工作进行了系统而翔实的介绍，提出了适应于生态文明建设需求的水资源管理的理论和实践方向。包括生态文明与水资源管理、水资源调查、水资源配置、水资源确权、水资源管理的具体实践等五部分内容，分别介绍了水资源管理的总体概念与核心内涵，水资源调查、配置和确权的关键环节与具体方法，以及宁夏生态流量管理的案例。

《陆海统筹海洋生态环境治理实践与对策》（李家彪、杨志峰等著）一册，主要对建设海洋强国背景下的海洋生态环境治理进行了研究。其中，陆海统筹是国家在制定和实施海洋发展战略时的一个焦点。本册包括我国海洋生态环境现状与问题、典型入海流域的现状与问题、国际海洋生态环境保护实践与策略、陆海统筹海洋生态环境保护的基本内容以及陆海统筹重点流域污染控制策略等。可以说，陆海统筹，其实质是在陆地和海洋两大自然系统中建立资源利用、经济发展、环境保护、生态安全的综合协调关系和发展模式。有助于读者理解我国"从山顶到海洋"的"陆海一盘棋"生态环境保护策略以及陆海一体化的海洋生态环境保护治理体系。

《环境共治：理论与实践》（郭施宏、陆健、张勇杰著）一册重点探讨了环境治理中的府际共治和政社共治问题。就府际共治问题，介绍了环境治理中的纵向府际互动关系，以及其中出现的地方执行偏差和中央纠偏实践；从"反公地悲剧"的视角分析了跨域污染治理中的横向府际博弈，以及府际协同治理模式。就政社共治问题，着重关注了多元主体合作中的社会治理与政社关系，以及当前环境治理中的社会参与情况。基于对国内外社会参与环境治理的长期田野调查，发现社会参与对于化解环境危机具有不可忽视的作用，社会参与在新媒体时代愈加活跃和丰富。这对于构建现代环境治理体系既是机遇也是挑战。

《生态文明与绿色发展实践》（王宇飞、刘昌新著）一册主要从政策试点入手，以小见大，解释了我国生态文明建设推进的一个重要特点，即先通过试点创新，取得成效后再向全国推广。本书主要分析了低碳城市试点、国家公园体制试点以及其他地区一些有典型意义的案例。低碳城市试点是我国为应对气候变化所采取的一项重要措施，试点城市在能源结构调整、节能减排以及碳排放达峰等方面都有探索和创新。这是我国实施"碳达峰、碳中和"战略的重要基础。国家公园是我国自然保护地体制改革的代表，也反映了我国近几年来生态文明体制改革的进程。这部分以三江源、钱江源等试点为案例，揭示了自然保护地的核心问题，即如何妥善处理保护和发展之间的矛盾。最后一部分介绍了阿拉善SEE基金会的蚂蚁森林公益项目、大自然保护协会在杭州青山村开展的水信托生态补偿等案例经验。这些案例很好地揭示了生态环境保护需要依赖绿色发展，要使各方均能受益从而促进共同保护。

《生态责任体系构建：基于城镇化视角》（刘成军著）一册重点关注了城镇化进程中生态问题的特殊性。作者从政府的生态责任是什么、政府为什么要履行生态责任以及政府如何履行生态责任三个方面展开研究。城镇化是一个动态的过程，在此过程中产生的生态环境问题有其独特的复杂性。本书审视了中国城镇化的历史和现状，探讨了中国城镇化进程中的生态环境问题，并将马克思主义关于生态环保的一系列重要思想观点融合到对相关具体问题和对策的分析与论证之中，指出了马克思主义生态观对中国城镇化生态环境问题解决的具体指导作用；对我国城镇化进程中存在的生态问题、政府应承担的生态责任、国内外政府履行生态责任的实践及我国政府履行生态责任的途径等问题进行了论述。

《生态文明与环境保护》（罗敏编著）收录了"大气、水、土壤、核安全、国家公园"五方面内容，针对当下公众关注的污染防治三大攻坚战役、核安全健康与发展、自然保护地体系下的国家公园建设进行了介绍。三大攻坚战部分，分析了大气、水、土壤污染防治的政策、现状，从制度体系构建、技术应用、风险评估等方面，结合具体实践和地方经验，对如何打好污染防治攻坚战进行探讨。核安全部分围绕核安全科技创新、核能发展、放射性药品生产活动监管、放射源责任保险、公众心理学、法规标准等内容对我国核安全领域的重点内容和发展规划进行分析。国家公园体制建设部分，从法律实现、国土空间用途管制、治理模式、适应性管理、特许经营管理等方面探索自然保护地体系下国家公园建立的路径。

《企业参与生物多样性案例研究和行业分析》（赵阳著）主要以"自然资本核算"在不同行业的应用为切入点，系统地介绍了《生物多样性公约》促进私营部门参与的要求、机制和资源，分享了识别、计量与估算企业对生态系统服务影响和依赖的成本效益的最新方法学，并辅之以国内外公司的实际案例，研判了不同行业的供应链所面临的生物多样性挑战、动向及趋势，为我国企业参与生态文明建设提供了多元化的视角和参考资料。

《绿色"一带一路"》（孟凡鑫等编著）围绕气候减排、节约能源、水资源节约等生态环境问题，针对"一带一路"沿线典型国家、典型节点城市，从碳排放核算、能效评估、贸易隐含碳排放及虚拟水转移等方面进行了可持续评估研究。从经济学视角，延伸了"一带一路"倡议下的对外产业转移绿色化及全球价值链绿色化的理论；从实证研究视角，识别了我国企业对外直接投资的影响因素及区位分异特征,并且剖析了"一带一路"倡议对我国钢铁行业出口贸易的影响,解析了"一带一路"沿线国家环境基础设施及跨国产业集群之间的相关性;梳理了全球各国践行绿色发展的典型做法以及中国推动绿色"一带一路"建设的主要政策措施和行动,提出了我国继续深入推动绿色"一带一路"建设的方向和建议。

"生态文明建设丛书"结合了当下国内外最新的相关理论进展和政策导向,对我国生态文明建设的理念和实践进行了较为全面的解读和分析。丛书既反映了我国过去生态文明建设的突出成就,也分析了未来生态文明建设的改革趋势和发展方向,有比较强的现实指导意义,可供相关领域的学术研究者和政策研究者参考借鉴。

林家彬

2021 年 8 月

序

2020年夏天，我清华大学博士毕业。由于年初暴发的全球新冠肺炎疫情，在写这篇序言的当天，正值清华大学举行2020年研究生云毕业典礼，这是百年清华第一次举行云上毕业典礼。我参加完云上毕业典礼后，便着手本书最后的序言，以此纪念与清华这特殊的告别方式。

在新冠肺炎疫情暴发前夕的2020年1月，我完成了本书中最后一次在韩国关于垃圾治理的实地调研，在回国后数月的居家期间，我和合作者们又继续以线上的方式开展相关的访谈工作，并共同完成了本书的撰写。这是新冠疫情给人们生产生活方式带来的冲击和挑战，也让人们通过"云合作"的方式继续推动社会进程。合作是应对这个富有挑战性时代的必然选择，无论是突如其来的疫情危机，还是长期困扰的环境问题。在本书中，我与合作者对过去数年中关于中国环境治理的一些认识进行整理和再创作，而这些内容的核心关键词是"共治"，尤其是环境治理中的府际共治和政社共治问题。"共治"十分重要却并不容易，正如面对新冠疫情带来的冲击，虽然疫情影响了人们实地社交，但推动了人们在云端寻求更大范围的团结开展疫情治理。中国的环境治理亦是如此，团结共治才能实现"美丽中国"的伟大目标，才能把我国建设成富强民主文明和谐美丽的社会主义现代化强国。

党的十九大报告中指出，中国特色社会主义进入新时代，这意味着中华民族从近代以来经历了从站起来、富起来再到强起来的伟大飞跃。与此同时，中国社会主要矛盾已经转化为人民日益增长的美好生活需要和不平衡、不充分的发展之间的矛盾。当前中国的生态环境问题无疑是造成这一矛盾的重要因素。因此，党的十九大报告强调，要加快生态文明体制改革，建设"美丽中国"；到21世纪中叶，把我国建成富强民主文明和谐美丽的社会主义现代化强国。党的十九大报告首次将"美丽"作为社会主义现代化强国的建设目标，这是对生态文明建设的进一步深化。贯彻落实党中央"绿水青山就是金山银山""良好生态环境是最普惠的民生福祉""生态环境保护是功在当代、利在千秋的事业""生态环境是关系党的使命宗旨的重大政治问题"等一系列生态文明建设的重要思想。对于建设"美丽中国",解决当前中国突出的环境问题,报告强调,要坚持全民共治,构建政府为主导、企业为主体、社会组织和公众共同参与的环境治理体系。

2020年3月,中共中央办公厅、国务院办公厅印发了《关于构建现代环境治理体系的指导意见》,为我国构建党委领导,政府主导,企业主体、社会组织和公众共同参与的现代环境治理体系勾画了蓝图。《意见》提出,到2025年,建立健全环境治理的领导责任体系、企业责任体系、全民行动体系、监管体系、市场体系、信用体系、法律法规政策体系,落实各类主体责任,提高市场主体和公众参与的积极性,形成导向清晰、决策科学、执行有力、激励有效、多元参与、良性互动的环境治理体系。

环境共治强调多元主体间的协同合作,也包括主体内部的合作关系。本书并没有大而全地细数各个主体或各个主体内部的合作共治情况,而是有意识地强调了重要的或被人们所忽视的主体间或主体内部的合作关系。从大的方面而言,本书分为了府际共治篇和政社共治篇。人们总是强调政府在环境治理体系中的主导作用,却忽视了政府内部的多样性。一个内部无法团结的主导者不仅无法改善环境治理,而且结果可能会越来越糟糕。而在中国科层制下,府际合作更多被用来强调横向政府间的合作,却忘记纵向政府间也尤为重要。因此,在府际共治篇,本书首先强调了环境治理中的央地互动关系,以及其中出现的执行偏差和纠偏实践——地方环境政策执行偏差问题长期以来困扰着中国的执政者,中央在各个时期采取了不同的政策工具以保证央地间在环境议题上的一致性,但结果往往是"按下葫芦又起瓢"。十三五时期,中央政府通过一系列重大制度安排,以坚决的态度和空前的力度纠正地方环境行为偏误,由此带来了一系列喜人的变化;与此同时,巩固取得的成果和延续制度依然是个考验。

另一方面,区域间的横向府际关系是本书关注的另一个焦点。中国幅员辽阔,大气污染、流域污染等跨域污染问题较为典型,学界多以"公地悲剧"来解释跨域污染问题的形成。本书并无意重复现有对这一问题的主流解释,而是从一个新的视角——"反公地悲剧"来看待跨域污染问题。"反公地悲剧"是"公地悲剧"的对称性形式，其强调过多主体参与导致的治理低效。基于此，本书从这一视角进行了理论分析和经验验证，指出了中国环境属地管理模式的监管反公地悲剧问题，以此强调横向府际共治的必要性。进而，本书从演化博弈的视角分析了从环境属地治理到府际合作治理的可能性，并以京津冀地区的大气污染治理为例，提供一个府际协同治理的共治模式。

在政社共治篇，本书着重强调了多元主体合作中的社会治理与政社关系，以及当前环境治理中的社会参与。政府单一主体提供公共物品或服务的模式难以面对纷繁复杂的环境危机，多元主体的系统协同和程序分工是必然趋势。作为近邻的韩国在资源循环利用上的多元共治之路，为中国的这种转变提供了重要的经验借鉴。正准备全面推行强制垃圾分类政策的中国政府，此前已在垃圾分类问题上反复几十年徘徊不前，韩国多元共治的经验样本可以有效避免中国的垃圾分类重蹈覆辙。另外，在中国的政社共治语境中，党组织是一个重要的参与主体，但却没有得到足够的关注。党组织在联结政府和社会网络，动员社会资源，组织社会有序参与等方面具有独有的作用，是社会治理中不可忽视的主体。

最后，社会参与是多元共治环境治理体系中的薄弱环节，也是需要重点关注的环节。在新媒体时代，公众参与空前活跃，政社互动呈现出众多新模式，政府回应也面临新的挑战。与此同时，随着环境问题日益繁杂，环保社会团体活动也从早期的环保宣教、种树观鸟等基础活动拓展为污染监督、政策倡导等更加专业、核心的内容。他们在化解环境问题、防范环境风险等方面扮演了越来越重要的角色。但不可忽视的是，无论是普通公众还是环保组织，在环境议题的制度参与上依然有限。一方面是由于社会公众自身的参与能力和公共环境意识不足；另一方面，制度开放程度和进程相对滞后，社会参与面临诸多阻碍。这也正是国家提出构建现代环境治理体系的重要意涵。

在本书的完成过程中，特别感谢中国博士后科学基金第69批面上资助项目（项目编号：2021M690275），湖北大学湖北省道德与文明研究中心开放基金项目，北京城市治理研究中心资助项目（项目编号：20XN253），万科公益基金会项目（项目编号：VKF137012018）等项目资助。感谢清华大学齐晔教授、宋祺佼博士，福州大学高明教授，北京信息科技大学帖明博士，深圳零废弃联盟毛达博士，中国劳动关系学院龚梦洁博士，国务院发展研究中心王宇飞博士等师友的支持。

郭施宏

2020年6月

于"云上"清华园

目　录

政社共治篇

第一章

环境治理模式之争

在不同的政体形式下，各国的环境治理模式也呈现出不同的样态。其中，环境权威主义和环境民主主义的争论代表了两种典型的环境治理模式之间的对话。关于何种治理模式的绩效更高并没有一致的定论，但这两种模式的争论实际上推动了各国环境治理模式的优化，而产生一种更适合本国的环境治理之路。尽管两种模式在一些方面存在较大分歧，但是，在20世纪90年代末风靡全球的治理思想影响下，合作共治逐渐成为共识，并成为环境治理的核心主题。本章回顾了环境权威主义与环境民主主义的争论，并介绍了在治理理论影响下形成的环境治理模式以及合作共治的核心思想。

第一节　环境权威主义与环境民主主义之争

中国的环境治理模式被很多学者认为是典型的环境权威主义模式。环境权威主义（environmental authoritarianism）的思想最早由罗伯特·海尔布隆（Robert Heilbronner）在1974年的时候提出，他认为环境灾害的控制应该靠中央集权政府采取控制人口、实现资源配给制、限制公众参与等强制手段进行管制[1]。威廉·奥菲尔斯（William Ophuls）亦主张取消公民自由以及政治服务于市场经济的做法[2]。在进入21世纪后，随着全球环境问题的凸显，有学者提出应对全球环境问题应该采取权威式的贤能政治，环境治理需要一个开明、利他、任人唯贤并具备美德的统治者[3]。环境权威主义的倡导者强调排除市场主体和其他社会主体参与，尤其反对环境运动[4]。他们重视专家在政策导向中的作用，强调国家精英在生态环境政策制定和执行中的重要性。马克·比森（Mark Beeson）将环境权威主义这一概念总结为两个维度，一是限制公众参与，二是中央集权主导。环境权威主义主张将环境治理的权力集中到政府，尤其是中央政府，更多地采用政府管制而不是经济和市场的激励机制来实现环境的有效治理。因此，这一理论倾向于限制公民自由，限制公众参与的广度和深度，由中央政府采取命令管制型政策工具实现环境目标[5]。布鲁斯·吉利（Bruce Gilley）将环境权威主义定义为一种公共政策模型，这一模型强调由一些贤能精英组成的权威机构进行环境治理，以寻求环境绩效的提升。在这一模型中，公众参与仅限于少数环境专家参与、国家主导的政策制定与执行当中。而且环境权威主义更容易产生政策输出（policy outputs），而不是具体的政策结果（policy outcomes）。其优势在于短时间内对环境威胁做出快速且集中的回应，以及较强的国家和社会动员能力。但是，由于对社会参与的排斥，环境权威主义容易产生恶性锁定效应，其越排斥社会参与，贤能政治就变得越必须，也变得越困难[6]。

实际上，环境权威主义是在批判环境民主主义的基础上发展而来的一种理论模式，二者形成了一种二元对立的关系，它们在环境治理绩效上的争论一直未停歇。不同于环境权威主义的逻辑，环境民主主义（environmental democracy）的基本逻辑表现为：第一，强调个人权利的保护和思想市场的开放，鼓励媒体、社会组织、学界等多方主体发声并参与到环境政策的制定和执行过程当中；第二，强调信息公开和透明，主张信息的频繁交互和提升公众的环保意识；第三，强调政府的回应性和学习能力，政府愿意接受社会监督和批评并进行改进和创新；第四，强调市场的作用，主张运用市场工具提升环境治理绩效；第五，强调国际主义，以更开放的形式接受与国际组织的合作，通过签订全球公约共同解决全球环境问题[7]。为此，相当一部分学者认为民主政体的环境治理绩效优于权威政体[8,9]。环境民主主义提倡广泛的公众参与、自由的舆论环境、畅通流动的信息以及政府的可问责性，这些都有利于提升环境治理绩效；而权威政体则强调通过经济发展以增强政府合法性，巩固权威统治，因此生态环境往往会恶化[10,11]。

但民主政体下的环境治理也并非完美，强调个人权利保护的"经济人"利己主义以及环境公共物品的外部性特征容易导致市场失灵而引发"公地悲剧"；强调信息公开也并不一定是件好事，缺乏专业知识的普通公众过多参与可能会导致环境治理效率的下降等[12]。有学者指出，民主政体下的政客因为民选周期会重视实现短期的发展目标而牺牲长期的环境利益，比如气候变化问题[13,14]。中国台湾的环境治理实践也证明了政治系统会在民主化初期面临更复杂的环境治理矛盾[15]。环境权威主义即是在批判环境民主主义缺点的基础上建立起来的，其倡导者认为应对主权国家内和全球环境问题，权威可能比民主更有效。比森指出，环境权威主义能够更有效率地推进环境政策的制定和执行，不像在民主政体下，环境政策的制定深受利益集团的影响以及需要不断的协商谈判，同时，权威政府也能更加直接有效地采取政策工具进行环境治理。权威政府可以对环境政策问题提出大规模、技术性、自上而下的解决方案[16]。与此同时，政府主导可以快速提升环境政策实施的优先级[17]。

尽管环境权威主义的鼓吹者也承认这一模式存在的问题，例如因缺乏第三方参与而丧失合法性[18]，集权而又缺乏问责性容易造成腐败最终损害环境利益[19]，但他们认为在东南亚地区，以及像中国这样的国家，权威主义被证明比一些民主政体更有能力处理这个区域复杂的政治与环境问题[20]。反观菲律宾，其市民社会是东南亚国家中最具活力的，但其环境危机也是最严峻的[21]。比森认为，在东南亚国家，权威主义在环境治理上之所以有效且能持续下去，其逻辑在于：环境的恶化阻碍了国家经济的发展以及带来社会不稳定，这二者威胁了权威政体的合法性根基，进而又需要依靠权威主义解决环境问题带来的经济与社会危机；另一方面，东南亚地区等级差别文化也让这个地区的人们更能接受权威主义。他进一步指出，环境权威主义将来可能成为越来越普遍的选择，在面临急迫的环境危机面前，"好"的权威主义形式不仅具备合

图 1-1　南非风光

法性，而且对人类的生存与发展至关重要。

尽管学界认为中国的环境治理模式属于环境权威主义模式，但我们所看到的中国环境治理特征并非完全与这一模式吻合，更非环境民主主义模式。可以肯定的是，实际上并无纯粹的环境威权主义或是环境民主主义模式，各国的环境治理模式可能各不相同，而且环境威权或环境民主并非目的，而只是两种途径，哪种途径更有利于提高环境绩效也是莫衷一是。在二元对立的过程中，中国的环境治理模式更加偏向于环境威权主义的特征。但与此同时，越来越多的非政府行动者参与和在这一体系中发挥作用，因此，中国的环境威权主义也被认为是有回应、有韧性、可协商的。尤其是在20世纪90年代西方兴起的治理理论后，中国环境治理模式的选择也深受这一理论的影响，中国的环境治理展现出更加丰富、多元的形态特征。

第二节　治理理论影响下的环境治理模式

20世纪，西方发达国家经济的快速增长带来了日益严峻的环境问题，随之，环境保护和环境污染防治研究率先在西方国家兴起。从蕾切尔·卡逊（Rachel Carson）1962年出版的《寂静的春天》开始，西方的环境治理理论研究开始勃兴。《寂静的春天》就环境污染对生态系统和人类社会产生的严重损害向全世界发出了警示，该书对推动政府与公众参与到生态环境的治理当中有积极作用[22]。1972年，罗马俱乐部公开发表研究报告《增长的极限：罗马俱乐部关于人类困境的报告》，其中提出了著名的"增长极限论"，认为要解决全球紧张的资源环境问题，就必须恢复同自然的关系，并设计了"零增长"的对策性方案，这在全球引起了持续性的大辩论[23]。此后，芭芭拉·沃德（Barbara Mary Ward）和勒内·杜博斯（Dubos, René Jules）合著的《只有一个地球》，从社会、经济、政治等多个方面评述了不同国家的经济发展和环境污染对其产生的影响[24]。巴里·康芒纳（Barry Commoner）的《封闭的循环——自然、人和技术》则认为，战后环境问题的根本原因不在于经济增长，而在于带来此种增长的现代技术[25]。20世纪80年代后，环境治理研究进入了一个新阶段，1987年，联合国环境与发展委员会发布了《我们共同的未来》，首次明确提出并界定了"可持续发展"的含义，其作为一个人类可持续发展的国际性宣言，为各国采取一致的行动奠定了基础。1989年5月，联合国环境署第15届理事会发表了《可持续发展的声明》，同年8月，联合国大会通过决议重申了这一声明。1992年，联合国召开了环境与发展会议，根据"可持续发展"这一基本原则，通过了《21世纪行动议程》和《里约宣言》等重要文件，号召各成员国拟定适合本国国情的"可持续发展"战略与政策。

到20世纪90年代时，治理理论的兴起对于环境治理产生了重要影响。治理理论包含了4个主要的特征：（1）网络扮演了重要角色：传统的政府管制对新的治理格局是低效的，囊括私人部门在内的治理网络应成为政府公共决策的基础；（2）从控制到影响：政府在治理模式转变的过程中，始终扮演重要角色，只不过从原有直接控制形式转化为以施加影响为主的形式；（3）整合公共和私人资源：考虑到不同主体间的资源依赖，新型治理整合公共与私人资源，甚至形成一体化的机构；（4）运用多种治理工具：政府原本具有多种治理手段的能力，但因传统模式影响更趋向于采用管制方式，而私人主体及网络影响将这一格局打破[26]。而好的治理，即"善治"，强调三个核心概念——治理能力、问责和合法性。善治的理念主张限制并优化政府的治理，包括减少不必要的公共开支，投资教育和社会保障，减少对私人部门的管制、改革税制，提高政府透明度等。从20世纪末开始，在治理理论的影响下，"合作"的理念在全球兴起，并受到越来越多的关注，合作治理的思想也深刻影响了中国环境治理模式。本章分别介绍在此背景下的四种主要的公共事务治理模式——网络治理、协同治理、多中心治理和整体性治理，以及这些治理模式在我国环境治理研究中的应用。

（一）环境网络治理模式

网络治理（network governance）兴起于20世纪80年代，它的产生和发展是对社会环境变迁的主动回应。伴随着政治、经济和文化全球化的进程，传统的社会治理模式受到了外部环境强有力的冲击，并陷入严重的被动境地，网络治理是为了解决这一问题而提出的一种重要理论模式。网络治理是相对科层治理和市场治理而言的，其构成了与科层制和市场制不同的协调方式。普罗文（Provan）指出，网络是由三个或三个以上自然组织合作形成的一种组织治理架构，网络治理是一种治理机制和治理方式，在网络成员的个人目标得以实现的同时，整个网络层次的共同目标才是网络得以形成的关键所在[27]。对于网络治理的定义，不同学者有不同的认识。陈振明认为，网络治理是为了实现与增进公共利益，政府部门与非政府部门在相互依存环境中分享公共权力，共同管理公共事务的过程[28]。李维安认为，网络治理是指正式或非正式组织和通过经济合约的联结与社会关系的嵌入所构成的以企业间的制度安排为核心的参与者（个人、团队或群体）间的关系安排[29]。夏金华认为，网络治理是政府治理模式从传统统治向多元化治理演进过程中的一种新趋势，它通过集体行动者彼此间沟通和协作，共享公共治理和提供公共服务，其关键因素是信任和合作[30]。而在各部门的协作中，信任的存在、对协作的义务和建立共识是协作性公共管理成功的基本前提[31]。易志斌指出，信任机制是网络治理形成的前提，协调机制用于调整网络治理的主体间关系，而维护机制促进各主体的集体行动[32]。纵观而言，网络治理之所以受到众多学者的推崇，是由于这一理论与传统的科层制或市场制相比具有一定的竞争优势。一方面，网络的构建者可以通过网络分散自己的运作成本和较大的资本支出，网络参与主体间取长补短；另一方面，网络的优势就是协作非常灵活，与一个整合的组织相比，网络可以充分发挥各参与主体自身的创造性解决网络关系中遇到的问题，而一个整合的组织必须依靠自己的力量解决自身遇到的问题[33]。

在我国的环境网络治理研究中，张万宽指出，相比科层协调，网络协调具有很大的优势；而网络管理不同于科层管理，不存在正式的命令链条，网络管理者需要为最终的结果负责，但又无法控制产生结果的行动，所以，网络治理问题非常重要[34]。郭莉通过分析哈利法克斯生态城的案例指出，突破城市管理路径的依赖在于实现城市的网络治理，政府、公众、第三部门共同参与的网络治理模式快速有力地推动了哈利法克斯生态城的建设[35]。另外，水环境的跨界治理是网络治理模式在我国环境治理研究中的重要应用，国内许多学者关注了该模式在水污染治理中的作用。这主要由于传统分割的政府治理模式在跨域的水污染治理上不仅失灵，也忽略了其他行动主体的作用，跨界水污染的复杂性和综合性要求地方政府进行网络治理。马捷认为普罗文等人提出的网络治理的三种结构模式：共享型治理、领导网络治理和行政型网络治理[36]，在我国的水环境治理中不具备独立存在的环境。我国的水污染治理需要建立一种兼具领导型网络与行政型网络的复杂治理结构，既要按照传统的层级结构建立纵向的权力层次，又要根据各种利益集团的需要建立横向的行动准则，形成区域公共物品和公共服务的共享机制[37]。一些学者提出了适应我国水污染治理的网络治理模式，锁利铭提出了基于个体、组织和跨域公共参与的网络治理与层次，并在此基础上指出，我国的水资源网络治理模式需要引入非正式组织与非正式权威，优化对地方政府的激励结构，以及创新社会公众的参与制度[38]。

（二）环境协同治理模式

协同治理（synergistic governance）兴起于20世纪90年代初，联合国全球治理委员会把"协同治理"定义为："个人、各种公共或私人机构管理其共同事务的诸多方式的总和。它是使相互冲突的不同利益主体得以调和并且采取联合行动的持续的过程。其中既包括具有法律约束力的正式制度和规则，也包括各种促成协商与和解的非正式的制度安排"[39]。在中国，"协同"的思想由来已久，《虞书·尧典》中记载了"协和万国"，《孟子》中提到"天时不如地利，地利不如人和"。《辞源》中将协同解释为和合、一致，反映的是事物之间、系统或要素之间保持合作性、集体性的状态和趋势。相比合作和协作，合作强调主体间的互惠利益，协作则是以共同目标为前提，其具备更强的认同感和可持续性。协同治理模式中的"同"追求的是"大同而不拘小节"，各主体以尊重对方利益为前提，在共同的愿景下保持各自特色，发挥各自优势，互相监督，互相制约，共同推动治理目标的实现。对于区域协同治理，高明、郭施宏指出，区域协同治理是"区域中各组织以尊重彼此利益为前提，在促进区域一体化，实现区域协调发展的共同愿景下，共同参与，优势互补，互相影响，互相监督的过程"[40]。余敏江进一步将区域生态环境协同治理定义为，"在区域环境治理过程中，地方政府、企业、社会公众等多元主体构成开放的整体系统和治理结构，公共权力、货币、政策法规、文化作为控制参量，在完善的治理机制下，调整系统有序、可持续运作所处的战略语境和结构，以实现区域环境治理系统之间良性互动和以善治为目标的合作化行为"[41]。

区域环境协同治理对于改革传统环境治理所造成的公共行政碎片化问题具有重要意义。我国目前的环境冲突呈现出从可能性向现实性转变的态势，多元主体共同参与公共事务的协同治理模式有助于规避风险，减少环境冲突引起的负面效应[42]。在同一环境治理主题下，地方政府的不同辖区主管甚至部门需要构成平等对话的双方，共同致力于环境治理[43]。黄爱宝认为协同治理是超越环境工具理性并体现环境价值理性的治理模式，并主张从建构合作政府范式的高度来促成环境合作政府的建设，从培育成熟社会目标的高度来加强社会环境自治力量的发展[44]。徐艳晴、周志忍探析了跨界特性与协同需求、结构性协同机制和程序性协同机制[45]。肖爱、李峻提出了区域环境治理的"协同法治"思想，协同法治的核心内涵包括民生为本、权力的有序规束和区域利益的动态均衡；其基本要素为实质要素（法律之上，法理情相宜，整体政府和责任政府，公民主体，社会共治）和形式要素（协同立法，权威的区域司法和多元区域纠纷机制，协同执法）[46]。流域的协同治理研究是我国环境协同治理研究的重要组成部分。我国的流域治理模式呈现对层级组织高度依赖、部门协调困难、公共参与边缘化的特点[47]。田丰强调了跨界水域污染集权治理的重要性，他通过美国州际河流污染治理的案例指出，美国的州际河流污染治理在百年间经历了从分散合作治理到集权治理，再到多元化合作治理。美国虽然是一个典型的联邦制国家，但在治理跨界水污染方面，实行的却是以集权治理为主，以分散治理为辅的形式；而我国作为一个中央集权的国家，在跨域治理方面实行的是地方分割治理的模式，这是造成我国当前严重的水污染问题的主要原因之一[48]。李胜认为，目前跨行政区流域水污染协同治理存在流域管理体制不科学、地方政府之间恶性竞争、环境执法有效性不足和治理主体之间权利与信息不对称四方面的障碍。另外，由于我国的环境监管属于自上而下的垂直管理，流域委员会作为水利部的派出机构虽然有效，但其法律地位和职能尚不明确，横向协商作用难以发挥。为了实现跨区域的协同治理，应完善法律法规，增强主管部门执行力，实行"河长制"，实行异地开发补偿，以及完善环境公益诉讼制度和创新流域产权制度[49]。刘春湘、李正升等人认为流域的协同治理应从主观认识、管理机制、具体政策上着手，提高各利益相关者认识，统一协调；成立流域管理机构，纳入多元主体并分工协作；完善地方政府绩效评估体系以及建立水污染治理的生态补偿机制[50、51]。

（三）环境多中心治理模式

多中心治理（polycentric governance）由诺贝尔经济学奖首位女得主埃莉诺·奥斯特罗姆（Elinor Ostrom）和她的丈夫文森特·奥斯特罗姆（Vincent

Ostrom）于20世纪90年代共同提出。该理论源于公民社会意识的觉醒，关注多元化的管理。其观点是："在现代公共事务的管理过程中，除政府外，还要鼓励更多的社会公民组织积极参与到政治、经济、社会管理等公共事务的管理中去。现代公共事务的治理过程，不应仅靠政府运用政治权威对社会事务进行单一管理，而是形成一个蕴含'国家、社会和市场'的多元化架构协同运作，各主体上下联动、互相制衡的管理过程。"蓝宇蕴给予了多中心理论积极的评价，他认为，多中心理论以缜密的制度分析和理性选择的逻辑论证，充分显示了该理论独有的制度理性选择学派的魅力[52]。环境的多中心治理起初涉及的是全球环境问题，当人们对全球性环境问题束手无策时，多中心的全球环境治理模式开始突显紧迫性。欧阳恩钱认为，多中心环境治理是以区域性环境为重点，国际组织、政府、非政府组织、环保企业、地方社群自治体、民间团体、公民等多元治理主体合作发挥作用的复杂过程。在权力的向度上不仅有上下互动，而且存在内外互动[53]。环境公共事务治理只有形成以公民社会自主治理为基础并且适应社会需求的环境控制系统，才能根本解决环境问题，多中心环境治理制度构建要与实际相符，以公民社会自主提供治理规则为核心，其实施路径将经历一个局部向整体逐渐扩散的过程[54]。

有学者指出，中国的环境公共事务的多中心治理模式只停留于发展的方向和目标，其过程艰巨且漫长[55]。陈宏泉认为，多中心秩序相对于单中心秩序，强调多种主体间的彼此独立与相互配合，各主体在既定规则的基础上充分追求自我利益，从而在完整体系下找到自身定位。同时，他以大同市为例，从多中心治理理论的视角指出大同市的环境污染治理存在政府、企业、公民三者沟通不顺畅，法律法规体系不健全，社会公众参与不足，强有力且专业的执行人员短缺，监督机制不完善等问题[56]。在多中心环境治理模式具体的对策研究方面，肖扬伟提出"政府主导，官民协同"的多中心管理模式，他认为在不久的将来，中国环境治理的主导因素作用将显著增强，政府将通过积极引导建立成熟的市场机制体制，从而符合多中心治理模式的需求[57]。吴坚提出"以协商为基础、以政府为主导"的区域多中心跨界水污染治理模式，协商的内容包括管理协商、参与协商、制度协商和监测协商[58]。严丹屏、王春凤认为，环境多中心治理需要加强地方政府间的横向协作，培养企业环境治理意识，利用社会资本促使生态环境的有效治理，从而形成环境治理的规模经济效应[59]。另外，张俊哲、郝德利等人关注了农村环境污染的多中心治理问题，他们呼吁要形成农村环境污染治理的多元主体，通过合理划分责任界限，构建完备的污染治理网络，发挥市场机制的作用，加强农民参与环境污染治理的意识，加强多元治理监督等方式来解决农村环境污染问题[60、61]。

（四）环境整体性治理模式

整体性治理（holistic governance）最早起源于英国，其主要代表人物是佩里·希克斯（Perri 6）和帕特里克·邓利维（Patrick Dunleavy）。整体性治理理论的产生主要有两个大背景，一是新公共管理的思维，二是数字时代的来临[62]。希克斯在1997年出版的《整体性政府》一书中，首次系统地对"整体性治理"进行定义，并在《迈向整体性治理》一书中详细地阐述了整体性治理产生的背景、主要内容、目标等。在希克斯看来，整体性治理理论是运用"新涂尔干理论"来强化协调、整合和监督机制，在对新公共管理的"分权""市场化""碎片化""部门主义"等反思和批判的基础上提出的一种解决复杂公共问题的理论体系。整体性治理强调政府之间积极沟通和合作，重视政府各部门之间的整合，拥有共同的治理目标，彼此之间协调一致，实现信息资源的共享，提供连续的无缝隙的公共服务[63]。邓利维把整体性治理视为组织重新整合的过程，包括治理层级、治理功能和公私部门三个方面的整合，这种整合是一种同新公共管理的对立，其内容包括逆部门化、大部门式治理等[64]。有学者认为整体性治理的内容还包括以顾客为中心和以功能为基础的组织重建、一站式服务提供等。挪威学者汤姆·克里斯滕森（Tom Christensen）较为全面地概括了整体性治理的内涵，"它既包括决策执行的整体性，也包括横向与纵向的整体性治理；它可以是一个小组、一级地方政府，也可以是一个政策部门；可以是任何一个机构或所有层级的政府，也可以是政府以外的组织；它可以是高层间协同，旨在加强地方政府的基层协同，还是公私之间的伙伴关系"[65]。

在我国环境的整体性治理研究方面，涂晓芳指出，中国的环境治理存在着治理目标分散，跨域治理结构缺乏，治理机构配置不合理，政府与其他行动主体缺乏合作，环境保护法律法规体系不健全等问题。基于此，整体性治理提供了一个崭新的视角，在整体性治理视域下，需要整合政府环境治理职能，增设跨域环境管理机构，建立政企合作伙伴关系，促进社会公众共同参与以及发挥现代信息技术的作用[66]。黄莉培对比了英、美、德三国的环境整体治理模式得出，该三国在环境治理上注重核心机构的作用，跨域的环境治理机构的协调以及政府与社会力量合作广泛[67]。吕建华、高娜指出我国的海洋环境管理体制至今还是分散型的，这种体制存在诸多弊端，为此提出我国海洋环境的整体性治理模式，以此来解决我国海洋环境管理中所存在的部门分立、多头管理及数字信息化发展不完善等困境[68]。黄滔从治理功能的整合、治理层级的整合和公私部门的整合三个方面提出，淮河流域的环境治理需要从水量治理、水质治理向整体性治理转型[69]。万长松、李智超探索了京津冀地区的环境整体性治理模式认为，该地区的环境治理事务需要建立跨域环境治理专项委员会来解决，通过完善治理的协调运行机制，加强政府组织与企业、非政府组织、公众之间的合作，建立一个环境治理信息资源共享系统，以形成一个整体性的环境治理网络，促使该地区的环境合作治理动态化和常态化[70]。

本节内容由期刊论文《环境治理模式研究综述》修改形成，该文发表于《北京工业大学学报（社会科学版）》2015年第6期。

第三节　合作共治：环境治理的核心主题

自19世纪80年代以来，席卷全球的新公共管理方式在世界各国范围内掀起了行政体制改革的浪潮。从大的方面来说，这一变革包括政府职能的市

图1-2　云南风光

场化、政府行为的法治化、政府决策的民主化、政府权力多中心化。政府职能的市场化包括国有企业的民营化、公共事务引入内部市场机制等[71]。其中，民营化成为政府体制改革的主流趋势，政府更多地依靠民间机构，更少地依赖其本身来满足公众的需求，通过以公私伙伴关系的合作治理方式来提供公共产品服务和进行治理体制的创新。公共服务提供的合作治理实践正在逐渐改变着公共服务的形态和逻辑，促使人们去认真思考国家、市场与社会在公共服务提供中的重新定位与能力发展。

与此同时，伴随着改革开放以来中国经济的高速增长，环境污染也日益严峻，环境问题的严重性、复杂性和综合性要求环境治理模式不断优化，合作共治已成为国内外学者的普遍共识。这种合作共治不仅体现在不同主体间的多元合作，例如政府与社会的合作；而且也包含了相同角色中各个个体之间的整体性合作，例如政府间的合作。有研究指出，由具有相同目标的各类主体进行合作的环境治理模式，要比其中任何一种单一主体的治理都有效果，但其前提是要有参与对话机制，灵活性、包容性、透明度以及制度化的共识达成机制[72]。合作共治有利于多方参与者共同承担环境责任，共享环境治理成果[73]。因此，无论是环境权威主义模式与环境民主主义模式的争论，还是在治理理论影响下衍生出的网络治理、协同治理、多中心治理、整体性治理等理论，合作均是这些治理模式核心的主题或演进的方向。

而网络治理、协同治理、多中心治理和整体性治理作为环境合作治理模式的代表，在演进过程中呈现出互相借鉴、共同完善的趋势。这些治理模式具有各自独特的理念思想与治理路径，但均是为了探索一种更好的合作方式以应对日益严峻的环境污染问题。较先出现的环境网络治理模式侧重于对传统科层制和市场制的挑战，主张环境治理的分散化、多维化、灵活化。协同治理模式是目前较为受欢迎的一种环境治理方式，其强调多元主体间的协作，多元主体既包括组织的内部成员，也包括组织的外部伙伴，环境协同治理主体的多样性将有利于保障治理过程的协调性、治理方式的丰富性以及治理成果的可持续性。相对于单中心治理模式而言，环境污染的多中心治理特别强调企业、社会组织、公众等主体在治理过程中的重要作用。而环境整体性治理模式的核心思想是将环境污染的负外部性问题内在化，整体性治理在传统环境治理中的行政区行政模式以及其带来的权力"碎片化"问题上发挥了重要作用。这四种环境治理模式均要求以信任与合作作为治理模式实行的前提条件。

虽然如此，网络治理、协同治理、多中心治理和整体性治理模式在我国的环境治理中仍然带来了一系列疑问与挑战。在我国中央集权制的属地治理背景下，环境治理的权力看似集中，实则"碎片化"，治理区域和治理主体越多，治理范围的边界越多，相应地，权力边界的模糊地带也越多。譬如网络治理、多中心治理等强调多主体共治的环境治理模式，在我国将面临适应自然环境和政治环境的双重压力。特别是多中心治理模式，有学者曾表示多中心治理在我国的京津冀城市群治理中的应用，即意味着"无中心"，因此，中国的学者多提出以政府为主导的多中心治理模式，以适应我国的环境治理国情。另外，在权力的向度上，也是学者讨论的焦点，在合作式的治理模式下，权力应该下放还是集中？有学者认为环境治理的碎片化要求权力向上集中；而协作式的思想又要求权力的适当下移，赋予更多治理主体参与的权力。在权力维度的争执上，有学者提出伙伴式的协作，创造以共同目标为前提的互助互动型平等关系。无论如何，作为处于转型期的中国，探寻在环境治理中保持中央权威和权力下放的平衡点是一个重要的命题。

环境的网络治理、协同治理、多中心治理和整体性治理均属于"舶来品"，这些治理思想和模式的提出都是在西方国家的国家体制背景之下，对于中国来说，这些模式是否具有存在的环境，在推行难度、成本耗费和治理效果上哪种治理最优？需要进一步的研究与实践来解答。无论如何，环境治理模式并非采用简单的二分法，也不是固化的某种模式，而应具有弹性。中国环境治理模式的选择应基于实际国情和区域的状况，融合集成以实现生态环境的合作共治。

图1-3　内蒙古风光

府际共治篇

　　府际关系是指各类和各级政府机构的一系列活动，以及它们之间的相互作用[74]。20世纪30年代，美国正经历经济大萧条后的"罗斯福新政"时期，经济上的萧条带来了严重而广发的社会问题，这些问题呈现区域性和全国性，单一的地方政府难以独自解决。因此，美国联邦政府通过经济和行政手段，开始促使各州、市等地方政府开展府际合作，以解决日益严峻的公共问题。第二次世界大战后，随着"福利国家"理念的兴起，各种类型的府际合作在不同的公共事务领域中发挥了重要作用[75]。林尚立将府际关系称作国内政府间关系，"主要是指国内各级政府间和各地区政府间的关系，它包括纵向的中央政府与地方政府的关系，地方各级政府间关系和各地区政府间的横向关系"[76]。谢庆奎指出，"府际关系就是政府之间的关系……它是指政府之间在垂直和水平上的纵横交错的关系，以及不同地区政府之间的关系"[77]。杨宏山认为府际关系有狭义和广义之分，狭义的府际关系是指不同层级政府之间的垂直关系网络。广义的府际关系，不仅包括中央与地方政府之间、上下级地方政府之间的纵向关系网络，而且包括互不隶属的地方政府之间的横向关系网络，以及政府内部不同权力机关间的分工关系网络[78]。从府际关系研究的历史来看，学界对府际关系内涵的认识是一个从狭义到广义的过程。20世纪80年代以前，府际关系研究在联邦制国家主要探讨二元联邦主义，在单一制国家主要探讨中央与地方关系。20世纪80年代以后，广域行政、府际管理、跨域管理、府际关系网络、府际伙伴关系等概念逐渐被提出和认可，研究对象也逐渐扩展到各级政府及其部门，以及社会居民之间的关系[79]。

第二章 ———————————————————————————————————

央地互动：偏差与纠偏

在中国，纵向府际关系是指上下级政府之间的关系，尤其是央地关系；横向府际关系是指地方政府间的关系，本章重点关注前者。郑永年在他的《中国的"行为联邦制"：中央—地方关系的变革与动力》一书中阐述了中国中央政府与地方政府互动的三种主要机制，除了我们所熟悉的强制机制外，还有谈判机制和互惠机制[80]。地方政府在执行中央政府的政策时并非"铁板一块"，实际上存在着较大的操作空间，而这一空间也可能导致地方政府的政策执行效果与中央政府的预期目标存在偏差，即所谓的政策执行偏差。央地间的政策目标和执行效果的偏差在环境治理领域表现得尤为明显。因此，对于纠正政策执行的偏差，实现央地共治对于贯彻落实中央生态文明建设思想尤为重要。

第一节　地方环境政策的执行偏差

中国环境治理长期存在监管动力不足、监管能力不足和公众参与不足等问题，因此，中国的生态环境政策执行一直被认为存在地方政府的执行偏差问题。环境政策的执行偏差是指地方政府对中央环境政策方针的落实与中央所设置的目标不相符。因此，我们经常能看到，尽管中央三令五申强调生态环境保护的重要性，但地方政府依然对生态保护缺乏重视。

在这样的背景下，加强监管一直被认为是中国环境治理中亟需解决的一个命题。回顾中国的环境治理实践，中央政府确实在不同时期采取了不同的途径来强化环境监管。清华大学张凌云博士的博士论文《中国地方政府环境监管行为的制度解释》和龚梦洁博士的博士论文《政府科层间环境信息传递机制及失真致因研究》，详细阐述了"八五"时期至"十二五"时期，中央政府强化环境监管的行为逻辑、效果与存在的问题（见表2-1）。具体而言，"八五"时期至"十二五"期间，中央政府分别采取了执法检查、关停和达标行动、减排考核（区域督查中心审核数据）、环保约谈（区域督查中心约谈地方政府领导）等途径强化环境监管，尽管如此，每个时期都出现了不同的环境监管困境，而在下一个时期的监管行为上，中央政府又试图去解决上一个时期存在的问题。例如，"八五"时期的环境执法检查存在监管低效、执法难的问题；于是"九五"时期发动了关停和达标的运动式执法行动，但环境问题在运动式治理后又"死灰复燃"；于是"十五"期间延续运动式治理，通过专项整治严防污染反弹，但这一时期执法运动的问题是以确定的主题开展，一年展开一次或几次，没有明确的考核目标，这导致了中央压力传导不足；因此，在"十一五"期间设定了污染物减排考核目标，并通过设立区域环保督查制度，由区域督查中心对地方上报的减排数据进行审定，但由此带来的问题是，地方政府采取了"数字游戏"的变通策略，致使环境政策执行偏差和环境信息传递失真；为此，在"十二五"期间，环保部或区域督查中心受环保部委托，对地方政府主要领导的环境失职失责行为开展公开或不公开约谈，以落实环保责任[81、82]。

有趣的是，中央政府一次次强化环境监管的尝试却并没有有效改善环境质量，中国的环境问题依然十分突出，反而出现了"按下葫芦又起瓢"的吊诡现象。《中国生态环境公报（2017）》显示，2017年，全国338个地级及以上城市可吸入颗粒物（PM_{10}）平均浓度比2013年下降了22.7%，地表水优良水质断面比例不断提升。但是，338个城市中有239个城市环境空气质量超标，占70.7%；Ⅰ～Ⅲ类水体比例也仅占67.9%。

表2-1　中央政府强化环境监管的途径、效果与问题

时期	"八五"时期 （1991—1995）	"九五"时期 （1996—2000）	"十五"时期 （2001—2005）	"十一五" 时期 （2006—2010）	"十二五" 时期 （2011—2015）
途径	执法检查	关停"十五小"和"一控双达标"行动	专项整治	减排考核（区域环保督查）	环保约谈（区域环保督查）
完成效果	多数没完成	多数完成	多数没完成	全部完成	完成主要目标
存在的问题	监管低效，执法艰难	死灰复燃	压力不足，目标考核难	政策执行偏差，环境数据失真	环境问题依然突出

资料来源：根据张凌云、龚梦洁博士论文和《"十三五"生态环境保护规划》《中国生态环境公报（2017）》整理而成。

图2-1　云南风光

　　对于这一现象的产生，现有研究多从地方层面的政策执行不力和中央层面的制度设计缺陷两个方面开展讨论：

　　在地方层面，地方政府被认为在环境治理中扮演了重要角色，他们在政策执行的过程中具有很大的回旋余地[83、84、85]。虽然中国是世界上环境立法最多的国家之一，但是在环境法律和法规执行过程中存在大量"事实规则"，如排污收费协商化、环境监管形式化等，这导致了中国环境政策执行偏差，并深刻影响了环境治理效果；与此同时，环境治理中的信息不对称和权利不对称严重影响了中央政府环境政策的贯彻落实，也阻碍了社会公众参与环境治理与保护。从激励结构的角度来说，地方的多样性和自主性使得地方政府优先发展经济，而环境法律法规的执行非常有限，环保部门处于以短期经济发展而非长期可持续发展为目标的地方政府的领导之下[86]。基于此，地方政府一是可能因为府际竞争引致竞相放松环境监管标准的竞次现象（race to the bottom），即逐底竞争，进而导致环境污染的加剧[87、88]。二是在短期收益和长期收益的博弈均衡中，受到届别机会主义的影响，地方政府倾向发展经济，从而纵容那些能够带来财政收入的污染型企业，并选择以快速、低质量的方式完成环境政策目标[89]。另外，当前的地方领导面临的是一长串具有高优先级、高约束力的目标任务清单，以晋升为导向的官员往往"选择性执行"一些有助于提升其政绩的任务，而环保任务往往不在其选择之列，因此地方官员倾向于促进经济增长的任务，而不是生态保护[90,91]。相关的实证研究大部分指向了地方政府由于晋升激励、财政收入和考核压力的影响，最终倾向牺牲环境绩效追求经济绩效，由此导致环境政策执行的广泛失败[92,93]。地方政府甚至会为了完成环保考核目标，伪造、隐瞒、歪曲环保数据。有学者认为，地方政府只有更好的经济发展，才有足够的财政能力去回应中央政府关于提高环境质量的诉求[94]。也就是说，地方政府的环境政策执行能力受限于地方经济状况。与此同时，大部分研究都认为环境绩效产生的正式激励并不会直接影响官员晋升[95,96,97]。因此，在经济和环境两端的利益不平衡解释了地方政府环境政策执行不力的缘由。

在制度设计与安排的层面上，中国环境政策的执行效果主要被归结为中央政府的政策目标设定、政治决心和制度结构设置。学者大多关注于中国的科层结构对环境政策执行的影响，他们认为，中国层级结构虽然为贯彻落实国家约束性发展目标起到了积极作用，但在地方环境治理方面却缺乏足够的激励机制[98,99,100]。在中国环境管理的碎片化权威主义（fragmented authoritarianism）模式下，"条条""块块"的职权划分以及地方政府间的激励结构是影响环境政策执行效果的两个关键因素[101]。冉冉指出，中央政府在环境政策执行中的政治激励、经济激励和道德激励结构都存在倒错，这使得地方政府无法感知到足够的激励而导致环境政策执行上的偏差。同时，中国环境政策框架表现出的冲突性与模糊性相结合的特征在一定程度上导致地方政府将其解读为"象征性政策"，选择"象征性执行"模式，从而产生了执行偏差[102]。事实上，中央政府为了加强地方政府的环保观念，在近几年不断强调环保的重要性，并不断把一些环境指标列为具有一票否决权的"硬指标"。但这种"硬指标"实际上带给地方政府更多的是消极的压力，而不是激励，地方领导往往又会把这种惩罚性的压力转嫁到处于弱势的地方环保部门，这种层层的"惩罚转移链条"并没有给政策执行带来多大的改善[103]。另一方面，在环保"硬指标"的执行上，中央政府又倾向于通过命令—控制型政策工具进行落实，但在实际过程中，中央层面的命令—控制型的政策工具在环境政策的执行和监督上只有"命令"而没有"控制"，因此在环境目标和执行效果之间产生了较大的差距[104]。另外，中央政府和地方政府在发展观念上本质上是一致的，二者在利益选择和行为逻辑上是有显著重叠的，地方对环境政策的执行不力受到了中央政府价值取向的影响[105、106]。中央政府的价值取向是以不同优先级别的目标任务传达到地方，但在传导过程中，又往往出现矛盾。因此，地方政府的环境政策执行结果被认为在很大程度上受到中央政府制度安排和政治决心的影响[107、108]。

事实上，从中央和地方二分的角度区别地看待中国地方环境政策执行的偏差并不合理，无论是强调地方的政策执行不力或是中央的制度设计缺陷都是对这一问题的简单割裂。中央或是地方角度更多体现的是研究者切入的视角，而并非这一问题的根由所在。中国地方政府环境政策执行偏差的制度障碍和行为与社会障碍，是由工具局限、激励不足、能力欠缺、行为偏差等多方面因素引起的[109]。其中，由于缺乏社会各方的参与，中央政府制定的环境政策往往在地方难以得到有效执行，无法转化为看得到、摸得着的实际环境效果。而正是因为中国地方环境政策执行的偏差，为过去的十余来年一系列社会主体参与环境治理提供了需求和空间[110]。

【专栏】低碳试点政策的执行偏差

在本专题中，我们以一个西部 Y 市的低碳试点政策执行案例，来解释地方政府的政策执行偏差具体的表现形式及其形成的原因。

1. 国家低碳发展目标

中国长期致力于应对气候变化的工作，并在 2014 年 11 月 12 日的中美联合声明中宣布将在 2030 年左右达到二氧化碳排放峰值。作为世界上最大的碳排放国之一，中国的碳减排行动受到国际社会的广泛关注。"十二五"期间，中国通过《中华人民共和国国民经济和社会发展第十二个五年规划纲要》（以下简称《"十二五"规划》）等一系列文件将低碳发展的国家目标分解成部门目标和地方目标，并分别在 2012 年、2014 年和 2015 年发布《"十二五"控制温室气体排放方案》《国家应对气候变化规划（2011—2020 年）》和《强化应对气候变化行动——中国国家自主贡献》，提出了中国 2015 年、2020 年和 2030 年的低碳发展目标，主要目标包括单位国内生产总值能耗下降幅度、单位国内生产总值二氧化碳排放下降幅度、非化石能源占一次能源比重、森林面积与蓄积量、二氧化碳排放达峰年份（见表2-2）。

表2-2 国家低碳发展目标

文件	目标年	发展目标
《中华人民共和国国民经济和社会发展第十二个五年规划纲要》（2011年）、《"十二五"控制温室气体排放方案》（2012年）	2015年	· 单位国内生产总值二氧化碳排放比2010年下降17% · 单位国内生产总值能耗比2010年下降16% · 非化石能源占一次能源消费比重达到11.4% · 新增森林面积12.5万平方千米 · 森林覆盖率提高到21.66% · 森林蓄积量增加6亿立方米
《国家应对气候变化规划（2011—2020年）》（2014年）	2020年	· 单位国内生产总值二氧化碳排放比2005年下降40%~45% · 非化石能源占一次能源消费的比重到15%左右 · 森林面积和蓄积量分别比2005年增加40万平方千米和13亿立方米
《强化应对气候变化行动——中国国家自主贡献》（2015年）	2030年	· 二氧化碳排放达到峰值 · 单位国内生产总值二氧化碳排放比2005年下降60%~65% · 非化石能源占一次能源消费比重提高到20%左右 · 森林蓄积量比2005年增加45亿立方米左右 · 全面提高适应气候变化能力

资料来源：根据国家政策文件整理形成。

作为碳减排工作的重要抓手，中国政府分别于2010年、2012年和2017年相继开展了三批低碳试点建设，目的在于通过低碳试点在生产生活领域的积极探索，落实国家低碳发展目标，率先实现二氧化碳排放达峰，为其他非试点省市提供了可借鉴的政策工具箱。国家对于第一批低碳试点提出了5项具体要求：编制低碳发展规划、制定支持绿色低碳发展的配套政策、建立以低碳排放为特征的产业体系、建立温室气体排放数据统计和管理体系、积极倡导绿色低碳生活和消费模式。第二批低碳试点在此基础上将"明确工作方向和原则要求"作为首要任务，要求"以全面落实经济建设、政治建设、文化建设、社会建设、生态文明建设五位一体总布局为原则，进一步协调资源、能源、环境、发展与改善人民生活的关系"。

目前，低碳试点城市建设在中国有序展开，并制定了更详细的目标设定和行动方案。国家对低碳试点城市的要求越来越高，也更加明确。相比前两批低碳试点城市，国家发展和改革委员会（以下简称"国家发政委"）明确要求第三批低碳试点城市提出碳排放达峰目标年、"十三五"期间降低单位国内生产总值二氧化碳排放、碳排放总量控制、非化石能源占一次能源比重以及森林碳汇等目标，并制定相应的政策措施（见表2-3）。

表2-3 国家低碳试点城市政策要求

批次	具体政策要求
第一批低碳试点城市（2010年）	1.编制低碳发展规划 2.制定支持绿色低碳发展的配套政策 3.建立以低碳排放为特征的产业体系 4.建立温室气体排放数据统计和管理体系 5.积极倡导绿色低碳生活和消费模式
第二批低碳试点城市（2012年）	1.明确工作方向和原则要求 2.编制低碳发展规划 3.建立以低碳、绿色、环保、循环为特征的低碳产业体系 4.建立温室气体排放数据统计和管理体系 5.建立控制温室气体排放目标责任制 6.积极倡导低碳绿色生活方式和消费模式
第三批低碳试点城市（2017年）	1.明确目标和原则 2.编制低碳发展规划 3.建立控制温室气体排放目标考核制度 4.积极探索创新经验和做法 5.提高低碳发展管理能力

资料来源：根据国家政策文件整理形成。

在低碳试点等一系列政策的作用下，"十二五"时期成为中国低碳发展进程中的重要转折点，扭转了碳排放总量快速增长的势头，增长趋势明显放缓。2011—2015年，能源消费仅增长了0.4亿吨，碳排放则在历史上首次出现负增长。特别是2012年之后，中国的能源消费和碳排放总量增长明显放缓。"十二五"时期，中国的碳排放强度保持了快速下降的势头，碳排放强度下降了20%左右，超额完成"十二五"规划中"单位GDP碳排放下降17%"的目标[111]。然而，对于低碳试点政策而言，在低碳试点建设五年后的2016年，国家发改委对第一批和第二批试点进行了全面的工作评价，有部分试点的低碳政策执行并不理想，并没有达到国家发改委的期望。由此在2016年选取了西部Y试点城市进行深入调研，解析地方政府对国家低碳发展目标的认知、低碳政策执行情况以及产生政策执行偏差的行为逻辑。

2.地方低碳发展目标

Y市是2012年11月国家发改委公布的第二批低碳试点城市。全市常住年末总人口619.21万人，2015年全年实现地区生产总值2168.34亿元，比上年增长15.7%；人均地区生产总值35123元，比上年增长15.2%；三次产业比重为16.1∶44.8∶39.1。对比"十二五"期间Y市的主要经济数据，Y市2011—2015年地区生产总值由2011年的1121.46亿元增长至2015年的2168.34亿元，年均增长率达到17.9%。与此同时，单位GDP能耗逐年降低，由2011年的1.226吨标准煤/万元降低至2015年的0.922吨标准煤/万元，累计降低30.4%（见图2-2）。在三产结构上，"十二五"期间，Y市第二产业比重变化较小，上升了1个百分点，而第三产业比重下降4个百分点，第一产业比重上升3个百分点。

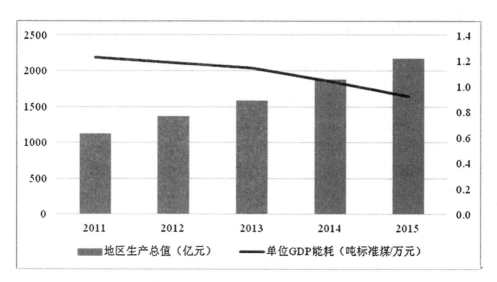

图2-2　Y市2011—2015年地区生产总值和单位GDP能耗
资料来源：根据Y市统计年鉴数据绘制形成。

为促进Y市低碳试点建设，落实国家低碳发展目标，Y市发展改革委在

2012年公布了《Y市低碳试点工作初步实施方案》，估算了2010年Y市二氧化碳排放总量与构成，即Y市化石能源消费产生的二氧化碳排放总量约2237万吨，其中煤炭消费产生的二氧化碳排放量约为1795万吨，石油消费产生的二氧化碳排放量约为340万吨，天然气消费产生的二氧化碳排放量约为102万吨，煤炭、石油、天然气三类一次化石能源消费产生的二氧化碳排放比例为80.2：15.2：4.6。单位生产总值二氧化碳排放约3.11吨/万元（按2005年可比价计算），人均碳排放强度3.6吨/人（按常住人口计算）。主要碳排放源是工业部门，其排放的二氧化碳占比达到50%以上。为此，Y市分别提出了到2015年、2020年和2030年的低碳发展目标。对比国家目标和Y市目标，Y市基于本市基本情况，在国家目标的基础之上，进一步提高了低碳发展要求（见表2-4）。

表2-4 国家和Y市低碳发展目标比较

指标	2015年（与2010相比）		2020年（与2005相比）		2030年（与2005相比）	
	国家目标	Y市目标	国家目标	Y市目标	国家目标	Y市目标
单位生产总值二氧化碳排放	−17%	−22%以上	−40%~45%	−55%以上	−60%~65%	−70%以上
单位生产总值能源消耗强度	−16%	−20%以上	/	/	/	/
第三产业比重	/	42%以上	/	47%以上	/	/
森林覆盖率	21.66%	50%	/	55%	/	/
非化石能源占一次能源消费比重	11.4%	32%	15%左右	34%	20%左右	/
碳排放达峰时间	/	/	/	/	2030年达峰	2025年达峰

资料来源：根据国家政策文件和Y市政策文件整理形成。

3.地方低碳发展响应

（1）低碳生产

如表2-5所示，在低碳生产上，国家对单位GDP能耗、单位GDP的碳排放和非化石能源消费比重提出了约束性要求，并将这三项指标写进了"十二五"规划。另外，国家目标也强调了发展服务业和战略性新兴产业对于碳减排的重要性。为此，Y市地方政府在低碳生产上的响应主要表现为两方面，一方面是优化产业结构，另一方面是优化能源结构。在优化产业结构方面，Y市通过财政激励的手段，结合地区自然条件优势，发展酒、茶、烟、药和特色食品为重点的轻型化工业，以及依靠Y市红色文化历史，发展文化创意、旅游、会展、物流为支撑的现代服务业。对于传统工业，地方政府主要采取命令—控制型政策工具推进老城区工业企业搬迁改造，淘汰落后产能，以及实施节能技术改造和清洁生产。在优化能源结构方面，Y市在财政激励上向水力发电进行了倾斜，并加大对太阳能、生物质能、风能的利用。与此同时，提高天然气利用的比例，加强在农村的沼气池建设，以及在城市的天然气管网建设与管理。

生产环节是碳排放的主要来源，在碳减排和生产节能的双重约束下，地方政府高度重视生产环节的排放控制，在采取政策工具时，倾向于通过命令—控制型和财政激励型工具保障国家目标的实现。从效果上来看，Y市在产业结构和能源结构优化上均产生了显著效果。2015年Y市单位GDP能耗为0.922吨标准煤/万元，比2010年下降90.3%，远超国家16%的降速目标。Y市轻型化产业的发展战略也产生效果，轻重工业比重达到74:26，完成了轻工业产值比重65%的预期目标。与此同时，Y市非化石能源消费比重达到46%，高于国家11.4%的目标。但Y市在现代服务业和战略新兴产业发展方面依然处于起步阶段，虽然近几年服务业和战略性新兴产业产值增长幅度迅猛，但距离国家目标依然存在一定差距。

表2-5 国家目标与地方响应：低碳生产

国家目标	地方响应	政策工具	执行效果
到2015年，单位GDP能耗比2010年下降16%；单位GDP二氧化碳排放量比2010年下降17%	传统工业低碳化：老城区工业企业整体搬迁改造；淘汰落后产能；实施节能技术改造和清洁生产	命令—控制型	（1）2015年，单位GDP能耗0.922吨标准煤/万元，比2010年下降90.3%（2）2015年，能源消费总量为1241.5万吨标准煤，比2010年上升7.8%（3）2015年，轻工业产值比重为74%，完成65%的目标
	发展轻型化产业：打造酒、茶、烟、药、特色食品"五张名片"和健康水品牌	财政激励型	

（续表）

国家目标	地方响应	政策工具	执行效果
到2015年，单位GDP能耗比2010年下降16%；单位GDP二氧化碳排放量比2010年下降17%	推进产业集群发展：建设低碳园区；引进低碳产业和优势企业 发展循环经济：建设循环经济产业化项目	财政激励型	（4）"十二五"期间，累计淘汰落后生产线141条，落后产能533万吨，完成"十二五"目标 （5）正在建设Y市经济技术开发园区循环化低碳试点（产业耦合、绿色照明、集中供暖供气）
到2015年，服务业增加值占GDP比重达到47%	发展现代服务业：发展文化产业、旅游业、会展业、物流业		2015年，服务业增加值848.32亿元，占GDP比重38.7%，未达到国家目标
到2015年，非化石能源消费比重达到11.4%	调整优化能源结构：加快水电站建设；发展太阳能、生物质能、风能等新能源；加强农村沼气池建设；加强天然气管网建设		2015年，非化石能源占一次能源消费比重46%
到2020年，战略性新兴产业增加值占GDP比重达到15%	培育新兴产业及高技术产业		2015年，战略性新兴产业增加值占GDP比重4.5%，比2012年增加55.2%

资料来源：根据Y市政策文件和访谈资料整理形成。

（2）低碳交通

如表2-6所示，低碳交通发展方面的国家目标主要体现为提高公共交通和慢行交通比重以及降低交通运输能耗。Y市以创建绿色交通试点城市为抓手，提出改造中心城区交通微循环路网、优先发展城市慢行交通和公共交通、公共汽车采用新能源驱动、推广新能源汽车等相关措施。相比低碳生产，Y市除了重点支持中心城区的低碳交通示范改造外，对低碳交通的财政支持力度有限。因此，Y市交通部门希望通过成功创建绿色交通试点城市获得国家的财政支持。由于绿色交通城市试点的财政支持力度远大于低碳城市试点对低碳交通支持的力度，Y市交通部门实施的低碳交通的发展措施，实际上是为了申报绿色交通城市而提出的。为成功申报绿色交通试点城市，Y市交通部门做了上百页的申报材料，甚至计算交通运输的碳排放也是为了满足申报这一试点的要求，而并非在当初申请低碳试点城市时所做的工作。从结果上看，在重点支持下的中心城区低碳交通示范得到了较好的执行，2015年，Y市中心城区全面实现了公交车使用清洁能源驱动，中心城区机动化出行公交分担率达36.6%；城市慢行交通系统得到了一定的发展，2014年，慢行道占城市道路比例达到52%；同时，轨道交通建设也进入规划设计阶段。但在交通运输能耗方面，Y市依然面临严峻挑战。根据Y市交通部门申报绿色交通城市试点时对交通运输能耗的测算，Y市2013年交通运输能耗和二氧化碳排放比2009年分别增加了101.1%和101.8%，对于完成国家"2015年与2005年相比，营运车辆单位运输周转量能耗下降10%，二氧化碳排放下降11%"的目标，存在很大的困难。值得一提的是，Y市高度重视新能源汽车的制造与推广，建设了新能源汽车产业园，引进了行业知名品牌，拟打造成西南地区最大的新能源汽车制造集聚区。

表2-6　国家目标与地方响应：低碳交通

国家目标	地方响应	政策工具	执行效果
2015年与2005年相比，营运车辆单位运输周转量能耗下降10%，二氧化碳排放下降11%	创建绿色交通城市	财政激励型	（1）2013年交通运输能耗和二氧化碳排放比2009年分别增加了101.1%和101.8%，国家目标完成困难（2）城市交通基础设施改善，路网功能结构优化，连通性和可达性增强
	改造中心城区交通微循环路网		
城市步行和自行车出行环境明显改善，步行和自行车出行分担率逐步提高	发展城市慢行交通，加强公交枢纽、专用车道、步行道、自行车道、休闲步道、人行过街等设施建设	命令—控制型	（1）2014年，慢行道占城市道路比例为52%（2）建设了全国第一条以生态绿色景观为特色，以骑行、健康、低碳为主题的旅游公路
	建设生态旅游骑行公路	财政激励型	
提高公共交通出行分担比例和公共交通占机动化出行比例	优先发展城市公共交通：编制城市公交发展规划、公交发展水平报告、公交都市创建方案	命令—控制型	（1）2015年，中心城区机动化出行公交分担率达36.6%（2）建成公交专用道为13.6公里，占城市道路比例为1.2%

（续表）

国家目标	地方响应	政策工具	执行效果
加快新能源汽车在公交领域的推广和应用	开展中心城区低碳交通示范，更换使用新能源公交车、出租车，启动建设轨道线	财政激励型	2015年，中心城区全面实现公交车使用清洁能源驱动
鼓励发展新能源汽车	推广新能源汽车：引进国内行业知名品牌；建设新能源汽车制造集聚区；制定并落实新能源汽车推广应用优惠政策；完善应用基础设施		建设新能源汽车产业园，实现新能源汽车全产业链生产，预计2016年可实现产值50亿元

资料来源：根据Y市政策文件和访谈资料整理形成。

（3）低碳建筑

如表2-7所示，国家目标在低碳建筑方面更多反映了建筑节能的要求。实际上建筑节能对于地方政府来说并不是一个新事物，国家住建部和省住建厅对于建筑节能较早就有了相关的规定。除了建筑节能建设和改造外，低碳建筑发展的目标还包括绿色建筑推广、建筑节能材料应用、建筑能耗统计等内容。Y市在采取建筑节能措施的基础上，针对低碳发展需要，提出建设Y市立医院低碳试点，通过配套专项资金对Y市立医院实行建筑节能改造，院区绿色照明，集中供暖和热能循环利用。在政策工具的使用上，低碳建筑领域的政策工具使用更加丰富，包括了命令—控制型、财政激励型和自愿型工具。在执行国家强制建筑节能标准和省建筑厅下达的既有节能建筑改造的约束性目标的基础上，Y市采取了命令—控制型的手段，并严格完成了这两项要求。在实施公共建筑节能改造、可再生能源建筑推广和农村危房建筑节能改造上，虽然地方政府都采取了财政激励型的政策工具，但除了Y市立医院的低碳改造项目具有专项稳定的资金外，可再生能源建筑推广和农村危房建筑节能改造则主要是以项目制的形式，通过向国家或省级相关部门申请相关实施项目，以获得财政支持。在绿色建筑推广、新型墙体材料应用以及建筑能耗统计和管理上，Y市选择了自愿型的工具。在完成效果上，采取自愿型工具的政策措施仅达到国家要求的最低水平，或是没有相关成果的统计。

表2-7 国家目标与地方响应：低碳建筑

国家目标	地方响应	政策工具	执行效果
新建建筑节能率达到95%以上	严格执行国家强制建筑节能标准。	命令—控制型	（1）"十二五"期间，施工图设计审查节能标准执行率达到99.6%（2）在建及竣工项目节能标准执行率达到100%
既有建筑节能改造	进行既有居住建筑节能改造工作。		全面完成省住建厅下达的35万平方米既有居住建筑节能改造工作任务
实施高耗能公共建筑节能改造	提高新建建筑能效水平，公益性建筑、大型公共建筑等率先执行绿色建筑标准。	财政激励型	建设Y市立医院低碳试点，实行建筑节能改造，院区绿色照明，集中供暖和热能循环利用
新增可再生能源建筑	开展可再生能源的利用和推广示范工作。		"十二五"期间，有三个项目申报获得了省级"可再生能源示范项目"和省级示范补助资金
农村危房建筑节能改造	实施农村危房改造工程，改善农村困难群众住房条件。		2008—2015年，全市累计改造农村危房28.31万户，仍有13.17万户农村危房待改造
新建绿色建筑20%以上	推进绿色建筑项目申报。	自愿型	19个项目申报绿色建筑设计标识，绿色建筑比例达20%
新型墙体材料产量占墙体材料总量的比例达到65%以上，建筑应用比例达到75%以上	推广使用新型墙体材料及建筑节能产品。		"十二五"期间，申报认定成功的新型墙体材料厂家共计45家，建筑节能产品厂家共计10家
加大能耗统计、能源审计、能效公示、能耗限额、超定额加价、能效测评制度实施力度	建设公共建筑能耗监控平台	自愿型	截至2016年，建设中

资料来源：根据Y市政策文件和访谈资料整理形成。

（4）碳汇和废弃物处理

如表2-8所示，在碳汇和废弃物处理方面，由于Y市是国家森林城市，其森林覆盖率和城区绿化覆盖率都远高于国家目标。但为了创建国家环保示范城市，Y市依然采取严格的命令—控制型工具推进造林绿化和生态保护，并采用财政激励型工具开展石漠化治理、退耕还林和森林公园建设等项目。与此同时，Y市选择自愿型工具对本市的林业工作进行宣传报道。在废弃物处理上，国家规定了城市污水处理率和城市生活垃圾无害化处理率两项约束性指标，Y市通过财政拨款的形式支持城市污水处理厂和垃圾处理厂的废弃物处理项目。从结果上看，Y市污水处理率达到国家的目标，但垃圾处理率距离国家目标还有一段差距。

表2-8　国家目标与地方响应：碳汇和废弃物处理

国家目标	地方响应	政策工具	执行效果
到2015年，森林覆盖率达到21.66%，城市建成区绿化覆盖率达到39.5%	推进造林绿化，强化资源管理，建立并完善生态红线保护制度	命令—控制型	（1）2015年，森林覆盖率达到55%（2）城市建成区绿化覆盖率达到44.1%
	开展生态建设项目：石漠化治理工程；退耕还林工程；森林公园建设	财政激励型	
	加大林业宣传力度，对林业工作进行全面深入的采访报道	自愿型	
到2015年，地级市污水处理率达到85%，城市生活垃圾无害化处理率达到90%	促进城市垃圾资源化利用：建设Y市中心城区生活垃圾处置项目；建设餐厨垃圾无害化处理和资源化利用设施装置	财政激励型	（1）2015年，污水集中处理率89.9%（2）城镇生活垃圾无害化处理率58%左右（未达到国家目标）

资料来源：根据Y市政策文件和访谈资料整理形成。

（5）低碳管理

如表2-9所示，低碳管理是低碳试点建设特有的内容，包括了组建低碳领导小组、编制低碳城市试点工作方案、编制城市温室气体排放清单、建立温室气体排放目标考核制度、建立项目碳评估制度、低碳宣传等内容。对于我国而言，低碳管理正处于建章立制的阶段，国家对大部分的低碳管理目标并未做出约束性要求，中央政府寄希望于低碳试点城市通过政策创新和试验能够为国家低碳发展提供经验。目前，Y市针对低碳试点城市建设必要的几项措施采取了命令—控制型的政策工具，成立了以市长牵头的低碳发展领导小组，发布了《Y市低碳试点工作初步实施方案》《Y市低碳重点项目发展表》《Y市温室气体排放清单》等文件，并提出了于2025年实现碳排放达峰的目标。与此同时，对于建立温室气体排放目标考核制度等非约束性的目标，Y市采用了自愿型的工具，实际上，这部分采用自愿型工具的政策措施完成进展缓慢。

表2-9　国家目标与地方响应：低碳管理

国家目标	地方响应	政策工具	执行效果
组建低碳领导小组	成立了市长牵头的Y市低碳发展领导小组	命令—控制型	/
编制低碳/气候变化专项规划和低碳城市试点工作实施方案	出台了《Y市低碳试点工作初步实施方案》和《Y市低碳重点项目发展表》		提出了2025年碳排放达峰的目标
	开展Y市M镇低碳城镇试点示范，编制低碳城镇规划	财政激励型	
编制温室气体排放清单	发布了《Y市温室气体排放清单》	命令—控制型	/
建设碳交易市场	2017年加入全国碳交易市场		/
建立温室气体排放目标考核制度	截至2016年，建设中	自愿型	/
新建项目碳评估制度	截至2016年，建设中		/
低碳宣传	建立Y低碳试点培训教育基地	财政激励型	开展Y师范学院低碳试点，进行低碳试点能力建设培训、宣传、教育活动
	加强低碳宣传，倡导低碳方式	自愿型	

资料来源：根据Y市政策文件和访谈资料整理形成。

4.地方政策执行偏差

国家低碳发展主要从低碳生产、低碳交通、低碳建筑、碳汇、废弃物处理和低碳管理等方面对低碳试点城市提出低碳发展要求。但实际上，大部分目标并非低碳发展专有，仅单位GDP碳排放量、交通运输碳排放量、低碳管理制度建设等少数指标是对低碳试点城市特有的目标要求。从Y市实际行动上看，Y市针对国家目标基本上提出了相应的政策措施，总体上完成了相应的目标任务。但在低碳发展关键指标的完成上，结果并不理想，对于这些关键性的指标，政府部门提出的措施模糊不清，目标完成结果避重就轻，甚至没有公开提及。地方政府主要还是在完成节能减排、绿色交通、建筑节能、森林保育、环境保护等传统目标，将完成这些目标的措施和结果一并"打包"放入低碳发展当中，从而回应中央政府的低碳试点政策要求，由此出现了地方行为与中央目标之间的偏差。形成这一偏差的原因主要是地方政府缺乏对这一政策的重视，具体表现在：

首先，地方政府没有很强的意愿开展低碳行动。地方政府在感知低碳发展目标时未完全将其与传统的节能和环保等目标区分开。从Y市的低碳行动上看，地方政府实际上仍是在执行传统的节能减排、环境保护、循环经济、可持续发展等方面的目标[112]。作为低碳发展的重要指标，单位GDP碳排放量和交通运输碳排放量，Y市都未进行官方公布，只公布了传统节能减排任务要求的单位GDP能耗。依据能源消费量对Y市碳排放的初步计算，以及Y市交通部门在申报绿色交通试点城市中对交通运输的碳排放测算，Y市的单位GDP碳排放量和交通运输碳排放量均难以达到国家低碳发展的目标要求。而这两项目标正是体现低碳发展目标的特有之处。事实上，在缺乏约束力和动力下，地方政府对低碳发展没有很详细的认知，也没有很强的意愿进行低碳发展，相比强政治动力和强经济动力的目标任务，低碳发展目标在地方政府发展目标清单上的优先级是相当靠后的。而相比全国环保示范城市、国家森林城市、绿色交通试点城市等这些能够为地方政府带来"钱"和"权"的试点而言，低碳试点能为地方政府带来的"贡献"很少。因此，地方政府并未充分重视低碳发展，也未充分理解低碳理念，在完成低碳的国家目标上更多地体现为对节能减排、森林保育、绿色发展、循环经济等相关政策成果的"打包"。

其次，地方政府的重视不足还表现在缺乏持续性的资金支持上。资金问题一直是困扰地方政府执行低碳行动方案的障碍，也是制约低碳发展效果的重要因素。虽然Y市倾向于用财政激励的方式引导各部门执行低碳行动方案，但除了《Y市低碳重点项目发展表》所列的项目有较充足的资金保障外，在住房和城乡建设（以下简称"住建"）、交通等部门，地方政府部门还是以"拿项目"

的形式获得上级财政的支持，或是以"拆东墙补西墙"的方式从其他项目中获取行动资金。Y市住建部门每年向省住建厅申请下一年的建筑改造资金项目，项目制的方式审批慢，过程复杂，资金数额不确定，而且往往难以获得连续性支持，然而建筑的低碳改造项目大多需要持续多年。Y市的农村危房改造项目是多年来一直持续进行的一个项目，2008—2015年全市累计改造了28.31万户，但仍有13.17万户待改造。在上级政府每年持续有目标考核以及无法获得持续资金支持的情况下，住建部门不得不挪用城市拆迁项目的资金来完成农村危房改造目标。交通领域亦是如此，除了Y市中心城区被纳入低碳交通示范项目得到专项资金支持外，其他方面的建设内容大多仍是以项目制的形式向上级政府申请。

最后，自愿型工具优先级不高。在完成国家目标时，地方政府会根据国家目标的性质和重要性选择相应的政策工具。对于纳入五年规划的约束性目标，地方政府最为重视，往往会以命令—控制型工具以及专项财政资金支持的形式践行目标。对于国家部门出台的约束性要求，地方政府通常也会以财政拨款的方式给予保障，但财政支持的力度在项目之间存在较大差别。从Y市政府的选择来看，政府主导的命令—控制型和财政激励型工具被广泛运用于低碳城市的建设之中。自愿型工具被运用于完成一些非约束性的指标上，从重视程度上和完成效果上远不及命令—控制型和财政激励型工具。自愿型工具缺乏足够的激励和约束作用，在面对众多约束性的目标任务时，自愿型工具使用的优先级大大下降。而且，自愿型工具往往存在缺乏明确的导向、受重视程度不足等问题，比如在绿色建筑推广上，当前推广绿色建筑主要是通过地方开展绿色建筑项目，再由地方政府自愿将项目向国家申报认定为"绿色建筑"，这个过程手续复杂，耗时长，且激励收益小。国家针对绿色建筑的推广给了20%的预期性目标，在无强激励和强约束下，Y市官方公布的绿色建筑比重为20%（实际上，大部分低碳试点公布的绿色建筑比率也为20%）。Y市住建部门表示，虽然实际上Y市建成的绿色建筑比重远高于20%，但由于上述的原因，申报绿色建筑项目的意愿不高。负责部门的主管人员认同绿色建筑对于低碳发展具有重要意义，他更倾向于将发展绿色建筑的自愿型工具转化为命令—控制型工具，因为自愿型工具达不到充分的作用。在住建领域，另一采取自愿型工具执行的目标是"新型墙体材料在建筑中的应用比例"。一旦采取自愿型工具后，意味着这一目标执行的优先级被后置，主管部门负责人甚至不知道有这一目标，更没有相关数据的统计。

　　然而，低碳试点政策正是一个强自愿性、弱约束性的政策，中央政府实行低碳试点计划的初衷是希望地方政府通过政策创新，从而获得可以推广的低碳发展经验。但在传统科层结构的目标考核制压力下，地方政府进行低碳试点的过程实际上忽略了这一重要意涵。目标考核制在1991年引入用来执行国家节能减排目标时，给地方政府带来了巨大的政治动力，节能减排的目标压力自上而下层层传导，节能减排取得了显著效果[113]。但在低碳试点上，中央政府对于低碳发展的路径与模式相对模糊，希望地方政府在执行低碳发展硬性要求的基础上，能够创新性地提出低碳发展经验。但事实上，地方政府的领导者将这种创新性理解为自愿性，而具体执行部门则将自愿性理解为后置性。这就出现了Y市地方政府及其执行部门将低碳试点的过程转化为不同优先级的政策执行过程的现象，而这一过程也导致地方政策执行并未真正实现中央政府的诉求。

　　（本专栏内容由会议论文 *The logic of local governments' actions for low-carbon pilot city* 修改形成，该文收录于2017年"第三届国际公共政策会议"）

图2-3　风力发电

第二节　中央环保督察的纠偏实践

（一）中央督察与地方响应

Y市"打包"执行低碳政策仅仅是地方政策执行偏差的一种体现，更为严重的是，地方政府在资源环境政策执行上，产生了一系列不良、甚至影响恶劣的执行偏差行为。在2018年中央环保督察"回头看"中，生态环境部通报了一批地方政府政策执行偏差的行为，包括颠倒是非、资料造假、消极拖延、象征性回应、照搬照抄、乱作为等（见表2-10）。

表2-10　地方政府执行偏差类型和典型案例

偏差类型	地区	典型案例
颠倒是非	广西北海	一公司环境污染问题严重，政府回复："该公司手续齐全，各项污染物排放达标，群众举报不实"；但"回头看"后发现，该公司非法生产，群众反映的问题不仅没有得到整改，反而更加严重
	江苏泰州	一化工废料填埋点存在大量废料，两年未改却宣布完成整改
资料造假	河南信阳	垃圾处理设施严重滞后，相关部门制作假台账企图蒙混过关
	天津静海	水务局编造会议纪要和工作台账
消极拖延	广东汕头	练江流域日产生活污水近100万吨，其中近70万吨直排环境，13个整改项目无一按时完成
	广西玉林	PM_{10}、$PM_{2.5}$浓度不降反升，市委市政府对督察整改工作态度消极，2017年工作要点中的32项重点工作均未涉及生态环保，督察整改任务只字未提
象征性执行	河北定州	大沙河河堤堆满多种固体废物，形成长约3公里的"垃圾带"，河长制形同虚设
照搬照抄	河北廊坊、唐山等	重污染天气应急预案、整改方案千篇一律、照搬照抄，除个别地名人名外，其余内容完全一致
乱作为	陕西彬州	打着治污降霾的旗号，强制过路车辆接受收费洗车服务
	陕西宝鸡	为应对国家大气污染防治监督检查，采取集中断水断电的做法，要求有关企业停产停工

资料来源：根据生态环境部通报整理而成。

在"十三五"期间，为了纠正地方政府资源环境政策的执行偏差问题，切实落实党政环保责任，中央政府发起了中央环保督察等一系列重大制度安排①。中央环保督察是党中央、国务院关于推进生态文明建设和美丽中国建设的重要举措。2015年7月，中央深改组第十四次会议审议通过了《环境保护督察方案（试行）》，明确建立环保督察机制。2016年，原环保部正式成立国家环境保护督察办公室②，中央环保督察组首先在河北省开始试点工作，先后分为四批进驻全国各省份，在两年时间内对全国各省区市实施全覆盖督察，并在2018年开展环保督察"回头看"工作（见表2-11）。根据生态环境部发布③，截至2017年底，中央环保督察完成31省份全覆盖，累计受理群众信访举报13.5万余件，立案处罚企业2.9万家，立案侦查1518件，拘留1527人，约谈党政领导干部18448人，问责18199人；截至2018年底，首轮中央环保督察及"回头看"共受理群众举报21.2万件，解决群众身边环境问题15万余件，罚款24.6亿元，立案侦查2303件，2264人被拘留，移交责任追求问题509个。

表2-11　首轮中央环保督察批次情况

批次	省份
试点（2015年底）	河北
第一批（2016年7月12日—8月19日）	内蒙古、黑龙江、江苏、江西、河南、广西、云南、宁夏
第二批（2016年11月24日—12月30日）	北京、上海、湖北、广东、重庆、陕西、甘肃
第三批（2017年4年24日—5月28日）	天津、山西、辽宁、安徽、福建、湖南、贵州
第四批（2017年8月7日—9月15日）	吉林、浙江、山东、海南、四川、西藏、青海、新疆（含兵团）

资料来源：根据生态环境部通报整理而成。

---

① 2018年国务院机构改革后，"中央环保督察"随之更名为"中央生态环境保护督察"。为行文方便，本书统一采取"中央环保督察"的说法。
② 2018年3月，国务院机构改革成立"生态环境部"，承担原环保部大部分职能。
③ 2018年，环保系统经历了大部制改革，在中央层面，"环境保护部"变更为"生态环境部"；在地方层面，各级"环境保护厅（局）"变更为"生态环境厅（局）"。为方便行文和理解，在无特殊说明情况下，本书统一使用"生态环境部""生态环境厅""生态环境局"的说法。

根据2015年7月中央全面深化改革领导小组第十四次会议通过的《环境保护督察方案（试行）》，中央环保督察的核心内容是贯彻落实国家环境保护决策部署，即解决中央政策落地的问题。督察以派驻督察组的形式对省区市党委政府及有关部门开展督察工作，并下沉至部分地市级党委政府。按照督察制度的设计，中央环保督察主要包含"督察准备—督察进驻—形成报告—督察反馈—移交问题—整改落实"六个环节[114]。督察组进驻时间约为1个月左右，在进驻期间，督察组的工作方式包括听取汇报、调阅资料、走访询问、个别谈话、受理举报、现场抽查等（见图2-4）。进驻结束后，各省区市整改方案要求在30天内上报国务院，6个月内报送整改情况，并同步向社会公开。在2016年，原环保部正式成立国家环境保护督察办公室，作为内设机构负责中央环保督察日常工作。2016—2017年中央环保督察完成了覆盖全国31个省区市的督察工作，在2018年完成了首轮中央环保督察"回头看"，并在2019年开始了第二轮中央生态环境保护督察。

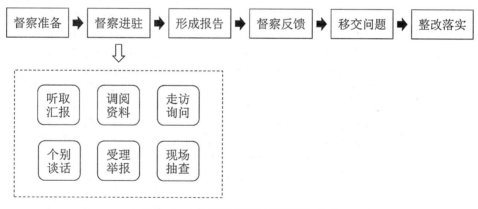

图2-4　中央环保督察工作环节与方式

从2016—2017年的首轮中央环保督察汇总情况来看，被督察的31个省市区均被指出了存在环境保护责任落实不到位的问题，具体包括环保工作压力传导衰减、认识不到位、工作推进不力、不作为、慢作为、乱作为、降低标准放松要求、重发展轻环保等问题。各省级党委政府一把手对于督察组指出和移交的问题均做出了积极表态，大部分省份成立了以党政一把手牵头的环保督察整改领导小组（见表2-12）。例如，"逐条细化整改措施、逐一明确整改责任，动真的、碰硬的、来实的，整改一个、销号一个、验收一个，确保事事有回音、件件有着落"（内蒙古自治区）；"不讲条件、不讲理由、不折不扣地抓好督察反馈意见落实"（黑龙江省）；"以最严格的督导问责推动反馈问题的整改落实"（广西壮族自治区）；"全面认账、全面整改、全面尽责"（安徽省）；"完全赞同，诚恳接受，照单全收，坚决整改"（辽宁省、浙江省、山东省）；"把抓好中央环保督察反馈意见整改落实，作为当前和今后一个时期的重大政治任务"（湖北省）；"决不含糊、决不护短、决不手软、决不姑息"（天津市）等。

表2-12　首轮中央环保督察情况汇总表

省份	反馈时间	存在主要问题	典型问题	时任领导表态
河北	2016年5月3日	· 环境保护工作压力传导不到位； · 违法违规上马项目问题突出； · 部分重点工作推进不严不实	· 石家庄、邯郸、深州、保定、唐山等地存在违法违规上马项目问题； · 2015年洁净型煤推广仅完成年度计划2成左右； · 石家庄、衡水、沧州、邯郸、廊坊等地境内部分河流水库水质恶化明显	要认真整改存在的问题，下功夫把难啃的硬骨头好好地啃下来，把工作的差距和不足好好地补上去。要以这次环保督察为动力，严格落实环境保护"党政同责"和"一岗双责"
内蒙古	2016年11月12日	· 认识尚不到位； · 自然保护区内违法违规开发问题仍然多见； · 水和大气污染防治工作推进滞后； · 部分历史遗留及群众关心问题亟待解决	· 89个国家和自治区级自然保护区中有41个存在违法违规开发情况； · 全区存在"好水减少，差水增多"的问题，地下水超采问题突出； · 遗鸥国家级自然保护区生态功能已基本丧失	对督察组反馈的问题逐项拉出问题清单、逐条细化整改措施，逐一明确整改责任，动真的、碰硬的、来实的，整改一个、销号一个、验收一个，确保事事有回音、件件有着落
河南	2016年11月15日	· 环境保护推进落实不够有力； · 不作为、慢作为问题比较突出； · 部分地区环境形势十分严峻； · 局部地区生态破坏较为严重； · 对一些突出环境问题群众反映强烈	· 全省油气回收治理工作完成时限一拖再拖，截至督察时仍有近半年任务没有完成； · 黄河湿地保护区三门峡段有多家企业无序开采； · 郑州空气质量从2013年倒数第十，下滑到2016年上半年倒数第三，成为全国污染最重的省会城市之一	要全面压实责任，确保各项工作落实到实处。把整改任务分解落实到省级领导干部和相关职能部门，整改一个、销号一个，一抓到底、务实实效

（续表）

省份	反馈时间	存在主要问题	典型问题	时任领导表态
江苏	2016年11月15日	·贯彻落实国家环境保护部决策部署还存在不到位情况； ·环境风险问题没有得到有效解决； ·部分区域生态环境问题突出	·2015年长江江苏主要支流劣V类断面占比20.5%； ·2013年以来新增钢铁产能控制不力； ·中泰能源科技、龙山制焦、东兴能源等企业仍违法建设焦化项目； ·太湖161家养殖场，约80%无治污设施	拿出坚决有力的整改行动，重点研究解决好优化生态保护格局、加快调整能源结构、着力削减化工污染、全力保护长江生态、加大太湖治理力度、控制农业污染源、有效控制环境风险等七个方面的问题
黑龙江	2016年11月15日	·工作部署存在降低标准、放松要求现象； ·自然保护区违法违规开发建设问题严重； ·哈尔滨市环境治理工作推进不够有力； ·部分区域环境污染严重，群众反映强烈	·燃煤电厂316台在产机组中，有274台未完成治污设施改造； ·大庆市杜尔伯特县申请坝项目将湿地改为耕地，万亩湿地被毁； ·阿什河流经哈尔滨市后，成松花江一级支流中唯一劣V类水体； ·全省累计堆存垃圾9300多万吨，严重影响周边环境	不讲条件、不讲理由、不折不扣地抓好督察反馈意见落实，特别要解决好使用低热质煤、秸秆焚烧、撒融雪剂等季节性、规律性问题
宁夏	2016年11月16日	·贯彻落实国家环境保护部决策部署不够到位； ·全区大气环境和局部水体环境质量下降； ·部分国家级自然保护区生态破坏问题突出； ·一些突出环境问题尚未得到有效解决	·2014年、2015年PM_{10}年均浓度分别比2013年增长20.6%和21.8%，连续两年未完成国家大气考核任务； ·8条重点入黄排水沟水质为劣V类，其中5条水质部分指标仍在恶化； ·贺兰山国家级自然保护区86家采矿企业中，81家为露天开采	要全面整改不打折扣，成立整改领导小组，对督察组指出的四个方面11条具体问题，逐一梳理研究，拉出清单，确保整改到位，在全区开展一次环境污染隐患大排查、大整治活动

（续表）

省份	反馈时间	存在主要问题	典型问题	时任领导表态
广西	2016年11月17日	·部分环境工作推进落实不够； ·环保为发展建设让步的情况时有发生； ·生态环境破坏问题比较突出； ·对一些突出问题群众反映强烈	·龙江河镉污染事件后，产业转型升级推进落实工作前紧后松，落后炼铅工艺淘汰等目标均未完成； ·桂林漓江流域非法采石采砂问题突出； ·南流江干流水质下降到Ⅳ类	严格按照中央环境保护督察组要求，全面落实整改责任，限期进行整改验收，切实强化追究问责。以最严格的督导问责推动反馈问题的整改落实
江西	2016年11月17日	部分环境保护工作不严不实； 鄱阳湖流域水环境形势不容乐观； 稀土开采生态恢复治理滞后； 环保不作为、乱作为问题突出	·2016年上半年，南昌、宜春等7个地市PM_{10}或$PM_{2.5}$浓度同比不降反升； ·早期建成的大量污水处理厂成"晒太阳"工程； ·鄱阳湖水质持续下降，违法违规排污问题严重； ·乐平市政府多次用财政资金为36家企业代缴排污费1147万元	要严格整改"追究制"，将整改工作纳入考核内容，对推进整改工作措施不力、拒不整改的，将进行责任追究。对移交的案件线索，该关停的关停，该取缔的取缔，该处理的处理，该法办的法办，依法依规严肃追责
云南	2016年1月23日	·对生态环境保护工作要求不严； ·高原湖泊治理保护力度仍需加大； ·重金属污染治理推进不力； ·自然保护区和重点流域保护区违规开发时有发生	·九大高原湖泊规划治理项目总体进展缓慢； ·违规开发现象突出，存在"边治理、边破坏""居民退、房产进"现象； ·要求2015年底建成19个历史遗留重金属污染综合治理工程，目前仍有12个尚未建成	要落实主体责任。迅速研究制定整改方案，细化任务分解；认真查办移交案卷，严肃整改责任追究；建立整改长效机制，做好整改信息公开
陕西	2017年4月11日	·统筹经济发展与环境保护不够； ·重点区域流域环境问题严峻； ·重点生态区域环境破坏较为严重	·关中地区大气污染问题本就突出，近年来仍大量新建、扩建高污染项目； ·2015年300万吨减煤任务仅完成11万吨； ·西咸新区每天近4万吨废水污水直排渗坑或河流； ·秦岭采矿采石破坏生态情况突出	建立问题台账，进一步加大问责力度，自觉接受监督。统筹推进山水林田湖一体化治理，铁腕治污降霾，持续加大节水、治污等技术创新力度

（续表）

省份	反馈时间	存在主要问题	典型问题	时任领导表态
重庆	2017年4月12日	· 环境保护压力存在逐级衰减现象； · 水环境保护工作存在薄弱环节； · 自然生态和饮用水水源保护有待加强	· 54座城市污水处理厂中有39座未按期建成； · 危险废物处置能力存在约2万吨/年的缺口； · 截至2015年，矿山占地面积132.2平方公里，复垦率仅为4.6%； · 部分港口码头船舶污染防治设施不到位，污水字节排入长江	/
上海	2017年4月12日	· 部分环保工作放松要求、降低标准； · 在水环境治理方面攻坚克难不够； · 有关部门执法监管偏软偏弱。	· 生活垃圾无害化处理缺口较大，非法倾倒事件频发； · 2016年，考核地表水监测断面劣V类占比34%；中心城区雨污河流泵站平均每日放江量达97万吨； · 18家污水处理厂出水重金属超标，6家长期超标。	要聚集水环境治理、区域环境综合整治等重点，坚决打好攻坚战，围绕垃圾无害化处理和资源化利用，加强整体顶层设计，研究解决好城市垃圾问题
北京	2017年4月12日	· 工作落实和考核问责不够到位； · 大气环境治理存在薄弱环节； · 城市环境管理仍然比较粗放	· 重型柴油车污染防控不力，对外埠货运车辆尾气检测手段不足，处罚力度偏弱； · 大兴区2016年成全市大气污染最严重区域，环境脏乱差问题突出； · 9条有水的出境河流中，8条为劣V类，2016年应完成19条黑臭水体治理任务仅完成1条	/
甘肃	2017年4月13日	· 重发展、轻保护问题比较突出； · 祁连山等自然保护区生态破坏问题严重； · 部分地区环境风险和污染问题突出	· 甘肃2014年、2015年连续两年未完成环境空气质量改善目标，PM$_{10}$浓度不降反升； · 违法违规在祁连山自然保护区内审批和延续采矿权、探矿权，造成地表植被破坏、水土流失加剧等问题突出	从严把握整改的时序和节奏，坚持挂账督办、跟踪问效，动真碰硬、坚决整改。加强祁连山等自然保护区保护和管理，大力开展大气、水、土壤污染防治行动计划

41

（续表）

省份	反馈时间	存在主要问题	典型问题	时任领导表态
广东	2017年4月13日	·环境保护推进落实存在薄弱环节； ·部分地区水污染问题突出； ·部分地区环境问题突出	·2016年全省69条主要河流水质达标率由2013年的85.5%下降为77.4%； ·广州"十二五"计划建设1884公里污水管网，实际只完成31%； ·广州51条重点河涌中有35条为黑臭水体	要全面抓好问题整改，对重点地区和突出问题进行挂牌督办、重点攻坚。全面开展省级环保督察，抓好整改"回头看"
湖北	2017年4月14日	·部分环境保护工作推进落实不够； ·水资源过度开发带来的环境问题凸显； ·长江环境保护形势不容乐观	·汉江自净能力下降，近年来发生水华； ·洪湖非法养殖污染突出； ·全省长江支流总体呈现"好水变少、差水增多"的趋势	要把抓好中央环保督察反馈意见整改落实，作为当前和今后一个时期的重大政治任务，以鲜明的态度、果断的措施、严格的标准，不折不扣抓好落实。要严格落实"党政同责、一岗双责"，狠抓案件查办，强化督办落实，加大公开力度
安徽	2017年7月29日	·落实国家环境保护部决策部署存在薄弱环节； ·巢湖流域水环境保护形势严峻； ·重点流域区域环境问题突出； ·一些突出环境问题长期没有解决	·2016年省政府对各地市目标管理绩效考核中，生态环境指标权重却出现下降； ·巢湖水华高发； ·2016年27条淮河二、三级支流中，7条为Ⅴ类，10条为劣Ⅴ类	督察意见一针见血、点到要害、非常中肯，我们要全面认账、全面整改、全面尽责。省委、省政府成立中央环保督察整改工作小组，实行突出环境问题包保全覆盖，做到"四确保四不放过"
天津	2017年7月29日	·工作落实不够到位； ·大气环境治理仍显薄弱； ·水环境问题较为突出； ·一些突出环境问题长期没有解决	·2016年二氧化氮浓度大幅上升，2017年一季度$PM_{2.5}$浓度同比上升27.5%； ·2016年全市地表水水质优良比例仅为15%	要确保中央环保督察反馈意见整改见底到位，落实主体责任，注重整改实效，全面整改、一改到底，强化督促检查，狠抓案件查办，决不含糊、决不护短、决不手软、决不姑息

（续表）

省份	反馈时间	存在主要问题	典型问题	时任领导表态
山西	2017年7月30日	· 重发展、轻保护问题较为突出； · 不作为、慢作为问题多见； · 大气和水环境形势严峻； · 生态破坏问题依然突出	· 2013年至2016年，全省散煤煤质管控处于失控局面，冬季燃煤污染十分严重； · 2016年PM$_{2.5}$、PM$_{10}$平均浓度同比分别升高7.1%、11.2%，2017年后大气环境质量仍呈恶化趋势； · 汾河水质长期处于劣V类，桑干河流域水质明显恶化	要以极端负责的态度对待反馈和整改工作，不仅照单全收，而且要举一反三，不仅要抓好半年的集中整改，而且要长期不懈抓好生态保护工作，人一之我十之，确保得到较好解决
湖南	2017年7月31日	· 环境保护推进落实不够有力； · 不作为、乱作为问题多见； · 洞庭湖区生态环境问题严峻； · 一些突出环境风险长期得不到解决	· 重金属污染问题突出，但对污染防控没有提出严格要求； · 2016年洞庭湖Ⅲ类水质断面比例下降为0，出口断面总磷浓度升幅97.9%； · 2013年以来违规设置自然保护区内探矿权46宗	要突出重点，结合大气、水、土壤、固定废弃物等污染治理，驰而不息抓好洞庭湖水环境质量恶化、有色金属行业污染隐患突出等重点环境问题的综合整治
福建	2017年7月31日	· 对环境保护工作推进落实不够； · 部分海洋和生态敏感区保护不力； · 环境基础设施建设滞后； · 一些突出环境问题长期得不到解决	· 泉州、漳州、宁德等地的海洋保护区违规养殖问题突出； · 福州污水收集管网严重不足，大量生活污水直排环境； · 全省县级及以上地区53个垃圾填埋场中，8个未建设渗滤液处置设施，16个渗滤液超标排放	要坚持问题导向，明确责任领导、责任单位、责任人员，把整改责任压紧压实压到位；精准发力、立行立改；强化监督、跟踪问效
辽宁	2017年7月31日	· 对生态环境保护工作认识和推进不够； · 水污染防治工作推进不力； · 重点区域违法建设问题突出； · 一些突出环境问题亟待解决	· 近年来全省大规模违法围海、填海问题突出，以罚代管，实际鼓励和纵容； · 沈阳、营口等地生活垃圾污染问题突出，群众反映十分强烈； · 2016年辽河流域劣V类水质断面比例比2013年增加19%	中央环保督察组反馈的意见，令人脸红耳热出汗，让人警醒、发人深思，我们完全赞同，诚恳接受，照单全收，坚决整改。我们要以主动认领的自决、知错就改的决心、敢于担当的精神，坚决整改、全面整改、彻底整改

（续表）

省份	反馈时间	存在主要问题	典型问题	时任领导表态
四川	2017年12月22日	·一些地方和部门生态环境保护责任落实不到位； ·长江部分支流水环境形势严峻； ·部分区域大气污染防治力度不够； ·部分领域生态环境问题突出	·沱江水环境质量持续恶化； ·岷江2016年水质达标率仅为61.5%； ·成都2016年优良天数比例为60.5%，重型柴油车污染严重； ·青衣江和大渡河流域干支流水电开发建设密度大	要举一反三全面梳理，扎实抓好污染防治"三大战役"、大规模绿化全川行动、加强生态修复和荒漠化防治、推进大熊猫国家公园建设等生态建设和污染防治领域重点工作，切实筑牢长江上游生态屏障
海南	2017年12月23日	·对环保工作认识和推进不够； ·海域岸线自然生态和风貌破坏明显； ·部分自然保护区管护不力； ·环境基础设施建设滞后	·一些市县财政过分依赖房地产，沿海市县向海要地、向岸要房等情况严重； ·大量生活污水处理项目进度滞后，一些市县生活垃圾大量堆存	态度上全盘接受、行动上立行立改、整改上务求实效。全力抓好环保督查问题整改，全面落实整改责任，建立健全长效机制，确保查处的案件不反弹、整改的效果不回落
贵州	2017年12月23日	·生态环境保护责任落实不够到位； ·水环境问题比较突出； ·基础治污设施建设滞后； ·一些突出环境问题没有得到解决	·乌江、清水江流域总磷污染问题较为突出，多条支流长期为劣V类； ·部分横祸污水直排现象突出； ·铜仁市重金属污染问题十分突出	要采取最有力举措，确保中央环保督察反馈意见全面整改落实到位。一是要坚持党政同责和一岗双责，全面落实整改责任。二是要聚焦重点领域，狠抓突出环保问题整改。三是要着力建章立制，加快形成督察整改长效机制
青海	2017年12月24日	·生态优先的观念树立得还不够牢固，保护为发展让路的情况依然存在； ·自然保护区违规旅游开发问题突出，生态修复进展迟缓	·青海湖等自然保护区违规开发旅游问题突出，环青海湖违规建设宾馆、餐厅等旅游设施问题突出； ·21个工矿项目违规占用草原1.64万亩	对中央督察组的反馈意见，要确定具体责任单位、责任人、整改目标、整改措施和整改时限，以钉钉子精神盯住不放、一抓到底。对整改问题实行台账式管理，挂账督办、跟踪问效，整改一个、销号一个

（续表）

省份	反馈时间	存在主要问题	典型问题	时任领导表态
浙江	2017年12月24日	·压力传导不够到位，工作推进不够平衡； ·海洋生态环境损害和污染问题依然突出； ·环境基础设施建设存在薄弱环节	·部分近海岸水质持续恶化，全省2016年劣四类海水比例高达60%； ·全省生活垃圾处理能力缺口约8000吨/日，现有设施普通超负荷运行	督察组的反馈意见客观中肯、实事求是，完全符合浙江实际，我们完全赞同、诚恳接受、照单全收、坚决改正。我们将抓紧制定整改方案，系统优化整改措施，加强领导抓整改，精准发力抓整改，严肃问责抓整改，公开透明抓整改
山东	2017年12月26日	·落实国家环境保护决策部署不够到位； ·大气污染防治重点工作落实不到位； ·海洋环境及重要生态功能区保护不力； ·一些突出环境问题亟待解决	·全省化工行业无序发展问题突出，大量项目违规建设，环境污染和风险十分突出； ·大气环境形势十分严峻，近年来自备燃煤电站呈井喷式增长； ·2013年以来，违规办理海域用地手续512宗，大量海域被违规填占	中央环保督察反馈意见，完全符合山东实际，我们照单全收、诚恳接受、坚决整改、落实到位，以严明责任、严格督查、严肃问责推进反馈意见整改落实
吉林	2017年12月27日	·贯彻落实国家环境保护决策部署不够到位； ·水环境保护工作推进不力； ·自然保护区违法违规开发建设。	·长白山违规建设高尔夫别墅项目，并多次谎报瞒报； ·垃圾无害化处理率不到60%，但却上报为84.7%； ·2017年春秋季焚烧秸秆问题明显反弹； ·辽河流域水污染持续加重	坚决把不损害生态环境作为发展的底线。坚决抓好环保督察组反馈意见整改落实，把整改落实工作，作为当前和今后一个时期的一项重大任务
新疆	2018年1月2日	·思想认识有待提高，工作落实不够到位； ·局部区域大气和水环境污染问题突出； ·有的地方存在损害生态环境问题； ·一些地方突出环境问题没有得到彻底解决	·乌鲁木齐大气环境问题突出，建成区燃煤小锅炉污染严重； ·乌鲁木齐市米东区、巴州库尔勒市建成区等地对地下水禁采、限采要求落实不力； ·克拉玛依市艾里克湖和巴州博斯腾湖治理工作进展缓慢	要主动与中央督察组反馈的问题"对表""对标""对账"，分解任务、建立台账，明确整改目标、整改时限、整改要求、整改责任，确保每一个问题都一抓到底，每一条意见建议都全面落实

（续表）

省份	反馈时间	存在主要问题	典型问题	时任领导表态
西藏	2018年1月3日	·贯彻落实国家生态环境保护决策部署不够到位； ·部分领域开发建设活动环境管理还较为粗放； ·一些环境保护基础工作还比较薄弱	·2013年以来，全区共有242个农村公路项目未批先建； ·旅游景区多数未建成污水处理设施； ·已建成的10座污水处理厂有6座不能稳定正常运行	将逐条逐项制定具体贯彻意见和整改措施，全面整改、加快整改、彻底整改。建立工作台账，建立"日常督察、月报告、季调度、半年盘点、年度考核"工作机制

资料来源：根据生态环境部发布整理而成。

我们进一步通过一些典型的案例观察中央政府是如何通过环保督察纠正地方政府的环境政策执行偏差的，以及地方政府是如何进行响应的。

图2-5　山东风光

（二）"老干妈"公司油烟扰民案

【起】油烟污染屡扰民

位于贵州贵阳的"老干妈"风味食品有限公司成立于1996年，经过20余年的发展，其成为全球闻名的辣椒酱产品企业，曾被媒体评选为"全球最美味辣椒酱"。然而，"老干妈"公司由于生产工艺原因，在生产辣椒制品过程中产生的油烟问题长期困扰周边居民。尽管早在2014年，当地政府就对"老干妈"公司的环保问题进行了现场检查和指导工作，并建立了"老干妈"整改督查专班督促企业加快油烟治理进程，但是，政府的检查并没有解决企业的污染问题，企业周边居民长年饱受油烟污染的困扰。2017年4月至5月，在中央环保督察组入驻贵州省期间，总部位于贵阳市南阳区的"老干妈"公司被公众至少投诉19次，投诉的内容均为"老干妈"的产品在生产过程中，排放出的油烟对贵阳学院等周边居民、单位的正常生活造成了严重影响。

【承】地方保护揽责任

作为国内外知名的企业，"老干妈"在贵州当地被视为宣传名片，也自然享受了地方政府的优待。为了吸引"老干妈"食品公司落户，贵州省遵义市政府主动包揽企业污染防治主体责任。遵义市的新蒲新区于2013年11月出台《招商引资优惠政策试行办法》规定，行政执法机关未经新蒲新区分管领导同意，不得随意对企业进行安全生产以外的其他检查。遵义市播州区政府为了招商引资，多次由县财政出资为"老干妈"食品公司遵义分公司建设并运行污染治理设施，并违规与企业签约，明确限制环境保护等部门对该企业开展环境执法检查。

面对环保处罚时，贵州省环保部门与"老干妈"展开博弈和讨价还价。遵义市环保局网站刊发的处罚决定书显示，2016年3月15日，遵义市环境监察支队执法人员对南明老干妈遵义分公司进行现场检查，发现其建设投产的年产8万吨风味辣椒食品异地扩建项目，未取得排污许可证，擅自排放大气污染物。南明老干妈遵义分公司被责令改正违法行为。2016年9月，贵州环保厅厅长在接受媒体采访谈及环保执法时提及对"老干妈"的环保处罚："在处理'老干妈'的时候，企业不理解，其中也经历了反复博弈。最后分管省长给我们指示：底线一定要守住，一定要让企业吸取教训，但是要把握度。企业犯错，该处罚处罚，但是企业在改正的时候，要在技术上提供帮助。"

【转】推进不力屡约谈

2017年4月26日至5月26日，中央第七环境保护督察组对贵州省开展环境保护督察，"老干妈"公司被群众多次举报投诉。4月30日，贵阳市南明区生态局对老干妈公司进行了约谈，要求老干妈公司制订治理方案，倒排工期。5月22日，贵阳市政府召开"老干妈"公司油烟污染治理工作专题会议，贵阳市长召集有关部门负责人及企业，提出了老干妈公司的近期和中期整治目标。7月，老干妈再次因为环保问题被处罚。此后的8月20日，贵州省委第六环境保护督察组进驻贵阳市开展环境保护督察工作，督察组在动员会上提出，要紧盯老干妈公司油烟治理等突出问题，做到"问题不整改绝不放过、整改不完成绝不放过、群众不满意绝不放过"。

然而，在地方保护主义思想作祟下，"老干妈"公司的整治工作并不到位。2017年8月，中央环保督察组通报批评了贵阳市南明区"老干妈"风味食品公司油烟污染扰民。通报指出，在"老干妈"公司油烟治理中，牵头单位南明区人民政府存在对该项目推进不力的问题。9月初，贵阳市约谈了南明区负责人，要求各单位要从政治上、行动上、思想上高度重视中央环保督察反馈问题整改工作，不能再用常规手段、惯性思维或者沿用平常的工作节奏，要把中央环保督察整改工作作为头等大事来抓，对每个问题都要逐个分析推进不力和进展滞后的具体原因，逐条拿出推进措施，切实回应人民关切。但是，到了11月贵州省环保厅再次约谈"老干妈"公司时，其遵义分公司依然存在工作严重滞后、按期完成整治任务难度较大的问题。

【合】督察纠偏路漫漫

地方保护主义是导致贵州省在"老干妈"公司油烟治理问题上推进进程缓慢，环境政策执行不力的主要原因。"老干妈"公司为贵州省创造了大量的就业机会和税收收入。"老干妈"公司年营业收入45.49亿元，同期年纳税额7.55亿元，排名贵州民营企业100强第二位，仅次于当地一家房产商的8.34亿元。为此，地方政府对其采取了过度保护的措施，主动包揽环保治污责任，对其环境违法问题的处罚也"微不足道"。据贵阳市南明区生态文明建设局网站刊登的处罚信息显示，在2016年5月17日，南明区生态文明建设局在现场检查时，发现南明"老干妈"老厂炒制车间楼顶1号油烟净化处理系统喷淋水泵停用，喷淋系统未正常开启，违反了大气污染防治法有关规定，被处以责令改正违法行为，处罚款人民币5万元整。相比"老干妈"公司的营业规模，环保处罚远不足以推动企业改进治污措施。

尽管中央环保督察在一定程度上通过政治与行政压力推动地方政府及时纠偏，加强地方政府的环保责任，但从地方政府和"老干妈"公司反反复复、进展缓慢的治污工作中可以看出，中央环保督察并非能够一次性改变根深蒂固的地方保护主义，督察纠偏的道路依然漫长。这主要是由于地方政府的激励机制没有得到根本上的改变，经济发展和社会稳定依然是地方官方晋升考核的主要目标，当前生态环保的优先度虽然有所提升，但在处理经济发展与环境保护的平衡时，地方政府在现阶段依然存在诸多困难，尤其是在经济相对落后的中西部地区，在承接了许多东部地区转移的高污染、高能耗企业的同时，也面临了更加严格的环境保护要求。因此，中央环保督察需要搭建中央政府与地方政府在生态环境问题上沟通的桥梁，纠正地方政府环境政策执行偏差的同时，推动中央政府与地方政府在生态文明建设上思想一致、目标一致、道路一致。

资料来源：《贵阳日报》、搜狐财经、网易新闻

（三）拉市海保护区生态破坏案

【起】违法违规毁生态

云南省丽江市拉市海自然保护区是国际重要湿地，但却长期饱受旅游项目侵占困扰，自然生态保护区得不到保护。2018年10月，中央电视台曝光了拉市海自然保护区被破坏，当地政府假整改、真敷衍的问题。拉市海保护区的核心区是大量鸟类的重要栖息地，每年9月，大量鸟类来到核心区，禁止人类活动。但是，当地多处民宿房屋建到了保护区的核心区，保护区游船没有受到任何限制，原来鸟类觅食的浅滩被侵占，填湖填到了核心区，大量码头和泊岸的建设使原来的自然岸线变为人工岸线，对越冬鸟类的栖息和觅食造成严重影响。

另外，在拉市海自然保护文笔水库南岸，丽江古城湖畔国际高尔夫球场在2003年规划建设之初就侵占了保护区文笔水库的部分用地。文笔水库为自然保护区的实验区，面积达1.92平方千米，库内蓄水主要用于玉龙县的农业灌溉、景观用水等。1995年施行的《自然保护区土地管理办法》规定，禁止在自然保护区及其外围保护地带建立污染、破坏或者危害自然保护区自然环境和自然资源的设施。该高尔夫球场公开对外经营了10余年一直没有环评审批，也没有完成项目竣工环保验收。长期以来，高尔夫球场因高耗水、高污染经常受到争议，而且屡次受到当地环境监管部门的处罚。

【承】整而不改搞形式

2011年，国家发改委等11部委下发《关于开展全国高尔夫球场综合清理整治工作的通知》明确，在自然保护区或饮用水水源地保护区内建设的球场属于重点督办的严重违法违规项目。2011年7月和10月，丽江市人民政府先后两次向云南省高尔夫球场综合清理整治工作领导小组办公室、云南省发改委上报高尔夫球场综合清理整治情况，均称丽江古城湖畔国际高尔夫球场未占用自然保护区，2016年、2017年的"清高"报告也未涉及保护区内容，明显弄虚作假，致使该高尔夫球场蒙混过关，取得国家有关部委的认可。2017年，针对古城湖

畔国际高尔夫球场长期违法经营的问题，丽江市有关职能部门监管失察，市县林业部门一直未对长期非法侵占保护区的行为进行查处。对于球场私设水泥管将人工湖养护水排入文笔海的违法行为，丽江市环保局仅做出了行政处罚25万元的决定，之后球场一直运营，这直接导致了整体项目整而不改。

2016年中央环保督察组对云南省形成督察意见反馈后，云南省丽江市提出，限期整治与保护目标相悖的旅游项目，依法取缔未经审批的项目。但是，2018年10月中央环保督察组和央视记者暗访丽江市时发现，保护区管理部门对违法行为长期不予查处，旅游码头和水上娱乐项目也只是拆掉了很小一部分，旅游活动有增无减。而高尔夫球场虽然已停止运行，但设施并未整改拆除，仍有工人在维护球场草坪。在违法违规建设的十余年来，丽江市政府一直敷衍整改，搞形式主义，即使在2016年首轮中央环保督察后，当地依然是"说得比做得好"。

【转】强力问责助整改

在2018年中央环保督察组对云南省"回头看"结束后，10月，云南省纪委监委指出，丽江市委、市政府，玉龙县委、县政府等有关职能部门和有关责任人在贯彻落实国家和省关于暂停新建、清理整治高尔夫球场政策要求不到位、弄虚作假，上报虚假情况；对中央环保督察组指出的拉市海省级自然保护区被长期违规侵占破坏等问题，整改态度不坚决、行动不迅速，对自然保护区核心区和缓冲区旅游活动无序发展整治不力、不到位；对丽江玉龙生态旅游度假区高尔夫球场项目违规建设、未批先建、违规变更等问题把关不严、监管不到位，存在失职失责以及形式主义、官僚主义问题。由此，省纪委监委对丽江市6个责任单位和33名责任人作出严厉问责，其中涉及了8名厅级干部、16名处级干部。

通过对丽江市党政干部的强力问责，丽江市委书记亲自带队到丽江生态旅游度假区古城高尔夫球场和拉市海湿地公园，现场督办中央环保督察组发现的问题，并主持召开市委常委会议，研究中央环保督察"回头看"所发现的侵占破坏拉市海自然保护区问题整改工作。会议要求必须以最大的决心、最快的速度、最严的措施，强力高效完成整改工作任务；深刻反思、吸取教训、举一反三，切实做到思想认识再提高、任务措施再明确、监管工作再压实、督查督办再加强、责任追究再严格。

在问责高压下，丽江市当地政府对现有旅游船只及经营船只进行全面取缔，核查取缔核心区范围内与保护目标相悖的其他旅游项目，取缔丽江生态旅游度假区古城高尔夫球场；全面禁止保护区核心区范围内一切水上旅游活动；全面拆除保护区核心区16个旅游码头，恢复拆除码头植被；全面彻底拆除拉市海季节性核心区红线内逸景营地26间客房。

【合】真枪实弹传压力

值得思考的是为什么一个违法项目存在了十余年？为什么地方政府会视而不见，敷衍整改？而且，即使在2016年首轮中央环保督察后，地方政府依然没能改正环境政策执行的偏误。这很大程度上与生态环境保护的负面激励机制失灵有关。所谓负面激励机制是相对于正面激励机制而言的，地方政府通过生态环境保护获得整体或个人利益，称之为正面激励，相应地，地方政府不履行生态环境保护职责而受到惩罚，称之为负面激励。当前，由于央地间的晋升考核机制依然以经济发展和社会稳定为主要内容，尽管随着生态文明建设考核体系建设，生态文明建设在地方政府的评价考核中的比重有所上升，但生态环境保护正面激励机制的形成和完善依然需要一段时间。而在这个阶段，负面激励是中央政府约束地方政府履行环保责任的重要手段，负面激励能够快速有效对地方政府环境政策的执行偏误进行纠正。

然而，从过去几十年的实践来看，中央政府对地方政府的环境负面激励约束不足，地方政府对污染型企业的环境负面激励约束不足。具体表现为：中央政府对地方政府在环境议题上的惩处力度小，以问责为例，地方政府高级别官员极少因为环境议题被问责；地方政府同样对企业的污染惩罚力度不够，地方政府对企业的罚款远低于企业做出整改所需要的成本。丽江古镇湖畔高尔夫球场未进行水污染防治设施验收，构成环境违法，当地政府对此做出的罚款仅25万元，在处罚后球场依然没有完成项目竣工环保验收手续而继续经营。在没有"真枪实弹"的约束下，企业宁可交罚款了事，地方政府也倾向于敷衍整改，交差了事。

2016年中央环保督察组入驻云南省后，地方政府依然抱着侥幸和观望心理，认为这只是众多检查之一而已，督察组来时紧一紧，走后松一松，对督察组说一套，做一套，表面整改、假装整改、敷衍整改。而到2018年中央环保督察"回头看"时，让督察真正生效的是其背后严厉的负向激励机制。包括丽江市委副书记、市长、副市长在内的多位厅级高级别官员因为环保问题而被问责，这对依然存在侥幸心理的地方政府而言产生了巨大威慑，环境问题的负面激励不是"不痛不痒"，而是"真枪实弹"，落实环保责任不仅仅是地方政府的责任，也是地方党委的责任。因此，无论是督察，还是各种检查，其本身并非约束地方政府行为的工具，只有配备"真枪实弹"，关系地方政府切实利益的督察才可能有效传导环保压力。

资料来源：新华社、生态环境部、《中国纪检监察报》、澎湃新闻、《云南日报》、丽江市纪委

（四）祁连山生态破坏案

【起】形同虚设乱开放

祁连山位于甘肃、青海交界处，自然生态系统多样，野生生物资源丰富，是石羊河、黑河、疏勒河三大内陆河的重要水源涵养地，是中国森林生态系统优先保护区和生态服务功能区。祁连山因矿藏富集，近半个世纪以来，矿山探采一直是祁连山的硬伤，20世纪70年代以来，以小煤矿为主的矿山探采不断发展。1988年，祁连山国家级自然保护区建立，涉及甘肃境内武威、金昌、张掖3市8县（区）。但保护区形同虚设，未能阻止开矿的步伐，在开矿高峰期的1997年，仅在张掖市，就有770家矿企在保护区内。矿山开采导致了山体破损、地表塌陷、矿石弃渣等问题，保护区内仅张掖段就有45平方千米植被遭破坏，280平方千米矿区需要恢复治理。

水资源丰富的祁连山也使得山里的小水电于1990年开始兴起。祁连山区域共建有水电站150余座，其中42座位于保护区内，存在违规审批、未批先建、手续不全等问题。保护区内水电站的违规排污也对保护区造成了污染。石庙二级水电站将废机油、污泥等污染物倾倒于河道，造成河道水环境污染，尾水渠左岸有焚烧废弃物的现象。

与此同时，旅游业的发展也使得祁连山生态环境遭到破坏。《甘肃祁连山国家级自然保护区管理条例》禁止任何单位和个人进入核心区、禁止在缓冲区开展旅游项目。但保护区相关工作人员在2013年的一篇文章中写道：祁连山保护区生态旅游景区各类旅游设施占地2万多平方米，近3万平方米的植被遭到破坏。据《甘肃日报》2017年7月21日报道，甘肃省旅游发展委员会通过调查发现，祁连山保护区内共有旅游项目25项，部分存在违规进入的问题，对祁连山生态环境造成了一定影响。

【承】层层失守不作为

近年来，祁连山自然保护区的生态破坏问题受到党中央、国务院的高度重

视，习近平总书记对此做出多次批示。2014年10月，国务院批复甘肃祁连山国家级自然保护区划界，探采矿、小水电全面停批，矿山企业逐步退出，大面积掠夺式开发基本停止。2015年环境保护部通过卫星遥感监测对祁连山进行检查的影像资料显示，祁连山北坡甘肃祁连山国家级自然保护区内违法违规开发矿产资源等活动频繁，破坏生态的问题十分突出。9月，环保部与国家林业局联合约谈张掖市政府、甘肃省林业厅和甘肃祁连山国家级自然保护区管理局等部门主要负责人，并要求限期整改。甘肃省政府虽然着手开始整改，但情况并没有明显改善，约谈时提到的问题，很多没有落实，有些违规的项目依然在运行。保护区设置的144宗探矿权、采矿权中，有14宗是在2014年国务院明确保护区划界后违法违规审批延续的，14宗中有3宗涉及核心区、4宗涉及缓冲区。

2016年12月，中央第七环保督察组对甘肃省开展的督察发现，祁连山生态破坏问题依然严重。2015年的公开约谈并没有引起甘肃省足够重视，约谈整治方案瞒报、漏报31个探采矿项目，生态修复和整治工作进展缓慢。截至2016年底，仍有72处生产设施未按要求清理到位。不仅如此，中央环保督察组对甘肃省的督察发现，旧的问题没整改好，新的问题又暴露了出来。一是保护区里面出现了违规开发矿产资源的活动，二是部分水电设施的违规建设和违规运行对生态造成的破坏问题，三是祁连山保护区的周边企业还有一些偷排、偷放污染物，违规运行、违法运行的问题。

甘肃省为了给保护区内的开矿"让路"，违反国家相关法律法规，在《甘肃省矿产资源勘查开采审批管理办法》里，把国家的"禁止"要求改为"限制"，使得其能够在实验区、缓冲区，甚至是核心区内设置探矿、采矿权。而且，省里相关部门在为化解过剩产能制定方案时，也为保护区里一些煤矿的关闭"留门"。2016年2月，国发7号文印发明确要求与保护区重叠的煤矿要尽快退出、关闭。但甘肃省没有将这些煤矿全部纳入2016—2020年去产能的方案里面，只纳入了3家。

中央环保督察组的通报指出，2016年5月，甘肃省曾经组织对祁连山生态环境问题整治情况开展督查，但未查处典型违法违规项目；甘肃有关省直部门和市县在贯彻落实党中央决策部署上作选择、搞变通、打折扣。甘肃省从主管部门到保护区管理部门、从综合管理部门到具体审批单位"不作为、乱作为，监管层层失守"。督察组认为，在祁连山生态环境问题整改落实中，甘肃省普遍存在以文件落实整改、以会议推进工作、以批示代替检查的情况，发现问题不去抓、不去处理，或者抓了一下追责不到位，不敢较真碰硬、怕得罪人、甚至弄虚作假、包庇纵容。

【转】问责风暴转观念

2017年1月，中央电视台对祁连山生态保护中存在的水电站生态用水下泄不符合规范、企业违规排污等问题进行了报道。2017年2月12日至3月3日，由党中央、国务院有关部门组成中央督察组就祁连山生态环境保护问题开展专项督查。督察组认为，祁连山生态保护问题的产生，虽然有体制、机制、政策方面的原因，但根子上还是甘肃省及有关市县思想认识有偏差，不作为、不担当、不碰硬，在贯彻党中央决策部署上作选择，搞变通，打折扣，没有真正抓好落实。2017年7月20日，中共中央办公厅、国务院办公厅就甘肃祁连山国家级自然保护区生态环境问题发出通报。通报严厉指出，祁连山自然保护区连续被曝出存在无休止探矿采矿、截流发电、过度放牧、旅游开发项目未批先建等现象，引发社会普遍关注。甘肃省由此刮起"问责风暴"，3名负有领导责任的省级干部和15名相关责任单位的负责人被严肃问责，其中负有主要领导责任的4名责任人被撤职，上百人因祁连山生态破坏问题被问责。

在"问责风暴"后，甘肃省坚决将生态文明建设作为政治责任，针对逐个问题研究制定整改方案。在随后的一年时间中，149户牧民搬离核心区，144宗矿业权全部关停退出，保护区内111个历史遗留无主矿山完成恢复治理，42座水电站中，10座关停退出，其余全部完成水资源论证复评，祁连山自然保护区张掖段草原基本实现草畜平衡，曾被过度放牧、采矿筑坝等问题困扰的祁连山渐趋平静。

更为重要的是，"问责风暴"后，甘肃省地方政府在政绩观上对于生态文明建设的认识有了重要转变。甘肃省政府印发了《生态文明建设目标评价考核办法》，对各类自然保护区、重点生态功能区等生态环境敏感区域，如因发生严重生态环境破坏事件被国家通报批评的市州，实行"一票否决"；出台《国家重点生态功能区产业准入负面清单》，将涉及祁连山冰川与水源涵养生态功能区的肃南等县纳入范围，明确限制或禁止发展的产业目录。

各地市地方政府也逐步转变发展观，例如，张掖市把祁连山生态环境问题整改整治作为"一号工程"；张掖市、武威市分别取消了对肃南县、天祝县的GDP考核。天祝县进一步提出，"宁可经济发展速度慢一些，也不能以破坏环境为代价；宁可GDP增长速度慢一些，也不能以浪费资源为代价"。县委副书记表示："过去靠山吃山，最容易出政绩的就是开矿挖山；现在戴上了'紧箍咒'，倒逼我们将'绿水青山就是金山银山'的理念真正落到实处。"

【合】党政同责促常态

祁连山生态环境案例是近几年中国生态文明建设的典型案例，也是中央政府纠正地方政府环境政策执行偏差的重要案例。祁连山问题的生态环境问责级别是近几年来最高的，涉及了3名省级领导干部。强力的问责一方面向全世界彰显了中国政府打赢污染防治攻坚战的决心，另一方面也向地方政府传递了"唯GDP"的绩效观已经过时的重要讯息。对高级别党政领导干部的问责对于改变地方政府观念有两方面重要意义：一是改变地方政府认为环保问题不会涉及高层级领导的观念，原来地方政府往往会出现自上而下"重经济、轻环保"的现象，从而导致环境保护的层层失守，即使出现环保问题，也有低级别环保干部作为"替罪羊"而蒙混过关；二是改变地方政府认为环保问题只是政府执行责任，而非党委领导责任的观念，对地方党委的问责体现了生态文明建设的政治性要求，需要上下级党委政府齐心协力、共同完成。

对于中央环保督察而言，从这一案例可以看出，督察的目的不仅仅在于发现和解决生态环境问题，更重要的是需要落实地方党委政府的环保责任，转变地方政府发展观念，改正地方常规环境治理中存在的不严不实的问题。如果督察仅仅停留于发现和解决自然生态问题，那么，一方面将耗费中央政府大量人力物力，另一方面也会为地方政府欺上瞒下、敷衍整改留下制度空间。如此，督察必将流于形式，生态环境问题也必然会周期性爆发。因此，中央环保督察作为中央政府纠正地方政府环境政策执行偏差，实现中央和地方在生态环境问题上央地共治的重要抓手，必须改正地方政府环境治理存在的问题，并推动优化和完善常态治理的制度和机制。

资料来源：千篇一绿、生态环境部、《人民日报》

（五）澄迈红树林破坏案

【起】围海造地遭举报

2017年8月首轮中央环保督察入驻海南省开展督察工作，督察组指出，海南省存在违规填海造地、破坏红树林等问题。2017年12月，在收到督察组反馈后，海南省委书记表示："态度上全盘接受、行动上立行立改、整改上务求实效。全力抓好环保督察问题整改，全面落实整改责任，建立健全长效机制，确保查处的案件不反弹、整改的效果不回落。"海南省的整改方案明确要求全面修复沿海防护林带和红树林等生态系统。

然而两年后，2019年8月，中央环保督察组再次入驻海南开展环保督察"回头看"时，督察组不断收到群众举报，反映海南澄迈县沿海区域围海造地、毁坏红树林问题。督察组发现，澄迈县花场湾红树林自然保护区、盈滨内海不仅没有按照第一轮督察要求进行整改，而且顶风而上，违规围填海、破坏红树林，性质十分恶劣。海南富力房地产开发有限公司权属用地中，有4641.61亩属红树林区域，以及滩涂、鱼塘、海洋等海域，位于海洋保护区范围内。有关部门巡查记录显示，企业在红树湾项目建设过程中先后5次破坏红树林，累计毁坏红树林约4700株。海南宁翔实业有限公司滨乐港湾度假区围填海项目位于盈滨内海，第一轮督察结束后，该项目开始围海造地，填埋红树林4664株，涉及区域面积8.8亩，2017年10月被县森林公安局立案侦查。但到2019年2月，该项目已完成填海，致使周边已有1960株红树林枯死。

【承】敷衍应对走过场

海南富力房地产公司、宁翔实业公司等企业在2017年中央环保督察后依然敢顶风作案，督察组指出，其背后是澄迈县委、县政府政治站位不高，责任意识不强，长期以来轻视生态文明建设导致的。例如，当地政府为旅游地产让路调整规划。长期以来，澄迈县多次召开会议研究讨论申请撤销保护区、调整保护区范围来代替整改，为红树湾项目开发"量身打造"方案。2017年以来，澄迈县先后向海南省林业厅、省生态环境厅申请调整澄迈县花场湾沿岸红树林自然保护区和功能区范围，但均未获得批准。但澄迈县2018年12月擅自按《澄迈县总体规划（空间类2015—2030）》执行，实际在总体规划修订时将保护区土地调整为建设用地和其他用地，以使红树湾项目合法化。2015年后，红树湾项目在花场湾自然保护区内持续违法填海造地约460亩，并占用大片自然岸线，用于建设高层住宅。其中，第一轮督察之后，持续违法填海造地约122亩。

另外，澄迈县政府长期存在执法不力、监管缺位的问题。2015年5月底以来，红树湾项目涉及的15个区块住宅和高尔夫球场等建设内容未批先建、未验先投，但当地有关部门未制止。针对红树湾项目非法侵占保护区的问题，县林业部门虽然要求恢复原状，却一直没有落实；针对建设项目直接破坏红树林行为，县森林公安局只对施工人员进行立案起诉，未涉及红树湾项目管理人员；针对富力公司违法填海建设并导致9亩红树林枯死的问题，当地公安机关至今尚未立案调查。在滨乐港湾度假区项目上，项目海洋环评报告未提及保护红树林的目标要求，对拟填海区域红树林现状视而不见，但却顺利通过县海洋部门的审批，进而"骗取"海域使用权；针对海南宁翔实业有限公司和海南博克森置业有限公司持续在盈滨内海非法实施抽砂填海问题，2017年以来，县海洋部门只要求停止违法行为，只对两公司分别处以3万元和4万元罚款，但填海行为仍在持续进行，县森林公安局虽对海南宁翔实业有限公司毁坏红树林问题已立案侦查，但调查不清、疑点重重。澄迈县海洋、林业、环保等部门在明知相关项目严重违法的情况下，"以罚代管""一罚了之"，导致违规填海造地、破坏红树林等情况频频发生。

在面对督察整改时，澄迈县依然对首轮中央督察交办的问题敷衍应对，没有真正对自然保护区、海岸带督察整改工作动真碰硬，监督管理形式化，督察整改走过场。第一轮督察期间，中央环保督察组曾5次交办红树湾项目违法填海造地、侵占海岸线、破坏红树林，以及生活污水和建筑垃圾污染环境问题，澄迈县没有全面排查，没有调查核实，整改敷衍应对、弄虚作假，上报的公开查处情况严重失实。2019年4月底至5月初，根据中央领导同志批示要求，生态环境部现场调查富力公司破坏红树林问题期间，澄迈县政府主要领导及林业等部门仍然百般应付，甚至提出"红树林枯死是因为病虫害"等不实结论。

【转】中央批示抓典型

2019年4月，中央领导对海南红树林破坏案作出批示，8月9日，生态环境部公布了"海南澄迈县肆意围填海、破坏红树林"等典型案例。随后，海南省委、省政府相继作出批示，省政府成立调查组，进驻澄迈县开展调查。澄迈县委书记随即对红树林问题整改进行专题研究，对照典型案例中五大问题深入剖析原因。8月10日，澄迈召开县委常委（扩大）会议，澄迈县委书记、县长带头做了深刻检讨。同时，澄迈县成立了红树林遭破坏问题整改工作领导小组，由县委书记担任组长、县长担任常务副组长、有关县领导担任专项组组长，要求对围填海、破坏红树林问题中相关单位和责任人员失职失责等问题进行深查细究，依纪依法进行严肃处理，对相关企业违法违规行为依法从严顶格处罚。

针对项目占用林地、毁坏红树林和未批先建等违法违规行为，澄迈县政府已对富力地产公司依法依规进行处罚、对相关责任人进行严肃问责，截至

2019年8月，问责处理11人。当地政府暂停了富力红树湾所有在建项目、查封违建工地，暂停了项目商品房销售及商品房相关不动产手续登记办理，并由县林业局等职能部门联合设置路卡，每日对红树湾项目工地开展巡查，对出入的工程车辆进行检查。当地政府委托国家林业和草原局中南调查规划设计院，就2016年以来富力地产公司因填埋鱼塘、毁坏红树林等违法行为被责令对红树林保护区核心区修复整改落实情况进行评估并推进修复工作。另外，澄迈县建立了自然保护地常态化监督检查机制，定期开展遥感监测和实地核查，完善生态环境监管体系。引进第三方对生态环境质量进行评估的机制，确保类似问题不再发生。

【合】央地互联共监督

央地间信息不对称一直是困扰中国环境政策有效执行的重要原因，所谓的信息不对称是指中央政府与地方政府之间在环境问题上存在不对等的信息，下级政府往往会向上级政府隐瞒对自身不利的环境信息，由此导致上级政府由于信息不足而对下级政府的环境规制存在疏漏。而在中国五级的行政层级下，基层的环境信息在层层上传的时候存在隐瞒、失真，甚至扭曲的风险。中央环保督察在运行过程中的一个重要环节即通过设置群众举报热线的方式，鼓励当地群众提供地方环境信息，从而打破层层传递可能造成的信息遗落或偏差。这一举措也很好地成为监督地方政府落实环保责任，检验地方政府环境政策执行效果的手段。

在海南澄迈县违法填海造地、破坏红树林的案例中，尽管中央政府在2017年的环保督察中，就对当地政府环境政策执行偏差行为提出纠正要求，但是地方政府在督察组走后依然自行其是，对中央督察组阳奉阴违。两年后，红树林破坏问题因为当地群众不断举报而再次进入中央督察组视野，由此才推动当地政府做出实质性整改行动。在这一案例中，社会公众扮演了重要角色，尽管中央环保督察在一定程度上缓解了央地间环境信息不对称的问题，但督察组在地方入驻的时间短，无法从根本上改变中国环境治理的属地模式。此时，社会公众起到了对地方政府长期、可持续性的监督，这弥补了中央环保督察虽然威慑强，但持续难的问题。中央政府的强力监督和社会公众的持续监督形共同形成了地方政府保护生态环境的双重约束力，从而共同推进"美丽中国"目标的实现。

资料来源：新华网、《中国青年报》、央视财经、人民网、《海南日报》

第三节 中央环保督察的生效机制

中央环保督察是党中央、国务院关于推进生态文明建设和美丽中国建设的重要举措。中央环保督察推动了地方党委政府对环境保护工作，解决了一大批重大生态环境问题。中央环保督察在全社会产生了广泛影响。那么，中央环保督察生效的机制是什么？为什么能引起如此广泛的关注？实际上，类似的督察并非首次出现。在2006年，国家土地督察制度（以下简称"国土督察"）和区域环保督查制度（以下简称"区域督查"），这两项与中央环保督察制度在内容和工作形式上具有很大相似性的督察制度于同一年正式确立，其为推动资源环境保护产生了积极作用。时至今日，这两项督察制度的发展已有十余年。回溯这两项督察制度的运行逻辑和制度演变对于理解中央环保督察的生效机制具有重要意义。

督察制度是中国国家治理体系优化的重大制度安排。"督察"一词对于党政系统而言，并非新鲜词，但在2016年开始的中央环保督察在全国掀起的新一轮"环保风暴"，把"督察"一词带入公众视野。自此，以中央环保督察为代表的督察制度在全社会引发了广泛的关注。中央环保督察在督察内容、形式、机制等方面与国土督察和区域督查都有很强的相似性，其不仅延续了国土督察和区域督查的基本运行逻辑，而且试图解决二者出现的问题。作为先行者，国土督察与区域督查的经验启示对于理解中央环保督察制度的设计初衷和运行逻辑具有重要意义。

（一）督察先行者的逻辑与启示

1.国家土地督察制度的逻辑与启示

解析国土督察制度的运行逻辑一方面需要了解国土督察的制度设计，厘清国土督察的运行模式与原国土系统工作运行的联系与区别；另一方面，国土督察的制度定位直接影响了督察方式与手段，理解制度定位是分析督察制度问题所在的关键。

整体上看，国土督察制度内嵌于国土资源系统，并以此对国土资源工作模式进行拓展与深入。图2-6反映了国土督察制度的运行机制，实线部分是原国土资源系统工作的运作模式，虚线部分为国家土地督察制度的运行模式。从这一运作模式上看，国土督察制度的运行依然依托于原国土资源部，与原来"条条"方向上的部门业务指导不同的是，国土督察试图通过派驻督察专员的形式对地方"块块"展开监督。这一制度设计的特点包括：

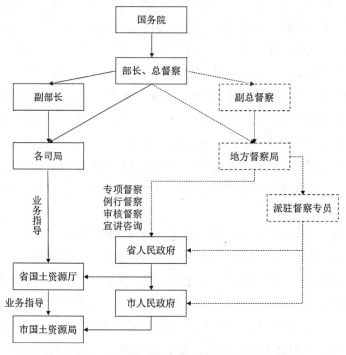

图2-6　国家土地督察制度运行机制

　　在组织架构上，国务院将国土督察权授予国土部，国土部部长兼任国土总督察，并设立专职副总督察行使监督检查权。同时，国土部向地方派驻9个国家土地督察局，督察局直属总督察领导，目的是为了保证督察机构在一定程度上的独立性和完整性，也为避免地方保护主义的干扰。派驻地方的督察局为正局级，实行局长负责制，督察专员对局长负责，并对其督察的省、自治区、直辖市行政区域内土地利用和管理的合法性、真实性负直接责任。地方督察局在隶属关系上依附于国土部；在机构设置上属于大区制半独立式的构造类型；在责任归属上，实行国土总督察的相对独立负责制[115]。

　　在工作格局上，国土督察制度主要职能设计是为了坚守18亿亩耕地红线和土地管理法律法规，落实国家土地调控政策以及促进土地管理改革与土地政策完善[116]。为此，督察主要围绕"一条主线、三个重点"展开工作。"一条主线"指以监督省级和计划单列市人民政府土地管理和利用情况为主线；"三个重点"

分别是监督省级和计划单列市人民政府耕地保护责任制的落实情况，监督省级和计划单列市人民政府执行国家土地调控政策的情况，推进土地政策的完善[117]。

在工作模式上，在设置地方督察局基础上，从2008年开始，国土督察机构向地方派驻督察专员和工作人员，目的是为了解决央地之间的信息不对称问题，方便系统了解督察区域土地利用和管理的动态、存在的问题，以及总结地方经验和做法[118]。工作形式上采取专项督察、例行督察、审核督察和宣讲咨询等方式，督察人员可对地方行使调查权、审核权、纠正权和建议权，但不具有执法权和处理权。

有趣的是，内嵌式的督察制度设计试图以相对独立的制度定位展开督察，这本身为督察效果和制度延续埋下了隐患。具体来说，国土督察旨在脱离出行业内部监督，以更独立的方式，从国土资源系统外部直接督察地方人民政府，包括审核和纠正地方土地违法违规利用行为，协助与建议地方人民政府贯彻落实中央土地调控政策。从国土督察制度与国家督察体系的关系以及国土督察机构与地方人民政府关系的解析，可以窥探出其制度定位的逻辑：

在国土督察制度与国家监督体系的关系上，在中国的监督体系中，除了检察院主导的司法监督，中纪委和监察部主导的行政与党纪监督，以及审计署主导的经济监督外，各部委也组织了一些相应的行业监督，例如城乡规划督察、煤炭安全监察、警务督察、教育督导等。国土督察首先属于行业监督的一部分。但国土督察制度设计并不同于一般的行政督察，并不是在国土资源系统内部直接督察地方国土部门，而是通过专项督察、例行督察和审核督察等方式对地方人民政府的土地利用行为进行督察，从而规范地方国土部门的土地管理工作。

在国土督察机构与地方人民政府的关系上，国土督察机构并不是直接督察地方国土部门，而是督察地方人民政府的土地利用和管理行为。督察机构与地方政府既是监督与被监督的关系，又是互相配合的关系。在保持现行中央与地方土地管理事权划分不变的情况下，地方督察局对地方政府的土地利用和管理行为进行调查与监督。督察局对地方政府的土地利用和管理行为具有建议权，支持和协助地方政府但不能替代地方政府贯彻落实国家土地政策以及相关法律法规。地方督察局不享有对案件的具体查办权，对于督察工作中发现的土地管理与利用问题，向督察范围内的相关省级和计划单列市政府提出整改意见，整改工作由省级和计划单列市政府组织实施；督察中发现需要对有关机构或人员采取行政处罚或处分的则交由监察部等部门依法处理。因此，从整体上看，国土督察机构与地方政府之间属于协作配合的关系，目的是为了让中央土地调控政策更好地在地方落实。

改革开放后，城市建设用地的快速增长与守卫耕地红线之间的矛盾是国土督察制度出台的直接原因。国土督察运行内嵌于国土资源系统，与原来"条条"方向上的部门业务指导不同的是，国土督察试图通过派驻督察专员的方式对地方"块块"展开监督。原国土部①向地方派驻9个国土督察局，目的是为了保证一定程度上的独立性和完整性，也为避免地方保护主义的干扰[119]。国土督察主要监督省级和计划单列市人民政府土地管理和利用情况。尽管这一制度对于地方政府的土地利用与管理行为起到了积极作用，但也存在土地违法行为依然严重，督察队伍倦怠，社会认知度不高等问题[120、121]。纵观而言，国土督察运行的特点和启示在于：

第一，国家权威传导的强力督政。国土督察设计与运行的基本逻辑在于：国土督察机构通过相对独立的方式监督地方政府的土地利用与管理行为，促使地方国土部门摆脱地方政府掣肘。该运行机制是典型的运动式治理逻辑，通过打断和叫停国土资源系统中按部就班的常规运作过程，以自上而下、政治动员的方式调动各方资源、力量和注意力，整治、突破甚至替代原有科层体制中的常规机制，以落实中央法律法规与政策方针[122]。因而，国家威慑力是督察制度生效的核心保障。自上而下的督察是为了另辟蹊径，打破科层制下"条条""块块"交织的利益纠葛。为此，国土督察通过一系列督政的手段层层传导政策压力。

第二，内嵌式设计的半独立监督。国土督察内嵌于国土资源系统，试图通过派出督察机构和人员的形式，以更独立的方式督察国土系统外的地方人民政府，由此呈现出半独立的特征。但司局级的督察机构无法对其级别更高，甚至同级别的地方政府产生督察威慑，督察机构既要监督地方人民政府，又要协助地方政府完成任务，对地方政府的监督要"灵活""适度"，这大大丧失了督察职能的独立性和权威性。原国土督察上海局局长曾表示，"在原则性与灵活性上把握好'度'，注意讲究方法，把握分寸，在与省、市政府领导交换意见时，提出多少问题，提什么问题，提到什么程度，就有一个'度'的问题"[123]。另

---

① 2018年3月，国务院机构改革成立"自然资源部"，承担原国土资源部大部分职能。为行文方便，文章统一采取"原国土部"的说法。

外，督察局一方面检查地方国土部门土地管理工作，另一方面又依靠地方部门开展审核工作，由于人手限制，督察局的工作人员很大一部分借调自地方国土部门。督察机构与地方政府及其职能部门的强烈交互致使督察在实施过程中存在众多缓冲和模糊的空间，制度独立性也逐步丧失。

第三，运动式压力的规律性衰减。运动式监督虽然在短期内能够有效传导压力和快速达成目标，但随着时间的推移，运动式产生的压力呈现规律性衰减的趋势，督察的威慑力也逐渐削弱。国土督察在制度建立的前几年通过几轮大范围的强力督察，解决了一批土地问题，但运动式风暴过后，常态化机制没有得到及时跟进。譬如，由于缺乏普遍性公众参与的机制设计，仅仅依靠自上而下的监督推动容易导致督察工作进入疲惫期，督察人员出现倦怠、质素参差不齐等现象[124、125]。国土督察制度化工作也反反复复，2008年就提出了起草《国家土地督察条例》，但这一重要文件却迟迟难以出台，这为督察的持续推进增加了不确定性。与此同时，督察制度自身面临的冲击也愈发严重，在2017年的国土督察工作定位中，除了强调"严守耕地红线、督导节约集约、维护群众权益"外，督察制度自身建设包括"督察改革试点、推进法治督察、提升督察效能"占据了一半的内容。

2.区域环保督查制度的逻辑与启示

同样在2006年，原环保部也做出了类似的尝试，其开展了区域环保督查，通过组建华东、华南、西北、西南、东北、华北6个区域环保督查中心，加强对地方环境保护工作的指导、支持和监督。区域督查中心属于原环保部的派出机构，人事和财务由原环保部管理；党务受原环保部和各区域督查中心所在省区党委的双重领导；业务上受原环保部环境监察局指导，接受原环保部下发的督查任务。这一制度的基本逻辑是区域督查中心作为中央政府的代理人，监督地方政府执行环保政策情况、解决区域环境问题[126]。区域环保督查的运作过程如下：原环保部、各督查中心及地方环保部门、督查中心与地方环保部门联合督查，或督查中心在不通知地方环保部门情况下独立督查——原始信息经督查中心整理形成书面材料报送原环保部——原环保部将处理意见发送至地方环保部门并抄送督查中心。

在2016年中央环保督察制度实行之前，区域督查是中央对地方环保工作监督的主要手段。有观点认为中央环保督察是区域督查的延续和升级，也有观点认为二者是断裂或是平行关系[127]。但无论是哪种观点，中央环保督察制度的设计与运行实际上是延续了环境权威治理的逻辑，并在努力解决区域督查运行出现的问题。与国土督察的运行特点相似，区域督查同样是通过国家权威强力传导政策压力，打破科层壁垒，以动员地方资源投入到环境治理当中。同时，内嵌式设计的半独立监督和运动式压力的规律性衰减也是区域督查所面临的问题[128]。

首先，在国家机关层面，司局级的督查中心需要承担原环保部其他司局委托的任务，在实践中出现平级机关部门之间"指导与被指导"的尴尬局面；在地方政府层面，督查中心既与地方政府和环保部门之间存在职能重叠，又要履行"不干涉地方环保机构工作"的要求。其次，半独立的监督方式也导致区域督查在权责界定上模糊不清。根据《环境保护部区域督查派出机构督查工作规则》，督查中心首要职能是监督地方对国家环境政策、法规、标准执行情况。但在实践中，由于对"地方"含义缺乏明确定义以及受到体制级别的影响，督查工作绝大部分集中于监督地方企业而缺少宏观层面的监督。最后，行政级别过低和缺少制度保障，导致区域督查随着时间的推进也同样呈现权威衰减的趋势。处于司局级的督查中心无法对高级别的地方政府展开监督，也无法处理跨省域环境问题[129]。督查中心没有执法权，只有调查权和建议权，对于发现的问题只能上报到原环保部，再由原环保部责令地方环保部门进行整改，工作效率低，问题无法得到及时回应和解决[130]。

综上，区域督查与国土督察在运行机制上具有很强的相似性，其面临的问题和对中央环保督察的启示在很大程度上也类似。督察制度先行者的启示在于通过国家权威打破科层利益壁垒，进而落实中央政策方针；但权威治理生效的关键在于"强"和"久"，压力衰减和制度持续是这一逻辑面临的最大挑战。因此，对于中央环保督察而言，其制度设计与运行应尽量在保证权威治理强势性的同时维持其持久性。

（二）中央环保督察的运行逻辑

国土督察和区域督查对中央环保督察制度的设计与运行提供了重要思路与启示。国土督察制度设计初衷很重要的一点是试图通过相对独立的方式加强对地方政府的监督。但是内嵌式的组织结构设计并没有很好地发挥这一意图，督察的独立性和权威性都在实践中被侵蚀。这一经验教训对环保督察制度在设计与运作的影响在于，督察制度应处理好督察方与被督察方关系，明确督察机构与地方人民政府的关系，以及与地方职能部门的关系。另一方面，督察制度需强化执行权威，形成国家和社会双重威慑力。中央环保督察正是通过深化党政环保责任提升运动式监管的强效性，以及通过鼓励公众环保参与促进督察效果的持久性，试图解决此前督察制度运行中暴露的问题。

而且，中央环保督察实施前夕，由于此前的区域督查重点监督企业，这导致地方政府的环保责任落实不到位问题尤为突出。例如，在中央环保督察前，湖北省地方领导一方面在环境保护议题上积极表态，另一方面在2015年的考核中生态环境类指标权重不升反降，从上年的13%~21%下降到6%~12%；荆门、潜江等市更是将招商引资任务完成情况列为环保部门年度评先评优的"一票否决"项。对环保指标考核不严的情况也大量存在，在重庆市2015年的环保考核中，31个区县的得分几乎相同；2015年郑州市空气质量下滑到全国倒数第三，环保目标考核未完成，却在全省的经济社会发展目标考核中列为优秀；2014年北京怀柔等7个区县空气质量考核不合格但未按规定向公众公开，也未进行问责。于是，中央环保督察不仅要解决先行督察制度运行暴露出的问题，而且要处理环境治理中地方政府不作为、乱作为的问题。

中央环保督察在运行逻辑上强调了两方面的内容——国家权威和公众参与，这既是先行督察制度的重要启示，也是中央环保督察制度生效的关键机制。一方面，中央环保督察强化了环境治理的权威性。中国是世界上环境法律最严格的国家之一，然而在环境法律与政策执行上却存在偏差[131、132]。为解决这一问题，在中央环保督察中，督察组织实际上被赋予了最高层级的卡里斯马权威，即党中央的权威。生态环境保护任务由此具备了政治性任务的色彩，同时，督察通过强负面激励的方式，提高地方党政领导对生态保护的注意力分配，自上而下动员各方资源进入环境治理领域，转变环境政策执行偏差的状况。

中央环保督察与区域环保督查在领域上具有很强的相似性，并存在一定程度上交织的情况，但由于制度缘起的差异，二者实际上是两种不同性质的制度安排。区域督查是原环保部（政府组织）发起的内嵌式行业监督，而中央环保督察是党中央权威授予下的政治监督和行业监督的结合。从具体的制度安排来看，相比区域督查制度，第一，中央环保督察将"区域督查中心"改为"生态环境保护督察局"，使其成为行政机构，并赋予处理权等职能，强化其监督作用。督察局主要监督地方对国家环境法规、政策、规划、标准的执行情况，同时协调指导省级环保部门开展市、县环保督察；第二，通过"高配"督察组组长（省部级官员）强化督察权威，将部门行动上升至国家行动，增强了督察的独立性；同时通过一系列高层次的党政法规的出台，明确督察内容以及提升督察位阶（见表2-13）；第三，由聚焦督企转变为聚焦督政，通过强化问责落实地方党政责任，要求各级各部门将生态文明建设视为政治责任。在强督察权威下，首轮中央环保督察共约谈了党政领导干部18448人，问责18199人，其中处级以上领导干部875人，科级干部6386人。

表2-13　中央环保督察的主要法律法规依据

发布时间	发布主体	文件名称	主要内容
2013年11月	中共中央	《中共中央关于全面深化改革的若干重大问题的决定》	要求紧紧围绕建设美丽中国深化生态文明体制改革，加快建立生态文明制度
2014年5月	原环保部	《环境保护部约谈暂行办法》	要求督促地方政府及其有关部门切实履行环境保护责任，解决突出环境问题，保障群众环境权益
2015年1月	全国人大常委会	新修订的《环境保护法》	规定地方各级人民政府应当对本行政区域的环境质量负责；要求环境保护主管部门对环境保护工作实施统一监督管理，各有关部门依照有关法律的规定对资源保护和污染防治等环境保护工作实施监督管理
2015年4月	中共中央、国务院	《关于加快推进生态文明建设的意见》	规定各级党委和政府对本地区生态文明建设负总责
2015年7月	中办、国办	《环境保护督察方案（试行）》	提出建立环保督察工作机制，严格落实环境保护主体责任等措施
2015年8月	中办、国办	《党政领导干部生态环境损害责任追究办法（试行）》	规定地方各级党委和政府对本地区生态环境和资源保护负总责，党委和政府主要领导成员承担主要责任
2015年8月	中共中央	《中国共产党巡视工作条例》	要求规范中国共产党巡视工作和强化党内监督

（续表）

发布时间	发布主体	文件名称	主要内容
2015年9月	中共中央、国务院	《生态文明体制改革整体方案》	提出实行地方党委和政府领导成员生态文明建设一岗双责制。明确对地方党委和政府领导班子主要负责人、有关领导人员、部门负责人的追责情形和认定程序；提出终身追责制；建立国家环境保护督察制度
2016年7月	中央全面深化改革领导小组	《关于省以下环保机构监测监察执法垂直管理制度改革试点工作的指导意见》	要求地方党委和政府对本地区生态环境负总责。建立健全职责明晰、分工合理的环境保护责任体系，加强监督检查，推动落实环境保护党政同责、一岗双责
2016年12月	中办、国办	《生态文明建设目标评价考核办法》	提出对各省、自治区、直辖市党委和政府生态文明建设目标进行评价考核
2017年6月	中办、国办	《领导干部自然资源资产离任审计规定（试行）》	探索并逐步完善领导干部自然资源资产离任审计制度；审计对象主要是地方各级党委和政府主要领导干部
2019年5月	中办、国办	《中央生态环境保护督察工作规定》	生态环境保护领域的第一部党内法规。强调督察工作坚持党的全面领导；突出了纪律责任；丰富和完善了督察的顶层设计

另一方面，中央环保督察强调了公众参与和政社互动，通过社会外部监督来延续督察成果的有效性。按照中央环保督察的相关规定，督察组在进驻期间，设立专门的中央环保督察举报热线电话和邮政信箱，24小时受理被督察省份环保方面来信和来电举报。督察组在受理公众举报事项后，对举报内容和线索进行整理，再转交给省级政府部门。在各省级党委政府积极响应下，省级政府部门按属地管理的原则，将中央督察组的整改意见和公众举报事项逐级交由地级市及各区县环保等相关部门处理，如图2-7所示。按照督察组"边督边改"的工作要求，每项举报件均要求环保部门到现场处置并留下调查和执法痕迹，同时，要求在指定工作日内对每一个举报件逐一形成整改意见。对于举报件中涉及公务人员失职失责或违规违法行为的，移交纪委或司法部门处理，形成相关处理意见。最后，回复的内容包括交办问题基本情况、行政区域、污染类型、调查核实情况、属实情况、处理和整改情况、

问责情况等。属地政府部门在形成相应的回复意见后，逐级上报至中央环保督察组，在督察组审核通过后，督察组要求省级政府在"一报一台一网"（省级党报、省级电视台、省级政府网站）开辟督察专栏逐一公开回应（涉密除外）。据统计，首轮中央环保督察直接推动解决群众身边的环境问题8万余个[133]。

　　中央环保督察公众参与之所以有效推动了地方政府的环保行为，主要是因为中央政府与公众之间在环境治理的一些方面形成了"信息联盟"，这在一定程度上改变了央地信息不对称的问题。中央政府依靠公众的信息供给加强对地方政府的了解和监管，同时公众也借助中央政府的权威实现环境诉求的满足，二者形成了紧密的关系体。由此，社会外部监督和体制内部监督构成了对地方政府行为的双重约束，社会外部监督降低了体制内部监督的行政成本，又与强权威的体制监督产生关联，既保持了督察的强权威性，又促进了督察效果的持续性。

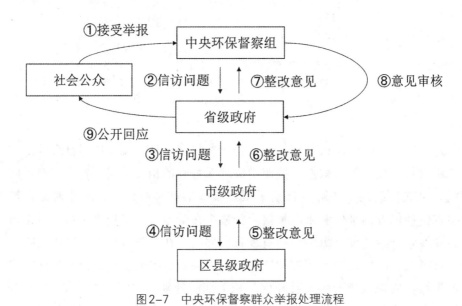

图2-7　中央环保督察群众举报处理流程

　　表2-14比较了三种督察制度的基本情况，可以发现，中央环保督察延续了国土督察和区域督查的基本逻辑，同时也是一项"升级版"的督察制度。中央环保督察与其他两项督察的相似之处在于：在目的上，都是为了应对日益突出的资源环境问题与经济发展之间的冲突，改变地方政府的执政思想，贯彻落

实中央政策方针；在方式上，整体上都采取了中央督察组入驻地方政府，大区设置督察机构的方式开展督察工作。与此同时，中央环保督察与二者相比，突出的特点表现为：第一，在督察目的、对象和依据上，除了地方政府责任外，还重点强化了党委责任；第二，在督察级别上，通过"高配"督察组组长、提升督察依据级别、加强督察权责等方式，将环保行动上升为国家行动，强调生态文明建设的政治重要性；第三，在舆论宣传和公众参与情况上，设置了公众参与途径，明确了舆论宣传、信息公开和政府回应等政社互动要求，并利用传统媒体和新媒体高频度大范围地报道中央环保督察情况、曝光地方典型违法违规行为、回应群众关切问题等。以安徽省为例，安徽省、市"一报一台一网"共刊播环保督察报道4800余篇（条），平均每天发稿近200篇（条），发稿量远超近十年来规模较大的全国性环保行动累计发稿之和[134]。

表2-14　督察制度比较

项目	中央环保督察（2016年至今）	区域环保督查（2006—2015年）	国家土地督察（2006年至今）
主要目的	落实中央环境保护决策部署；促进地方党委政府转变价值导向和执政理念；解决环境突出问题	落实环保法律法规与中央环境政策；解决环境突出问题；改变经济利益至上的政绩观	落实中央土地利用与管理政策；解决土地违法违规利用问题；改变重经济、轻保护的政绩观
督察级别	国家行动	部门行动	部门行动
主要方式	中央环保督察组入驻巡视；下沉督察；设置区域环保督察局	设置区域环保督查中心	设置区域土地督察局；派驻督察专员
主要依据	详见表2-13	《环境保护法》（旧版）；《国家环保总局环境保护督查中心组建方案》；《环境行政执法后督察办法》；《环境保护部区域督查派出机构督查工作规则》	《土地管理法》；《国务院关于深化改革严格土地管理的决定》《国务院办公厅关于建立国家土地督察制度有关问题的通知》
主要对象	地方党委；地方人民政府；国企（2019年后）	以地方企业为主；地方人民政府（2014年后）	省级及计划单列市人民政府

（续表）

项目	中央环保督察（2016年至今）	区域环保督查（2006—2015年）	国家土地督察（2006年至今）
问责情况	级别高、范围广、强度大；党政同责、一岗双责	级别低、范围小、强度弱	级别低、范围小、强度弱
舆论宣传	高频度大量宣传，在省级"一报一台一网站"开辟专栏；广泛运用微博、微信等新媒体	宣传较少，社会影响力不高	宣传较少，社会影响力不高
公众参与	设置中央环保督察举报热线和邮箱，要求地方政府逐一回应公众举报内容	未专门设置公众参与渠道	未专门设置公众参与渠道
与地方政府关系	可与督察内容相关的地方党委、政府部门直接对接；可指导地方环保部门业务工作	与地方环保部门直接对接；不指导地方环保部门业务工作	与地方国土部门直接对接；不指导地方国土部门业务工作

综上，中央环保督察的生效机制主要体现在两个方面：一是权威治理不断强化，部门行动上升为国家行动；二是国家行动伴随公众参与，政社互动更加活跃。中央环保督察的运行机制致力于强化地方党政部门的环保责任，加强问责力度，将环境保护上升为政治任务；与此同时，通过加大宣传力度，鼓励公众参与环境问题举报，督促地方政府逐一公开回应公众环境诉求，促进督察成果的持续有效。所以，中央环保督察即是在国土督察和区域督查启示的基础上，通过加强权威性和持续性发挥督察的影响力，逐步改变地方政府的环保行为，并在全社会产生广泛反响。

第四节　中央环保督察的延续逻辑

在"十三五"期间，中央政府依然延续强化环境监管的趋势，其中，中央环保督察是这一时期中央加强监管的主要途径。与国土督察和区域督查不同的是，中央环保督察的制度建设进程远远快于二者。在中央环保督察实行三年后，中办和国办就出台了生态环境保护领域的第一部党内法规，即《中央生态环境保护督察工作规定》，《规定》对中央环保督察做了详细要求，完善了顶层设计，并在2019年开始了第二轮全国范围的环保督察工作。在新一轮的督察工作中，央企首次被纳入督察范围，央企被要求发挥绿色发展的模范带头作用；同时，督察首次实行容错机制，在整治地方政府不作为、乱作为的同时，鼓励干部担当作为。

随着生态文明建设的推进，中央环保督察进入制度化的过程，督察制度在实践中不断完善，似乎进入督察"常态化"阶段。不少学者对中央环保督察的延续提出了建立常态化机制的构想[135]，然而，作为单一制国家动员机制之一的督察制度，其与科层官僚的常规机制之间存在内在的紧张和不兼容性，二者互为替代关系。常规机制构筑在层级分明、按部就班的组织架构上，表现为依照科层理性和程序规则的稳定性、重复性的例行活动；动员机制则强调超越常规，通过紧急动员叫停、打断、纠正甚至替代原科层体制中的常规机制。从组织社会学的角度来说，二者的紧张性表现在，常规机制的强化促使组织趋于结构刚化、边界高筑，从而压制动员机制；而动员机制和过程又会突破常规过程，削弱科层体制的稳定性和降低效率。二者互相冲突，互相削弱；同时又互为诱发，互为依存。这一过程正是中国国家治理制度逻辑的重要组成部分，贯穿于中国历史发展[136]。

按照这一逻辑，中央环保督察所谓的"常态化"过程可能存在两种路径和结果：一是运动型的中央环保督察制度逐步发展为科层体制中的常规机制，成为中国环境治理体系中的一部分；二是中央环保督察在纠正常规机制中存在的问题和完成既定目标后，阶段性退出历史舞台。从当前的实践和大部分学者的观点来看，前者似乎得到更多的认同。这主要是由当前严峻的环境治理现实所决定的，环境质量和地方政府的环保责任意识难以在短时间内得到根本性转变。从2018年中央环保督察"回头看"中可以看出，地方政府敷衍整改、弄虚作假的问题依然严重，动员机制尚未实现既定目标，因此中央环保督察在未来较长的一段时间内还将继续。然而，督察制度是否有必要最终转化为常规机制需慎重考虑。因为一旦动员机制替代了常规机制，其本身即成为常规机制，于是进入"常规—动员—常规—动员"的循环。这意味着在制度延续后期，可能会出现新的动员机制激活原有的动员机制。从中央纪律检查委员会2019年发布的《中央生态环境保护督察纪律规定》可以看出一些端倪，《规定》提出了对中央环保督察人员的监督途径，这说明督察制度本身在常态化过程后也需要被"督察"。国土督察制度的运行历史也体现出这一趋势，在历经十余年后，国土督察制度的自身完善问题愈发凸显。在2017年的国土督察工作定位中，督察制度自身建设占据了一半的内容。

动员机制生效的原因在于其建立在稳定的正式组织之上，通过国家权威，在短时间内调动大量的资源和精力完成目标。但这一方式也意味着动员机制无法长久持续，其是以消耗国家权威和资源为代价的行动模式，维持其持续生效的成本和代价都是巨大的，甚至会打乱科层组织运作稳定性，组织存在失控和失败的风险。因此，中央环保督察制度的延续是否按照第一种路径进行，有学者提出了质疑。其中，陈海嵩和戚建刚等人的争论具有代表性。首先，二者都认同中央环保督察属于典型的运动型动员机制，其有效的主要原因在于党中央权威的强力介入。而且，二者都认同不宜由此随意破坏科层组织的稳定性，以免造成行政管理体制的不利影响。

但是，对于中央环保督察的延续问题，陈海嵩和戚建刚等人存在不同思路。前者认为目前的环保督察制度存在较大的法律缺陷和困境，需要通过法治化的方式将其纳入法制轨道，从而形成常态化和规则化的制度安排。由此，其提出了改革区域环保督查中心的组织设置，提升"国务院环境保护督察工作领导小组"的合法性与权威性，将环保督察事项纳入"中央巡视工作领导小组"的职责范围，规范环保督察问责程序等建议。事实上，当前一系列的环保督察制度实践正吻合了陈海嵩所提的法治化思路[137]。但是，戚建刚等人不以为然，其认为中央环保督察制度是缘于单一制国家中央集权与地方治理权的这一基本矛盾，是法治化轨道内运行的常规型环境治理机制难以有效化解当前环境议题中的深层次矛盾，以及难以实现环境保护预期目标而形成的。其面临的制度困境不是缺乏法治标准造成的，更不能用法治化的方式进行定位。因此，建筑于稳定组织结构之上，以及通过权威生效的中央环保督察制度在本质上就不是一种恒常的制度安排。

相较之下，戚建刚等人对中央环保督察制度的理解更合理，然而，他们并未明确给出这一制度的延续方向。可以推断的是，依照其文章表述的逻辑，中央环保督察作为一项运动型制度并不是任意存在的，而是国家整体环境治理制度的有机组成部分。这一制度将随着常规机制和动员机制的交替而淡出，这更符合上文提及的第二种路径，即中央环保督察在完成既定目标后，阶段性淡出历史舞台。然而，对于什么是"既定目标"需要更明确的界定，因为这关系到督察制度的延续方向和延续时长。可以明确的是，这一既定目标并不是为了变成常态化机制，也不是为了替代现有的环境治理机制，因为这将陷入机制更替的循环当中，并耗费大量的行政成本。而且，这一制度也并不追求直接提升整体环境质量，环境质量的提升是一个漫长且循序渐进的过程，以提升整体环境质量为目标的督察制度不仅无法巩固治理成果，同时也将把这一制度拖入泥潭，典型的例证如国土督察在2007—2009年连续三年开展的土地违法专项行动，虽然这一行动纠正了不少土地违法行为，但三年的高强度运动消耗巨大，运动结束后土地问题依然反弹，与此同时督察也进入了倦怠期。简而言之，中央环保督察制度既不是要改变当前的环境治理模式，也不是以直接提高整体环境质量为目标。

中央环保督察的既定目标在于两个方面，一是纠正常规机制中存在的问题，促使现有机制生效；二是培育新的治理机制，促使环境治理持续。实际上，相比区域督查与国土督察，中央环保督察正是从权威性和持续性这两个方向对其进行改进的。但在制度延续上，权威性和持续性并不要求督察制度有效和持续，而是通过督察改善或形成有效和持续的常规型治理机制。对于中央环保督察的未来延续：

第一，将督察权威融入常规环境治理机制。尽管动员型机制无法持续，但是督察中形成的强力权威却可以融入并完善现有的常规治理机制。由于激励结构倒错等问题，中国的环境法律和政策存在执行偏差。因此，有必要利用中央环保督察的权威自上而下纠正激励结构倒错等问题[138]。例如，利用督察过程和督察成果完善生态文明建设绩效评价和责任追究机制，并进一步推广和完善容错免责机制，平衡环境治理中的负向激励和正向激励作用[139]。另外，将以"发现问题"为导向的督察制度逐步转化为以"解决问题"为导向的治理模式，将党中央强有力的权威延续到解决环境问题的保障机制上，以此引导国家资源和政策向实质性环境事务上流动。

第二，构建以公众参与为支撑的长效治理机制。公众参与有助于减轻信息的不对称性和模糊性，降低政府治理的行政成本[140]。中央环保督察为公众参与环境治理提供了良好的契机和尝试，广泛的公众参与不仅解决了一批环境问题，并成为持续监督和推动企业绿色生产和政府污染治理的重要力量。但是目前公众参与环境事务还缺乏畅通及长效的平台和机制，因此，地方政府应在中央环保督察所营造的良好公众参与氛围下，创新和落实公众制度参与渠道，包括污染发现和治理监督平台、环境影响评价参与、环境议题研讨会、环境问题协调圆桌会议等，将公众参与环境事务的途径制度化和常态化。同时，完善政府信息公开制度，持续扩大环境信息公开的主体范围，明确公共机构环境信息公开义务和公开程序，完善具体实施标准和落实机制，从而引导公众和社会团体有序且持续推动环境治理过程和巩固环境治理成果。

（本节内容由期刊论文《中央环保督察的制度逻辑与延续——基于督察制度的比较研究》修改形成，该文发表于《中国特色社会主义研究》2019年第5期）

第三章

区域博弈：碎片与协同

　　横向府际关系是指没有行政隶属关系的地方政府间的彼此关系。横向的地方政府之间彼此不构成领导与被领导关系，或管辖与被管辖关系，由此，横向政府之间可能会构成竞争博弈的关系。对于环境治理而言，尤其是跨域环境问题，区域间政府的竞争博弈会导致环境治理的碎片化，进而造成政府失灵问题。因此，在面对跨域环境问题上需要达成有效的府际合作，而避免恶性的博弈竞争问题。本章以跨域大气污染治理为例，从府际博弈的视角讨论生态环境横向府际共治的必要性、可能性和现实性，分别回答为什么要共治、为什么能共治以及如何共治的问题。

第一节　府际共治必要性：一个反公地悲剧的视角

　　横向府际合作是指彼此没有隶属关系的地方政府，在共同利益的主导下通过某种契约或合作机制联结起来，共同治理跨辖区的经济、政治和社会问题，提供一体化的公共产品和公共服务，从而建立一种短期或长期稳定的合作关系。横向府际合作是为了应对市场化进程中的资源要素的跨域自由流动、公共政策实施的外部性等矛盾，其有利于实现区域资源的有效利用和促使负外部性问题内部化。横向府际合作具有以下一些特征：第一，由于地方政府间不存在领导与被领导的行政等级关系，因此在横向府际合作过程中产生的摩擦与矛盾的协调与解决需要彼此间的平等协商；第二，府际合作中，地方政府面临的不是纯粹的私人物品和服务的生产与供给问题，而是公共性、区域性、整体性和强外部性问题；第三，横向府际合作中的各地方政府的关系表现为正和博弈，而不是负和博弈或零和博弈；第四，府际合作所面临的问题，往往不是单边政府可以独自解决的，而是需要多方政府的联合决策和行动[141]。在生态环境问题上，横向政府之间为什么需要合作共治？本节从一个"反公地悲剧"的视角来解释这一问题。

（一）从"公地悲剧"到"反公地悲剧"

对于"反公地悲剧"这一名词，我们相对陌生，但我们对"公地悲剧"的概念却很熟悉。因此，我们首先从后者说起，从而引出"反公地悲剧"的概念。生态环境被认为是典型的公共物品或是公地，以典型的大气环境为例：第一，具有非排他性，非排他性是公共物品的典型属性，与私人物品配置的竞争性不同，公共物品是非竞争的，市场资源配置下的个体理性、经济人行为会引致大气污染治理中的"搭便车"行为。第二，具有外部性。大气污染具有典型的负外部性特征，大气污染的流动性特征会使污染的大气在区与区之间流动，危害范围广、程度深，涉及的利益主体多；同样，大气污染的治理又具有正外部性，治理后的清洁空气流动有利于改善临近区域的大气环境。第三，具有整体性。大气环境具有流动性和不可分割性，其不受地理界线或者行政区界所约束，单一区域或单一地方政府无法只通过治理本地区的大气污染而彻底改善大气环境。

经典西方经济学认为非排他性和非竞争性构成了公共物品的两个基本属性。无论是非排他性或是非竞争性均反映了公地的开放性特征。开放性意味着公共领域的自由进入和公共资源的自由获取将导致公共领域的摧毁和公共资源的消耗殆尽，即"公地悲剧"（a tragedy of the commons）[142]。公地悲剧具体表现为公共物品的供给失衡、"搭便车"行为、治理低效等。公地悲剧的提出者哈丁（Hardin）描述了一群农民共同放牧一片草场，最终导致过度放牧的情景。他认为草场的退化是由于每个农民追求个人利益的最大化，但没有把对公共资源消耗的损值内部化引起的。公地悲剧的内在逻辑在于：公地具有不可分割性，在公共领域内每个参与者对共有资源的每一行为都将引起对其他参与者的外部不经济，而参与者的决策没有充分地将外部性考虑到他们的收益当中，进而公共资源因缺乏整体的决策收益考虑而被消耗殆尽。

大量的事实证明了进入公共领域的自由主体数量越多，对公地资源的消耗速度越快，"公地悲剧"是必然结果。显然，明确产权是有效避免"公地悲剧"的一个重要方法，产权所有者会考虑环境污染和资源消耗的外部性，并通过内部化和增加收费来促使个人收益最大化，同时也将使公地整体收益达到潜在的最大化。从科斯（Coase）开始，相关研究多认为应该通过私有化以赋予排他权来管理公共资源。理论上，解决"公地悲剧"最好的办法是对公地明晰产权，通过产权的排他性限制开放性，禁止或限制公共领域的自由进入和公共资源的自由获取[143]。这种私有化方法能够有效提高公共资源的利用效率，避免悲剧的发生。但是通过私有化明确产权的理论研究往往引起该如何确定产权、如何衡量、如何执行等一系列的问题。奥斯特罗姆用一些具体的实践案例来研究不同的群体如何通过明晰产权来管理"公共池塘"，这些案例为局部性的公地管理提供了有效的治理思路[144]。但随着社会的发展，公地悲剧问题出现的范围不仅局限于小范围的区域。水污染、大气污染、生物灭种、全球变暖等一系列的大范围跨域公地问题依然难以解决。

当人们把更多的焦点置于如何通过产权设置解决公地悲剧问题时，却甚少考虑到公地中排他权过多时的状况，而这种状况的严重性不逊于公地悲剧。虽然有学者注意到公地产权碎片化的问题，但直至1998年，美国著名的产权学者迈克尔·赫勒对这种情形作出了明确的界定，即"反公地悲剧"（a tragedy of the anticommons）。赫勒把反公地悲剧定义为：当两个或两个以上的主体共同拥有某一公共资源的所有权时，这种公共资源的使用效率将会不足。反公地悲剧可以被理解为是公地悲剧的镜像对称形式[145]。公地悲剧揭示了当公共领域涌入过多不具排他权的个人或群体时，公共资源容易被过度使用（overuse）；相反地，反公地悲剧认为公共领域里存在着大量具有排他性的产权所有者时，会导致资源的利用效率不足（underuse），甚至出现闲置。当一种公共物品的所有权被碎片化分解并被不同的主体所拥有时，没有人能真正使用它。也就是说，对公共物品私有化虽然可以产生收益，但是由于过多的排他性，私有化也可能导致公共物品利用不足。

1998年，赫勒在《科学》（Science）期刊上发文，重点探讨了生物科学领域中的反公地悲剧，认为在美国生物医药研发的链条中，上游基础性研究以专利的方式大量私有化后，带来了高额的交易成本，抑制了下游产品的开发，从而导致了生物医药领域的利用效率不足的问题，即反公地悲剧[146]。包括赫勒在内的众多学者指出知识产权领域的产权碎片化和过度保护问题。由于科学领域的相互关联，许多有大量交错的技术发明专利由多个专利人持有，当使用者需要获得多种专利投入去创造单一的有益产品时存在复杂的障碍，这一切阻碍了科技创新转化为生产力的过程。

赫勒在他2008年的《困局经济学》（The Gridlock Economy）一书中还列举

了许多反公地悲剧案例[147]。其中一个经典的例子是莫斯科商户的案例：1993年，赫勒观察到在莫斯科街头商贩宁愿在街头搭建众多的售货摊来买卖商品，而大量沿街的商铺却空置着。他调研发现，造成这一现象的原因在于转型中的俄罗斯政府没有把这些店铺的完整产权赋予某个权利所有者，而是支解给了在计划经济时期利益相关的不同部门。商场出售的权利，出租的权利，获得销售收入的权利，获得租赁收入的权利，决定使用的权利，占有的权利等由多重机构所有。支离破碎的产权结构使得每个权利人在没有得到其中任何一个权利所有者的许可下，都无法单独使用或出租店铺，从而出现了店铺资源大量闲置的情况。反公地悲剧存在于生产生活的各个领域，比如有学者把手机服务资源视为公地，他们通过实证检验证明越多的部门参与到手机服务的征税过程当中，手机服务资源的利用率就越不足[148]。

反公地悲剧从根本上说是一个竞争的过程，在完全竞争条件下，即使无法从公共资源的使用中获得收益，各个公共物品的所有者都还是会阻止其他所有权拥有者进入这一公共领域。而竞争不一定就能达到帕累托最优的效果，如果产权拥有者只是拥有排他权而没有单独使用的权利，那么在这种情况下，合作比竞争更具效率。反公地悲剧实际上反映的是公共产权碎片化的问题。公共产权碎片化导致外部性问题凸显，产权拥有者的排他成本增加且无法充分内部化。因此，反公地悲剧的基本逻辑在于：公共资源利用的低效是由于决策者是分散的，每个决策者都拥有决策权和排他权，而且他们的行动对其他决策者产生了外部不经济。在这种情况下，公地悲剧和反公地悲剧进一步显现出对称性[149]。

包括赫勒在内的众多学者都指出了公地悲剧和反公地悲剧之间的对称性问题[150]。公地悲剧和反公地悲剧实际上是基于产权理论衍生出来的，体现了公共产权的分割和整合。公地悲剧是指，单一产权状态下，每个产权使用者对其他使用者不具排他性，引起使用者大量涌入公地，进而导致公地资源的过度使用。而反公地悲剧是指，互补性的多产权状态下，每个产权使用者对其他使用者都具有排他性，使得使用者之间互相阻止进入公地，从而导致公地资源的使用不足[151]。如图3-1所示，公地悲剧与反公地悲剧体现了使用权和排他权之间的平衡过程，当公地中使用权远多于排他权时，将会出现公地悲剧；反之，将会出现反公地悲剧[152]。排他权是反公地悲剧的重要变量，也是反公地悲剧的独特体现。当公地中的使用者越多时，过度使用会导致公地资源的使用总价值下降；而当公地中的排他者越多时，使用不足也会导致公地资源的总体使用价值下降（图3-2），无论是过度使用还是使用不足都造成了公地资源价值无法实现最大化。

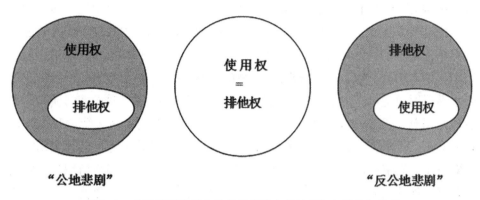

图3-1 公地悲剧和反公地悲剧情境中的使用权与排他权情况

总价值

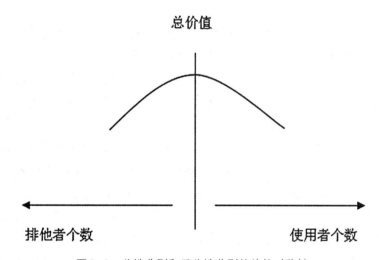

图3-2 公地悲剧和反公地悲剧的价值对称性

（二）环境属地管理的监管反公地悲剧

传统的反公地悲剧实际指的是"所有权反公地悲剧"（ownership anticommoms），即体现为所有权的碎片化产生的过度排他性。此后，所有权反公地现象逐步被学者拓展应用至管理领域，产生"监管反公地悲剧"（regulatory anticommons）的概念。"监管反公地悲剧"是指当众多公共部门、群体或利益相关者对同一治理项目具有正式或非正式的表决权，由于缺乏共同协议或强制执行手段，容易造成监管低效，甚至无效。例如，有学者发现，在2004年东南亚海啸后，一批非政府组织和国际团体进驻斯里兰卡参与海岸地区的重建工作，但这些重建计划中有些得以顺利推行，有些却难以获得批准，作者通过实证分析证实了涉及计划的政府组织数量越多，计划越难得到推进的推论[153]。还有国外学者用反公地悲剧的分析框架解释了欧元区国家由于竞争和不合作，导致在希腊财政危机问题上的行动失败是注定的[154]。在中国，政府部门横向的平行管理被认为会造成反公地悲剧，具体表现为政出多门、多头管理和行政审批混乱[155]。有学者认为我国很多经济领域都在所难免地徘徊着反公地悲剧的幽灵，大量国有资产低效利用，行政审批手续纷繁复杂，微观经济组织多头管理即是反公地悲剧的表现[156]。实际上，监管反公地悲剧在现实中更普遍，且往往难以避免。所有权碎片化问题可以通过整合等方式避免或减少，但管制碎片化问题却难以解决。

中国的跨域环境治理也面临反公地悲剧的问题，以大气污染治理为例，大气污染问题被认为是典型的公地悲剧的结果，人们要求地方政府强化自身责任，加强对所辖区大气环境的治理。然而，人们往往忽视了大气环境属地管理下的监管反公地悲剧问题，这将导致大气污染治理效率的不足。近年来，中国政府颁布了《大气污染防治行动计划》在内的多项政策法规，致力于大气污染治理工作。在压力型体制下，中央的污染防控任务通过量化的目标责任制层层分解至地方政府。《大气污染防治法》规定，中国大气污染治理模式是以行政区划为基础，由中央政府和地方各级政府负责的属地管理模式。属地管理模式下的大气污染防治工作范围以行政区划为界，各级政府对其辖区内的大气环境质量负责。而县级政府是承接环保任务的基本单位，也是承担大气环境质量责任的基本单位。因此，县区级政府及其环保部门是执行和落实环境政策和目标责任的主体单位。

由此，在中国的大气环境这片"公地"中，每一个具有环保责任的县级政府主体既是大气资源的使用者，也是大气环境管理的排他者。中国有2800多个县级行政区，这意味着有超过2800个监管主体对其辖区的大气质量负责，承担大气污染治理任务。而这很可能导致区域主体面临在大气资源使用中的公地悲剧，以及在治理大气污染中的监管反公地悲剧的双重困境。相似的情况也出现在美国的加州湾区，在加州湾区面积不大的区域上有100多个监管机构，区域管理的碎片化使得区域各主体在土地利用、供水、废物处理等环境法规中合作困难，管理效率低下[157]。

同样地，依照监管反公地悲剧的逻辑，跨域大气污染治理的监管反公地悲剧意味着当多个县级监管主体对同一片区域的大气质量负有环境责任和享有监管权力时，区域内很可能出现监管效率低下、大气污染治理失效的困境。由此可以推测，当单位区域内的排他者越多，即大气环境的监管主体越多，那么大气质量可能会越差。具体而言，跨域大气污染治理的监管反公地悲剧的生成逻辑在于以下几个方面：

第一，县域属地管理模式产生碎片化责任。大气环境的属地管理模式使得完整的自然区域环境被行政界线人为分割成多个不规则碎片管理空间。显然，大气的流动性与行政区界的稳定性之间存在强烈冲突。政府管理上的碎片化，即政府组织的功能、权力和资源等方面在数量上呈现出大量的碎片，使得各政府主体在地域和功能上交叉重叠，在公共治理中缺乏效率。这不仅不能有效治理本地区的大气污染问题，反而会出现交叉污染与重复治理现象，增加污染治理成本，造成人力、物力、财力的浪费和环境治理效率的低下。

第二，"搭便车"行为挫伤政府污染治理的积极性。大气环境属地管理模式本意是为了责任到位，促使地方政府调动各方力量投身于本地区的污染防治。但在实际上，属地管理在调动地方政府参与治理活动上是失效的。一方面，交叉污染与重复治理致使地方政府在大气污染治理上陷入"污染、治理、再污染、再治理"的恶性循环，大气环境始终没有得到根本改善，地方政府面临高成本、低回报的治理局面。另一方面，大气污染的负外部性和污染治理的正外部性容易诱发地方政府的"搭便车"行为，在经济利益诱使下，地方政府官员将更倾向于眼前的经济利益，而忽视长期持续的大气污染治理。尤其是考虑到原可以用来改善本地区经济指标的机会成本，"搭便车"的问题会变得更加严重。而当这导致大多数地区不作为，只是等待区域内其他主体行动时，政府失灵的情况随即出现。

第三，区域多主体监管增加了合作治理成本。碎片化的环境监管使得区域内的地方政府在大气污染联防联控时面临多方合作成本的考量，这包括地方政府与外界进行交易的成本，即直接交易成本；以及地方政府间寻求合作所需要付出的成本，即合作交易成本。达成合作的交易成本与四类成本有关：合作之前的排他成本，合作之初的信息成本，合作过程中的监督成本，合作之后的收益分配过程中的谈判成本[158]。交易成本增加了地方政府原本繁重的大气污染治理负担，进一步挤压了地方政府环境治理的动力和能力。而且交易成本越高，府际合作的可能性越小，跨域的污染治理就更困难。

跨域大气污染治理的监管反公地悲剧表明，单位区域内的大气环境监管主体越多，区域内的环境监管效率可能越低下，该区域的大气污染也可能会越严重。通过一个描述性设计对这一现象进行进一步分析。首先，提出"县级行政区密度"的概念，即县级行政区个数与地级行政区行政面积的比例，一个地级市的县级行政区密度越大，说明该市单位面积上管理大气环境的责任主体越多①；其次，将地级行政区作为评价单元，分别测算和统计各地级行政区的县级行政区密度和大气污染水平；然后，比较分析各个地市的县级行政区密度与大气污染水平之间的相关关系。

由于在属地管理模式下，县级行政单位是大气环境质量的基础责任单位，承担了污染治理的主要任务，因此每个县级行政区相当于具有决策权和排他性的监管主体。按照监管反公地悲剧的逻辑，一个地市行政区内县级行政区密度越大，意味着该地市的管理责任越碎片化，本地区的大气环境对外部地区或受外部地区的外部性影响也会更大，由此，重复治理、交叉污染、边界冲突、搭便车的问题就会越多；另一方面，县级行政区密度越大，区域内合作的交易成本变得更大，合作治理的难度便会上升。于是在地级行政区范围内分布的县级行政单位越密集，那么监管反公地悲剧发生的可能性越大，大气污染也就可能越严重。

我们对我国县级行政区密度和$PM_{2.5}$年均浓度进行相关性检验。图3-3展示了二者的散点关系图，从散点分布上来看，二者具有一定的正相关关系。皮尔森（Pearson）相关关系检验更具体地反映了二者的关系，结果表明县级行政区密度与$PM_{2.5}$年均浓度存在显著的正相关关系，检验结果在1%水平上显著（见表3-1）。这说明县级行政区密度越高的地区，大气污染越严重，验证了跨域大气污染治理的监管反公地悲剧的逻辑。

———————————————————

① 需要说明的是，大部分地区的大气环境质量基础责任主体是县区级行政单位，但也有少部分地区是地级行政单位，如北京、上海、天津、重庆等，由于这些地区的级别为省级行政区，因此其承担环境基础主体责任的县区行政单位实际为地市级。为方便描述，统一将具有基础环境主体责任的行政区表述为"县级行政区"；相应地，将具有基础责任单位的上一级行政区表述为"地级行政区"。因此研究中的县级、地级行政区个数与实际的县级、地级行政区个数有略微出入。

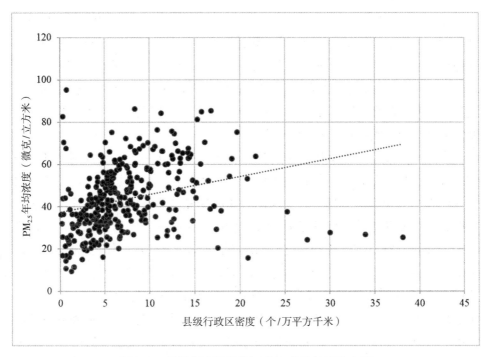

图3-3 县级行政区密度与PM$_{2.5}$年均浓度散点图

表3-1 Pearson相关关系检验

	PM$_{2.5}$年均浓度	县级行政区密度
PM2.5年均浓度	1.000	0.285***
县级行政区密度	0.285***	1.000

注：***为在1%水平上显著，**为在5%水平上显著，*为在10%水平上显著。

公地和反公地的本质是公共产权问题的两个表征，中国大气环境的县域属地管理模式在实践中存在监管反公地悲剧现象，区域内县级行政区密度越高，该区域的大气污染越严重。

在反公地悲剧的修正问题上，公地悲剧在于产权不清，所以需要明晰产权；反公地悲剧在于产权支离破碎，故要整合产权。赫勒在《困局经济学》一书中指出，比起公地悲剧，反公地悲剧更难以辨识，也更难克服。没有一种解决方法能够适用于所有的反公地悲剧情况，而预防是避免反公地悲剧最好的方法，等悲剧出现后再尝试修正，最后才是变通的方法。然而，相比所有权反公地悲剧，监管反公地悲剧的修正更为困难，这主要是由于监管主体不像所有权容易被合并或重整，整合所有权一类的"工具"对于监管反公地悲剧来说并不现实。跨域大气污染治理中的监管反公地悲剧亦是如此，重整中国的县域行政边界或者调整监管主体所耗费的成本巨大且不实际。因此，避免监管反公地悲剧的关键在于形成卓有成效的府际合作关系。

在《困局经济学》提供的反公地悲剧修正工具包中，在正式制度和非正式制度方面提供的建议是值得借鉴的：一是构建利益协调机制。区域内政府主体应在平等协商的基础上减少府际合作的交易成本，实现治理成本的公平分担，避免相关基础设施的重复建设与资源浪费。同时，通过跨域污染治理的生态补偿机制、综合税费制度、财政横向转移、专项基金、资源支持、政策优惠等多种方式，在资金上对相对薄弱的地区或环节进行补偿。另外，治理成果必须具有明确性、可量性和实际性。通过建立科学的大气环境评价体系促使成果可评价、可监督和可视化，同时可以将可量化的治理成果落实到考核机制、激励机制、监督机制等方面，使治理成果实现实际效用。二是善用信用名誉机制。信誉、羞耻和名声的影响是一类修正反公地悲剧的非传统方法，名声和信任在监管主体的博弈过程中有时能起到决定性作用。培育以信任为核心的社会资本对于跨域大气污染府际合作治理至关重要，这有助于降低府际合作的行政成本，提高公共治理绩效。因此，区域内政府应在污染治理问题上形成高度共识，更新理念，消除长期以来经济政治上形成的固有隔阂。另一方面，顶层设计也应为府际伙伴关系的达成创造良好的兼容环境，在政策引导、财政协调、法治保障等方面为机制建立提供可能。

（本节内容由期刊论文 *Jurisdictional air pollution regulation in China: A tragedy of the regulatory anti-commons*，该文发表于 *Journal of Cleaner Production* 2019年第212卷）

第二节　府际共治可能性：一个演化博弈的视角

上一节解释了生态环境府际共治的必要性，尤其是对于跨域生态问题，过多的责任主体又缺乏合作可能会导致监管反公地悲剧，从而降低治理效率，加剧环境污染。在此基础上，本节进一步探讨府际共治的可能性，即地方政府间为什么能合作？在中国科层体制中，由于地方政府的晋升考核和人事任命是由上级政府开展的，因此，地方政府的行为整体上呈现向上负责的特征，上下互动较为频繁，而横向互动较少。不仅如此，横向政府间在晋升考核中很可能构成竞争关系，例如，目前的空气质量地市排名制度等。在这样的情况下，地方政府往往难以自发形成府际合作的关系，而是需要高层级政府自上而下推动低层级政府间达成合作关系，典型的例子如京津冀及其周边地区的大气污染联防联控体系。但是，这种自上而下靠行政手段强力推动的府际合作，被认为存在巨大行政成本且不具可持续性。因此，本节从博弈论的角度重点探讨跨域大气污染治理中的府际博弈关系，以及达成府际共治的可能性。

（一）从属地到合作的可能性

利益关系是府际关系中最根本、最实质的关系。政府间关系首先是利益关系，然后才是权力关系、财政关系、公共行政关系。跨域大气污染的府际治理过程，实际上是区域内地方政府间利益不断冲突、妥协和协调的过程。地方政府间合作进程每向前发展一步，都蕴含着彼此利益的重新调整和再分配，需要找到新的利益平衡点，这是一个学习并演进的过程。通过府际利益的博弈关系分析，可以在一定程度上揭示大气污染治理中地方政府的决策意向与行为规律。

博弈论（Game Theory）为生态环境问题的分析和解决提供了一种良好的理论方法。博弈论是研究决策主体行为发生直接的相互作用时的决策以及这种决策的均衡问题的理论。博弈的基本要素包括博弈的参加者、策略空间、博弈的次序和博弈的信息。传统博弈论中最基本的一个假设前提是参与人为完全理性人，这要求博弈双方都具备很好的判断和预测能力，但这种完全理性假设在现实世界中难以成立。现实中博弈环境的复杂性、信息的不完全性、人类认知能力的有限性都决定了人的行为理性是有限的。基于此，演化博弈论（Evolutionary Game Theory）的思想在1974年被提出[159]。演化博弈论认为，有限理性主体无法正确地计算自己的收益支付，其做出最佳决策的能力有限，决策者大多是通过试错和对较高收益策略进行学习模仿，最终达到一种稳定均衡状态[160]。有限理性比完全理性更接近于现实，进而追求满意决策比追求最优决策也更符合现实①。

府际关系的发展是以不断试错的重复博弈为现实基础，演化博弈思想在府际关系中的应用表现为：区域内的府际博弈并不是一次性或偶发的，而是一个不断学习和模仿的多次重复博弈行为。作为博弈参与者的地方政府会考虑长期利益在博弈中的影响，对府际关系的理解将更加深入，博弈的理性化程度也将随之提高。因此，演化博弈论对于反映区域内地方政府行为规律和府际关系发展具有一定的效果。另外，在跨域大气污染治理中，地方政府之间的博弈是一个随机配对、相互学习的重复博弈过程，其策略调整过程可以用复制动态机制来模拟。演化博弈论可以反映地方政府在大气污染治理中的行为演化路径与稳定策略。

基于博弈论的"局中人"思想，假定区域内本地政府作为突变小群体，区域内除本地政府的外部政府作为大群体，外部政府的策略选择由群体中占优的个体百分比来决定。他们的策略选择包括对大气污染进行治理和不进行治理，策略集为{治理，不治理}。当本地政府和外部政府都选择不对大气污染进行治理时，他们都将蒙受大气污染造成的损失。当一方政府进行治理，另一方不治理时，治理一方的辖区大气质量得到改善，从而获得一定的经济收益和公共收益，如公民的满意度等，但同时也相应需付出治理大气环境的费用，因治理大气污染在短期内的经济增长损值，以及受不治理政府辖区的大气污染的负外部性影响；而不治理政府一方则会受到大气污染所带来的损失。当本地政府和外部政府都进行大气污染治理时，他们可以选择单独治理，即属地治理，或合作治理。其中，当选择属地治理时，他们相应承担了各自治理的成本，也获得各自治理的收益；当两地选择合作治理时，两地政府除了获得各自的治理收益外，还将获得共同收益和公共

① 演化博弈论最初产生于生物学领域，它把生物体看作是有限理性人。它们在互相学习、相互竞争中产生博弈，在博弈中相互适应。其思想是建立在生物进化理论基础之上的，用参与人群体来代替博弈中的参与者个人，用群体中选择不同纯策略的个体占群体中个体总数的百分比来代替博弈论中的混合策略。演化稳定策略（Evolutionary Stable Strategy, ESS）的基本思想是：假设存在一个全部选择某一特定策略的大群体和一个选择不同策略的突变小群体，当这个突变小群体进入大群体后就会形成一个混合群体，如果突变小群体在混合群体中博弈所得到的收益支付大于原群体中个体所得到的收益支付，那么这个小群体就可以侵入到大群体中，并会逐渐影响大群体的策略选择；反之，就会在博弈中迅速被淘汰，或逐渐倾向于与大群体选择同样的策略。如果某一群体能够完全不被任何突变小群体侵入，那么就认为该群体达到了演化稳定状态，该群体所选择的策略即为演化稳定策略。

收益；在成本方面，两地除了需要付出进行属地治理的成本外，还需付出为达成合作的交易成本。而这仅是在无外部约束条件下的取决条件，当中央政府对地方政府的治理方式进行约束时，府际共治联盟的形成与稳定的平衡点是否也将随之改变？基于此，下文分别讨论在无中央政府约束下的地方政府大气污染治理策略选择和有中央政府约束下的策略选择（见图3-4）。

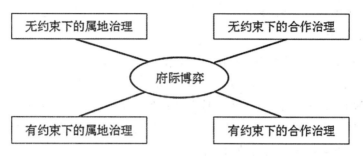

图3-4　跨域大气污染治理府际博弈类型图

与此同时，做出以下假定：第一，地方政府对本地区大气污染的治理效果是有效的，即大气污染治理的净收益值为正；第二，地方政府间彼此的外部效应影响程度相同；第三，不考虑区域外大气环境对研究区域的影响。根据地方政府间大气污染治理博弈问题描述，将有关参数定义如下：

Cp_1，为本地政府治理大气污染的成本；Cp_2，为外部政府治理大气污染的成本。

Le_1，为本地政府为治理大气污染愿意接受的短期内的经济增长损值；Le_2，为外部政府为治理大气污染愿意接受的短期内的经济增长损值。

Lp_1，为大气污染对本地政府带来的损失；Lp_2，为大气污染对外部政府带来的损失。

Ce，为本地政府和外部政府为达成合作治理联盟所付出的交易成本[①]。

---

① 地方政府在考虑是否进行合作以及合作的长久性时会对两类成本进行比较：一种是地方政府与外界进行交易的成本，即直接交易成本；另一种是地方政府间寻求合作所需要付出的成本，即合作交易成本。达成合作的交易成本至少与四类成本有关：一是合作之前的排他成本或防范成本，即每个行为人能否在保护自己产权的同时不侵犯他人的产权；二是合作之初的信息成本，即为了寻求合作而需要付出的信息努力；三是合作过程中的监督成本，即为了保证参与各方践行合作诺言所要付出的努力；四是合作之后的收益分配过程中的谈判成本，即为保证合作收益的合理分配需要付出的努力。

Ri_1，为本地政府进行大气污染治理所带来的自身收益；Ri_2，为外部政府进行大气污染治理所带来的自身收益。

Rs，为本地政府和外部政府合作治理大气污染所带来的共同收益。

Rp_1，为本地政府单独治理大气污染所带来的公共收益；Rp_2，为外部政府单独治理大气污染所带来的公共收益。

Rp，为本地政府和外部政府合作治理大气污染所带来的公共收益，一般认为 $Rp>Rp_1+Rp_2$；

E，为中央政府给予达成合作治理联盟的地方政府的奖励。

F，为中央政府给予不进行大气污染治理的地方政府的惩罚。

Sf，为中央政府给予因对方不治理而只能进行属地治理的地方政府的生态补偿。

θ，为地方政府间的外部效应系数，假设大气污染的负外部效应和大气污染治理的正外部效应均为常数 θ，$0<\theta<1$。

假定以上参数代表的数值均为正值，以便下文的讨论分析。

1.无约束下的府际演化博弈

在无中央政府约束条件下，本地政府和外部政府是否采取对大气污染治理的策略主要取决于治理成本和治理收益；而当本地政府和外部政府均采取治理策略时，是否进行合作治理取决于达成合作的交易成本以及合作所带来的共同收益和公共收益。以下分别对无约束条件下的属地治理和合作治理进行讨论。

（1）无约束下的属地治理

在无约束下属地治理的博弈情景中，以本地政府为例，当本地政府与外部政府均选择不治理策略时，本地政府将均会遭受本区大气污染带来的损失以及外部政府的大气污染对本区的负外部效应影响（$-Lp_1-\theta Lp_2$）；当本地政府不治理，外部政府治理时，本地政府将在外部政府的正外部效应影响下，承受本区大气污染带来的损失 [$(-(1-\theta)Lp_1$]；当本地政府治理，外部政府不治理时，本地政府将获得治理大气污染所带来的自身收益和公共收益，也相应需要承受治理大气的成本、因治理大气在短期内的经济增长损值以及外部政府辖区的大气污染对本区的负外部效应影响（$Ri_1+Rp_1-Cp_1-Le_1-\theta Lp_2$）；当本地政府和外部政府均选择治理策略时，在该种情境中地方政府选择单独进行属地治理，此时本地政府收益值由治理的自身收益、公共收益、成本和经济损值组成（$Ri_1+Rp_1-Cp_1-Le_1$）。外部政府的收益值同理可得，在 2×2 非对称重复博弈中，阶段博弈的支付矩阵如表3-2所示。

表3-2 无约束下属地治理的地方政府间阶段博弈支付矩阵

外部政府 本地政府	治理	不治理
治理	$Ri_1+Rp_1-Cp_1-Le_1$, $Ri_2+Rp_2-Cp_2-Le_2$	$Ri_1+Rp_1-Cp_1-Lp_1-\theta Lp_2$, $-(1-\theta)Lp_2$
不治理	$-(1-\theta)Lp_1$, $Ri_2+Rp_2-Cp_2-Le_2-\theta Lp_1$	$-Lp_1-\theta Lp_2$, $-Lp_2-\theta Lp_1$

令本地政府选择治理策略的概率为x，则选择不治理策略的概率为1-x；外部政府选择治理策略的概率为y，则选择不治理策略的概率为1-y。

本地政府采取治理策略时的期望收益为：

$u_{11}=y(Ri_1+Rp_1-Cp_1-Le_1)+(1-y)(Ri_1+Rp_1-Cp_1-Le_1-\theta Lp_2)$

本地政府采取不治理策略时的期望收益为：

$u_{12}=y[-(1-\theta)Lp_1]+(1-y)(-Lp_1-\theta Lp_2)$

本地政府的平均收益为：

$\bar{u}_1=xu_{11}+(1-x)u_{12}$

本地政府的复制动态方程为：

$F(x)=dx/dt=x(u_{11}-\bar{u}_1)=x(1-x)(u_{11}-u_{12})=x(1-x)(Ri_1+Rp_1+Lp_1-Cp_1-Le_1-y\theta Lp_1)$

外部政府采取治理策略时的期望收益为：

$u_{21}=x(Ri_2+Rp_2-Cp_2-Le_2)+(1-x)(Ri_2+Rp_2-Cp_2-Le_2-\theta Lp_1)$

外部政府采取不治理策略时的期望收益为：

$u_{22}=x[-(1-\theta)Lp_2]+(1-x)(-Lp_2-\theta Lp_1)$

外部政府的平均收益为：

$\bar{u}_2=yu_{21}+(1-y)u_{22}.$

外部政府的复制动态方程为：

$F(y)=dy/dt=y(u_{21}-\bar{u}_2)=y(1-y)(u_{21}-u_{22})=y(1-y)(Ri_2+Rp_2+Lp_2-Cp_2-Le_2-x\theta Lp_2)$

令$F(x)=0$，得$x=0$，$x=1$，$y*=(Ri_1+Rp_1+Lp_1-Cp_1-Le_1)/\theta Lp_1$

令$F(y)=0$，得$y=0$，$y=1$，$x*=(Ri_2+Rp_2+Lp_2-Cp_2-Le_2)/\theta Lp_2$

由此可以得出本地政府和外部政府博弈的五个局部均衡点，分别是O（0,0），A（1,0），B（1,1），C（0,1），D（x*,y*）。根据费里德曼（Friedman）

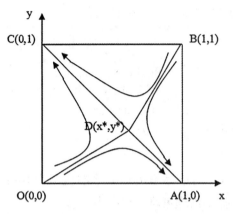

图3-5　无约束下属地治理演化博弈相位图

提出的方法[161]，五个局部均衡点中 A（1,0），C（0,1）是演化稳定策略，分别对应于本地政府和外部政府中一方治理一方不治理的策略①。图3-5描述了无中央约束下属地治理博弈的动态演化过程。当初始状态落在区域 BAOD 时，演化博弈系统向 A（1,0）收敛；当初始状态落在区域 BCOD 时，演化博弈系统向 C（0,1）收敛。博弈结果表明，在没有中央政府的约束下，属地治理博弈最终会向地方政府一方治理一方不治理的方向演进，地方政府难以自发进行大气污染的治理活动。考虑到外部政府大气污染治理对本地政府的正外部效应，地方政府在演化博弈的学习过程中逐渐倾向于"搭便车"行为。

（2）无约束下的合作治理

无约束下合作治理的政府间阶段博弈支付矩阵与无约束下属地治理的支付矩阵的差别在于，当本地政府和外部政府均选择治理策略时，各地方政府除了获得治理大气污染带来的收益和承担治理成本与经济损值外，还有政府合作治理所带来的公共收益（Rp）和共同收益（Rs），同时也要接受达成合作联盟所付出的交易费用（Ce），该情景的博弈支付矩阵如表3-3所示。

表3-3　无约束下合作治理的地方政府间阶段博弈支付矩阵

外部政府\本地政府	治理	不治理
治理	$Ri_1+Rp+Rs-Cp_1-Le_1-Ce$, $Ri_2+Rp+Rs-Cp_2-Le_2-Ce$	$Ri_1+Rp_1-Cp_1-Le_1-\theta Lp_2$, $-（1-\theta）Lp_2$
不治理	$-（1-\theta）Lp_1$, $Ri_2+Rp_2-Cp_2-Le_2-\theta Lp_1$	$-Lp_1-\theta Lp_2$, $-Lp_2-\theta Lp_1$

①　Friedman 提出，一个微分方程系统描述群体动态，其局部均衡点的稳定性分析可由该系统的雅克比（Jacobi）矩阵的局部稳定性得到。具体分析过程此处进行简化，下文在分析合作治理情景时详细说明。

同理可得，本地政府和外部政府的平均期望收益分别为：

$\bar{u}_1 = xu_{11} + (1-x) u_{12} = x[y(Ri_1+Rp+Rs-Cp_1-Le_1-Ce) + (1-y)(Ri_1+Rp_1-Cp_1-Le_1-\theta Lp_2)] + (1-x)\{y[-(1-\theta)Lp_1] + (1-y)(-Lp_1-\theta Lp_2)\}$

$\bar{u}_2 = yu_{21} + (1-y) u_{22} = y[x(Ri_2+Rp+Rs-Cp_2-Le_2-Ce) + (1-x)(Ri_2+Rp_2-Cp_2-Le_2-\theta_1 Lp_1)] + (1-y)\{x[-(1-\theta)Lp_2] + (1-x)(-Lp_2-\theta Lp_1)\}$

本地政府和外部政府的复制动态方程分别为：

$F(x) = dx/dt = x(u_{11} - \bar{u}_1) = x(1-x)(u_{11}-u_{12}) = x(1-x)[Ri_1+Rp_1+Lp_1-Cp_1-Le_1+y(Rp+Rs-Ce-Rp_1-\theta Lp_1)]$

$F(y) = dy/dt = y(u_{21} - \bar{u}_2) = y(1-y)(u_{21}-u_{22}) = y(1-y)[Ri_2+Rp_2+Lp_2-Cp_2-Le_2+x(Rp+Rs-Ce-Rp_2-\theta Lp_2)]$

令 $F(x) = 0$，得 $x=0$，$x=1$，$y^* = (-Ri_1-Rp_1-Lp_1+Cp_1+Le_1)/(Rp+Rs-Ce-Rp_1-\theta Lp_1)$

令 $F(y) = 0$，得 $y=0$，$y=1$，$x^* = (-Ri_2-Rp_2-Lp_2+Cp_2+Le_2)/(Rp+Rs-Ce-Rp_2-\theta Lp_2)$

同理，五个局部均衡点中 O（0,0），B（1,1）是演化稳定策略，对应于本地政府和外部政府都不治理和二者合作治理两种策略，D（x^*,y^*）为本地政府和外部政府博弈的鞍点。图3-6描述了无约束下的合作治理博弈的动态演化过程，当初始状态落在区域ABCD时，演化博弈系统向B（1,1）收敛，最终地方政府进行合作治理将是唯一的演化稳定策略；当初始状态落在区域ADCO时，演化博弈系统向O（0,0）收敛，最终地方政府都不治理将是唯一的稳定演化策略。为了使系统以更大的概率沿着BD路径向的（治理，治理）策略方向演化，鞍点D的位置应向O点靠近，从而使区域ABCD的面积扩大，区域ABCD的面积为：$S_{ABCD}=1-(x^*+y^*)/2$。表3-4反映了支付矩阵中各个参数变化对策略演化的影响情况，结果表明所有的参数与 S_{ABCD} 均是单调关系。具体来说，地方政府治理大气的自身收益、公共收益、大气污染带来的损失和合作治理所带来的共同收益、

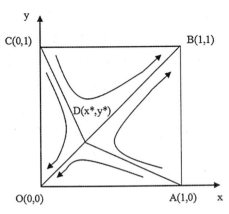

图3-6 无约束下合作治理演化博弈相位图

公共收益与区域ABCD面积呈正相关关系，即这些值越高，地方政府间越倾向于合作治理；相应地，地方政府治理大气的成本、经济增长损值和达成合作的交易成本越低，区域ABCD面积越大，地方政府间也就越趋向于合作治理。

表3-4　无约束下合作治理参数变化对演化策略的影响情况

参数变化	鞍点变化	相位面积变化与演化方向
$Ri_1 \uparrow$（$Ri_2 \uparrow$）	$y^* \downarrow$（$x^* \downarrow$）	$S_{ABCD} \uparrow$,（治理，治理）
$Rp_1 \uparrow$（$Rp_2 \uparrow$）	$y^* \downarrow$（$x^* \downarrow$）	$S_{ABCD} \uparrow$,（治理，治理）
$Lp_1 \uparrow$（$Lp_2 \uparrow$）	$y^* \downarrow$（$x^* \downarrow$）	$S_{ABCD} \uparrow$,（治理，治理）
$Cp_1 \downarrow$（$Cp_2 \downarrow$）	$y^* \downarrow$（$x^* \downarrow$）	$S_{ABCD} \uparrow$,（治理，治理）
$Le_1 \downarrow$（$Le_2 \downarrow$）	$y^* \downarrow$（$x^* \downarrow$）	$S_{ABCD} \uparrow$,（治理，治理）
$Rp \uparrow$	$x^* \downarrow, y^* \downarrow$	$S_{ABCD} \uparrow$,（治理，治理）
$Rs \uparrow$	$x^* \downarrow, y^* \downarrow$	$S_{ABCD} \uparrow$,（治理，治理）
$Ce \downarrow$	$x^* \downarrow, y^* \downarrow$	$S_{ABCD} \uparrow$,（治理，治理）

2.有约束下的府际演化博弈

有约束条件下，即中央政府要求地方政府之间采取大气污染的合作治理。对于地方政府来说，若均采取不治理的策略，中央政府将分别对其进行惩罚；若一方治理一方不治理，中央政府将对不治理一方进行惩罚而对治理一方进行生态补偿；若双方都选择治理，中央政府将对选择合作治理形式的政府进行奖励。因此，以下也将分别讨论在有约束条件下，本地政府和外部政府进行属地治理和合作治理两种情况。

（1）有约束下的属地治理

相比无约束下属地治理的演化博弈模型，有约束下属地治理的博弈支付矩阵中增加了中央政府对不进行大气污染治理的地方政府的惩罚（F）和对进行大气污染治理一方（另一方不治理）的生态补偿（Sf），其阶段博弈支付矩阵如表3-5所示。

表3-5　有约束下属地治理的地方政府间阶段博弈支付矩阵

外部政府 本地政府	治理	不治理
治理	$Ri_1+Rp_1-Cp_1-Le_1$, $Ri_2+Rp_2-Cp_2-Le_2$	$Ri_1+Rp_1-Cp_1-Le_1-\theta Lp_2+Sf$, $-（1-\theta）Lp_2-F$
不治理	$-（1-\theta）Lp_1-F$, $Ri_2+Rp_2-Cp_2-Le_2-\theta Lp_1+Sf$	$-Lp_1-\theta Lp_2-F$, $-Lp_2-\theta Lp_1-F$

本地政府和外部政府的平均期望收益分别为：

$\bar{u}_1=xu_{11}+（1-x）u_{12}=x[y（Ri_1+Rp_1-Cp_1-Le_1）+（1-y）（Ri_1+Rp_1-Cp_1-Le_1-\theta Lp_2+Sf）]+（1-x）\{y[-（1-\theta）Lp_1-F]+（1-y）(-Lp_1-\theta Lp_2-F)\}$

$\bar{u}_2=yu_{21}+（1-y）u_{22}=y[x（Ri_2+Rp_2-Cp_2-Le_2）+（1-x）（Ri_2+Rp_2-Cp_2-Le_2-\theta Lp_1+Sf）]+（1-y）\{x[-（1-\theta）Lp_2-F]+（1-x）(-Lp_2-\theta Lp_1-F)\}$

本地政府和外部政府的复制动态方程分别为：

$F（x）=dx/dt=x（u_{11}-\bar{u}_1）=x（1-x）（u_{11}-u_{12}）=x（1-x）[Ri_1+Rp_1+Lp_1+F+Sf-Cp_1-Le_1-y（Sf+\theta Lp_1）]$

$F（y）=dy/dt=y（u_{21}-\bar{u}_2）=y（1-y）（u_{21}-u_{22}）=y（1-y）[Ri_2+Rp_2+Lp_2+F+Sf-Cp_2-Le_2-x（Sf+\theta Lp_2）]$

令$F（x）=0$，$x=0$，$x=1$，则$y*=（Ri_1+Rp_1+Lp_1+F+Sf-Cp_1-Le_1）/（Sf+\theta Lp_1）$

令$F（y）=0$，$y=0$，$y=1$，则$x*=（Ri_2+Rp_2+Lp_2+F+Sf-Cp_2-Le_2）/（Sf+\theta Lp_2）$

同理A（1,0），C（0,1）是演化稳定策略，对应于本地政府和外部政府中一方治理一方不治理的策略。图3-7描述了有约束下属地治理博弈的动态演化过程。当初始状态落在区域BAOD时，演化博弈系统向A（1,0）收敛；当初始状态落在区域BCOD时，演化博弈系统向C（0,1）收敛。博弈结果表明，即使中央政府对地方政府的治理策略采取约束措施，在属地治理背景下的地方政府的稳定策略

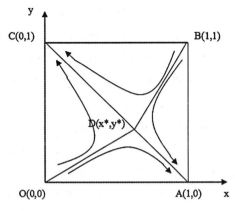

图3-7　有约束下属地治理演化博弈相位图

依然会向着一方治理一方不治理的方向演进，中央政府的政策陷入失灵窘境，地方政府依旧倾向于"搭便车"。

（2）有约束下的合作治理

在有中央政府约束下地方政府合作治理的情景中，中央政府除了对不治理的地方政府的惩罚、对进行治理的政府的生态补偿外，还增加了对本地、外部政府达成合作治理联盟的奖励（E），其阶段博弈支付矩阵如表3-6所示。

表3-6　有约束下合作治理的地方政府间阶段博弈支付矩阵

外部政府 本地政府	治理	不治理
治理	$Ri_1+Rp+Rs-Cp_1-Le_1-Ce+E$, $Ri_2+Rp+Rs-Cp_2-Le_2-Ce+E$	$Ri_1+Rp_1-Cp_1-Le_1-\theta Lp_2+Sf$, $-（1-\theta）Lp_2-F$
不治理	$-（1-\theta）Lp_1-F$, $Ri_2+Rp_2-Cp_2-Le_2-\theta Lp_1+Sf$	$-Lp_1-\theta Lp_2-F$, $-Lp_2-\theta Lp_1-F$

本地政府和外部政府的平均期望收益分别为：

$\bar{u}_1=xu_{11}+（1-x）u_{12}=x[y（Ri_1+Rp+Rs-Cp_1-Le_1-Ce+E）+（1-y）（Ri_1+Rp_1-Cp_1-Le_1-\theta Lp_2+Sf）]+（1-x）\{y[-（1-\theta）Lp_1-F]+（1-y）（-Lp_1-\theta Lp_2-F）\}$

$\bar{u}_2=yu_{21}+（1-y）u_{22}=y[x（Ri_2+Rp+Rs-Cp_2-Le_2-Ce+E）+（1-x）（Ri_2+Rp_2-Cp_2-Le_2-\theta Lp_1+Sf）]+（1-y）\{x[-（1-\theta）Lp_2-F]+（1-x）（-Lp_2-\theta Lp_1-F）\}$

本地政府和外部政府的复制动态方程分别为：

$F（x）=dx/dt=x（u_{11}-\bar{u}_1）=x（1-x）（u_{11}-u_{12}）=x（1-x）[Ri_1+Rp_1+Lp_1+F+Sf-Cp_1-Le_1+y（Rp+Rs+E-Ce-Rp_1-Sf-\theta Lp_1）]$

$F（y）=dy/dt=y（u_{21}-\bar{u}_2）=y（1-y）（u_{21}-u_{22}）=y（1-y）[Ri_2+Rp_2+Lp_2+F+Sf-Cp_2-Le_2+x（Rp+Rs+E-Ce-Rp_2-Sf-\theta Lp_2）]$

令$F（x）=0$，$x=0$，$x=1$，　则$y*=（-Ri_1-Rp_1-Lp_1-F-Sf+Cp_1+Le_1）/（Rp+Rs+E-Ce-Rp_1-Sf-\theta Lp_1）$

令$F（y）=0$，$y=0$，$y=1$，　则$x*=（-Ri_2-Rp_2-Lp_2-F-Sf+Cp_2+Le_2）/（Rp+Rs+E-Ce-Rp_2-Sf-\theta Lp_2）$

同理，O（0,0），A（1,0），B（1,1），C（0,1），D（x*,y*），其中O（0,0），B（1,1）是演化稳定策略，对应于本地政府和外部政府都不治理和二者合作治

理两种策略（见图3-8）。当初始状态
落在区域ABCD时，演化博弈系统向B
（1，1）收敛，最终地方政府进行合作
治理将是唯一的演化稳定策略；当初
始状态落在区域ADCO时，演化博弈
系统向O（0，0）收敛，最终地方政
府都不治理将是唯一的稳定演化策略。
同样，为了使系统以更大的概率沿着
BD路径向（治理，治理）策略方向
演化，应使鞍点D的位置向O点靠近，
从而使区域ABCD的面积扩大。表3-7

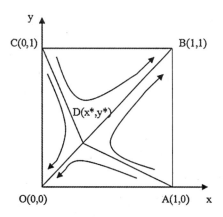

图3-8　有约束下合作治理演化博弈相位图

反映了有约束下合作治理中各个参数变化对策略演化的影响情况，结果也同样
表明所有的参数与区域ABCD面积是单调关系。相比无约束下合作治理博弈模
型的参数，有约束下新增的中央政府对不治理的地方政府的惩罚、对治理一方
的生态补偿和对合作治理的奖励均与区域ABCD面积呈正相关关系，说明中央
政府对地方政府的调控力度越大，惩罚、奖励与补偿的程度越高，地方政府间
越倾向于合作治理。综上而言，在合作收益和中央政府约束的双重作用下，地
方政府间才具有意愿达成大气污染合作治理，而合作收益与中央政府约束的程
度决定了治理联盟的持续性及治理的有效性。

表3-7　有约束下合作治理参数变化演化策略的影响情况

参数变化	鞍点变化	相位面积变化与演化方向
$Ri_1 \uparrow$（$Ri_2 \uparrow$）	$y^* \downarrow$（$x^* \downarrow$）	$S_{ABCD} \uparrow$，（治理，治理）
$Rp_1 \uparrow$（$Rp_2 \uparrow$）	$y^* \downarrow$（$x^* \downarrow$）	$S_{ABCD} \uparrow$，（治理，治理）
$Lp_1 \uparrow$（$Lp_2 \uparrow$）	$y^* \downarrow$（$x^* \downarrow$）	$S_{ABCD} \uparrow$，（治理，治理）
$Cp_1 \downarrow$（$Cp_2 \downarrow$）	$y^* \downarrow$（$x^* \downarrow$）	$S_{ABCD} \uparrow$，（治理，治理）
$Le_1 \downarrow$（$Le_2 \downarrow$）	$y^* \downarrow$（$x^* \downarrow$）	$S_{ABCD} \uparrow$，（治理，治理）
$F \uparrow$	$x^* \downarrow, y^* \downarrow$	$S_{ABCD} \uparrow$，（治理，治理）
$E \uparrow$	$x^* \downarrow, y^* \downarrow$	$S_{ABCD} \uparrow$，（治理，治理）
$Sf \uparrow$	$x^* \downarrow, y^* \downarrow$	$S_{ABCD} \uparrow$，（治理，治理）

（续表）

参数变化	鞍点变化	相位面积变化与演化方向
Rp ↑	x* ↓ ,y* ↓	S_{ABCD} ↑ ，（治理，治理）
Rs ↑	x* ↓ ,y* ↓	S_{ABCD} ↑ ，（治理，治理）
Ce ↓	x* ↓ ,y* ↓	S_{ABCD} ↑ ，（治理，治理）

比较四类演化博弈结果可以发现，在属地治理情景中，无论中央政府是否对地方政府进行约束，在大气污染的负外部性和治理大气的正外部性影响下，地方政府在大气污染治理上均倾向于"搭便车"行为，演化博弈的策略选择朝着一方治理一方不治理的方向演进。另外，如果依然采用属地模式进行跨域大气污染治理，中央政府对地方政府的调控措施将陷入失灵困境。在合作治理的情景中，无论地方政府是否受到中央政府的约束，地方政府间的稳定策略均向达成合作治理或均不治理的方向演进。为了促使地方政府间的稳定策略向合作治理的方向演化，需提高治理收益和合作收益，同时降低治理成本和合作成本。因此，为了实现大气污染的有效治理，地方政府间必须改变属地治理模式，形成有效的府际合作治理联盟。对于合作治理联盟的达成和稳定，从府际演化博弈分析可以得到两个重要结论：

第一，中央政府的调控能够快速促使府际合作治理联盟的达成。在一定的经济水平和技术条件下，短期内实现治理收益和成本的突破具有较大难度。鉴于当前大气污染治理的紧迫性，需借助外部力量，即中央政府对地方政府的惩罚、奖励、补偿等措施，迫使鞍点往合作治理的路径移动。虽然在合作治理场景中，无论在有无约束下，地方政府的稳定策略演进路径都是一样的，但在中央政府约束下，地方政府的稳定策略能更快速、有效地向合作治理的方向演进。第二，提高府际合作收益和降低府际合作成本是实现大气污染可持续性治理的重要保障。府际合作成本与中央政府的约束程度决定了合作治理联盟的稳定性。因此，一方面要在合作治理背景下加大中央政府对地方政府的调控力度，另一方面要增加地方政府间的合作收益同时减少达成合作的交易成本。

（二）持续性合作的可能性

跨域生态问题需要地方政府间从传统的属地治理向府际合作转变，上述分析表明中央政府在推动府际合作中的重要作用，但要促使地方政府间达成持续稳定的合作关系，仅仅依靠中央政府的约束还远远不够，这种约束不具有可持续性，地方政府依然可能会自行其是。实践中亦是如此，近年来，中国大气污染治理虽然取得了一定进展，但大气污染问题依然严峻，大气污染防治工作面临巨大压力。随着《气十条》的实行和成功验收，以及第一轮全国范围的中央环保督察的完成，可以看出，行政手段在推动区域大气污染治理的联防联控中发挥了重要作用。尽管从2010年国务院发布《关于推进大气污染联防联控工作改善区域空气质量的指导意见》提出，解决区域大气污染问题须尽早采取区域联防联控措施开始，大气污染的区域联防联控不断被中央政府所提及，但目前来看，成熟的区域联防联控机制尚未形成。即使在京津冀地区，虽然中央和地方在该区域做出了众多尝试，但区域的联防联控之路依然波折。这很大程度上与地方政府固守属地管理模式有关。有学者指出，在大气污染治理的属地管理背景下，我国大气污染问题不但没有解决，反而愈加严重、愈加复杂。属地管理模式不仅不符合大气流动的自然规律，也无法充分调动各方主体治理大气污染的积极性[162]。因此，在府际合作的要求下，我们需要更加深入地分析地方政府在平衡自身成本收益与合作成本收益之间的关系，进一步探讨地方政府间达成持续性合作的可能性。

　　根据当前中国大气污染区域联防联控的实际情况，设定一个地方政府被要求进行联防联控的府际合作场景，即在某区域内有A、B两个毗邻的地方政府，他们的策略选择包括治理和不治理，策略集为{治理、不治理}。具体的情况包括：（1）当两地政府都选择不治理时，他们都将蒙受大气污染造成的损失。（2）当一方政府进行治理另一方不治理时，治理一方辖区的大气质量得到改善，从而获得一定的治理收益，但同时也相应需付出治理的费用、因治理污染在短期内的经济增长损值，以及受不治理政府辖区的大气污染的负外部性影响；而不治理政府一方则会受到大气污染所带来的损失，以及受到毗邻政府治理大气环境所带来的正外部性影响。（3）当两地政府选择合作治理时，他们除了获得自身的治理收益外，还将获得共同收益；在成本方面，两地除了需要付出进行自身治理大气环境的成本外，还需付出为达成合作的交易成本。

　　根据跨域大气污染府际治理博弈的问题描述，设定以下参数并令这些参数为正值，便于讨论：

Cp，为地方政府治理大气污染的成本。

Le，为地方政府为治理大气污染愿意接受的短期内的经济代价。

Lp，为大气污染对地方政府带来的损失。

Ce，为地方政府间为达成合作治理联盟所付出的交易成本。

Ri，为地方政府进行大气污染治理所带来的个体收益。

Rs，为府际合作治理大气污染所带来的共同收益。

θ，为辖区间的外部效应系数。由于大气环境的流动性，假设区域间污染空气和清洁空气的对流效应是基本一致且稳定的，因此，大气污染的负外部效应和大气污染治理的正外部效应均为常数 θ，0< θ <1。

根据参数设定，当地方政府均选择不治理策略时，双方政府将均会遭受本区大气污染带来的损失以及毗邻政府辖区的大气污染对本区的负外部效应影响 $[-(1+\theta)Lp]$；当一方政府治理，一方政府不治理时，不治理的政府将承受本区污染带来的损失，以及受进行污染治理的毗邻政府的正外部效应影响 $[-(1-\theta)Lp]$，而选择治理的政府将获得治理所带来的个体收益，承受治理成本、短期内的经济增长损值，以及受毗邻政府辖区的大气污染的负外部效应影响（Ri-Cp-Le-θLp）；当两地政府选择合作治理时，地方政府除了获得治理带来的收益和承担治理成本与经济损值外，还有政府合作所产生的共同收益，同时也要接受达成府际合作所付出的交易费用（Ri+Rs-Cp-Le-Ce），该情景的博弈支付矩阵如表3-8所示。

表3-8　地方政府间阶段博弈支付矩阵

A 政府 ＼ B 政府	治理	不治理
治理	Ri+Rs-Cp-Le-Ce， Ri+Rs-Cp-Le-Ce	Ri-Cp-Le- θ Lp， -（1- θ ）Lp
不治理	-（1- θ ）Lp， Ri-Cp-Le- θ Lp	-（1+ θ ）Lp， -（1+ θ ）Lp

在博弈模型构建基础上，令A政府选择治理策略的概率为x，则选择不治理策略的概率为1-x；B政府选择治理策略的概率为y，则选择不治理策略的概率为1-y。

同上，对 A、B 政府博弈进行复制动态分析，得到 A 政府的复制动态方程为：

$F(x)=dx/dt=x(u_{11}-\bar{u}_1)=x(1-x)(u_{11}-u_{12})=x(1-x)[Ri+Lp-Cp-Le+y(Rs-Ce-\theta Lp)]$

B 政府的复制动态方程为：

$F(y)=dy/dt=y(u_{21}-\bar{u}_2)=y(1-y)(u_{21}-u_{22})=y(1-y)[Ri+Lp-Cp-Le+x(Rs-Ce-\theta Lp)]$

同理，O（0,0），A（0,1），B（1,0），C（1,1），分别表示 A、B 政府在跨域大气污染治理中采取（不治理，不治理）（治理，不治理）（治理，治理）（不治理，治理）策略。D（x*,y*）为系统中的鞍点，具有不确定性。

通过检验雅克比矩阵 J 的行列式 det.J 的符号和迹 tr.J 的符号可以判断稳定点：只有当 det.J 的符号为正，且 tr.J 的符号为负的情况下，对应的平衡点为稳定点。由于平衡点为稳定点的条件与地方政府治理或不治理大气污染的收益情况有着紧密关系。因此，需要对收益的取值情况进行分类讨论。为了方便讨论，令 m=Ri+Lp-Cp-Le，m 代表了地方政府在判断是否进行大气污染治理时实际考虑的个体收益；令 n=Rs-Ce-θLp，n 代表了地方政府在判断是否进行合作时实际考虑的合作收益；则 m+n 代表了府际合作治理的整体收益。因此，各局部均衡点雅克比矩阵的行列式和迹简化如表3-9。根据博弈模型设定，一共存在 6 种收益情况，表3-10 显示了 6 种收益假设下的稳定性分析结果。

表3-9 各局部均衡点雅克比矩阵的行列式和迹

局部均衡点	det.J	tr.J
O（0,0）	m^2	$2m$
A（0,1）	$-m(m+n)$	n
B（1,0）	$-m(m+n)$	n
C（1,1）	$(m+n)^2$	$-2(m+n)$
D（x*,y*）	$-m/n$	0

表3-10　系统局部稳定性分析结果

命题	假设条件	均衡点	det.J 符号	tr.J 符号	结论
命题1	m>0 n>0 m+n>0	O（0,0）	+	+	不稳定
		A（0,1）	−	+	不稳定
		B（1,0）	−	+	不稳定
		C（1,1）	+	−	稳定
		D（x*,y*）	−	0	鞍点
命题2	m>0 n<0 m+n>0	O（0,0）	+	+	不稳定
		A（0,1）	−	−	不稳定
		B（1,0）	−	−	不稳定
		C（1,1）	+	−	稳定
		D（x*,y*）	+	0	鞍点
命题3	m>0 n<0 m+n<0	O（0,0）	+	+	不稳定
		A（0,1）	+	−	稳定
		B（1,0）	+	−	稳定
		C（1,1）	+	+	不稳定
		D（x*,y*）	+	0	鞍点
命题4	m<0 n>0 m+n>0	O（0,0）	+	−	稳定
		A（0,1）	+	+	不稳定
		B（1,0）	+	+	不稳定
		C（1,1）	+	−	稳定
		D（x*,y*）	+	0	鞍点
命题5	m<0 n>0 m+n<0	O（0,0）	+	−	稳定
		A（0,1）	−	+	不稳定
		B（1,0）	−	+	不稳定
		C（1,1）	+	+	不稳定
		D（x*,y*）	+	0	鞍点
命题6	m<0 n<0 m+n<0	O（0,0）	+	−	稳定
		A（0,1）	−	−	不稳定
		B（1,0）	−	−	不稳定
		C（1,1）	+	+	不稳定
		D（x*,y*）	−	0	鞍点

　　从局部稳定性分析结果看，在命题1（m>0，n>0）下，地方政府治理的个体收益和府际合作的收益均为正时，地方政府会向均治理的方向演

进。当府际合作的成本较高，合作收益不为正时，若合作治理的整体收益为正，地方政府的策略选择也能向均治理的方向稳定，即命题2（m>0，n<0，m+n>0）。但当府际合作的成本过大，而合作收益较低，迫使整体收益为负时，即使地方政府个体治理的收益为正，政府间的策略选择也会朝着"搭便车"行为方向演进，即命题3（m>0，n<0，m+n<0）。命题4（m<0，n>0，m+n>0）和命题2有着相似的假设，但在策略演化结果上却存在差异，命题4同样假设府际合作治理的整体收益为正，与命题2相反的是，命题4中地方政府个体治理的收益为负，合作收益为正，该命题下（0,0）和（1,1）是两个稳定点，即地方政府的策略选择会向均不治理或均治理的情况演化。命题4与命题2的对比说明，在治理收益为负的情况下，即使整体收益为正，地方政府间依然会存在均不治理的风险，而一旦整体的收益也为负时，将陷入均不治理的"公地悲剧"，即命题5（m<0，n>0，m+n<0）。命题3和命题5的对比也能说明个体治理的收益情况对于区域整体性大气污染治理的基础性作用。诚然，在命题6（m<0，n<0）下，各种收益均为负时，地方政府亦会选择均不治理策略。

因此，为了形成有效的跨域大气污染府际合作治理模式，地方政府治理的个体收益和府际合作收益应努力实现最优；另外，在区域治理的整体收益为正的情况下，允许府际合作收益一定程度的亏损。从现实意义上来说，这一附加条件为跨域大气污染治理中的府际合作"磨合"提供了一定的容错空间。这一博弈过程得到了一个有益的结论，即合作收益为地方政府间合作提供了试错的空间。

但是这个容错的空间有多大？博弈模型并未给出答案。基于演化博弈模型的系统仿真可以为寻求这一答案提供支持，同时可以发现地方政府对收益情况的敏感性。具体来说，演化博弈模型的系统局部稳定性分析结果显示，在命题1和命题6的情况下，地方政府必然会选择合作治理或均不治理的策略；而命题2至命题5显示了府际利益关系的变化导致地方政府由合作治理向均不治理演变的过程。虽然根据雅克比矩阵的分析能够得出不同的参数取值关系而导致的地方政府决策的变化，但无法准确地显示导致政府发生决策变化的参数取值边界，例如，命题2表明一定程度上的合作收益负值并不会影响合作治理的稳定策略选择，但无法确定合作收益所能容忍的负值极限。基于系统动力学的模拟仿真分析，能够很好地解决这一问题①。

根据府际演化博弈模型绘制系统动力学流量图，如图3-9所示。以命题1为初始情景，对上文中的个体收益m和合作收益n进行参数敏感性分析，相应设定各参数的初始值为Ri=0.05，Lp=0.07，Cp=0.02，Le=0.06，Rs=0.08，Ce=0.03，θ=0.3，x=y=0.5。由于m=Ri+Lp−Cp−Le，n=Rs−Ce−θLp，为方便讨论，分别选取影响个体收益的经济代价指标Le和影响合作收益的交易成本指标Ce作为目标参数，其他参数值固定不变。由此，Le和Ce值的变化分别反映了个体收益m和合作收益n的变化。

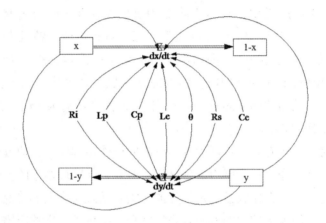

图3-9　府际演化博弈系统动力学流量图

资料来源：由 vensim 软件绘制。

────────────────

① 系统动力学（system dynamics, SD）是系统科学理论与计算机仿真紧密结合、研究系统反馈结构与行为的一门科学。系统动力学认为系统的行为模式与特性主要取决于其内部结构，研究者不能孤立地、结构化地分析X与Y或Y与X的联系而分析系统的行为，X影响Y，反过来，Y也通过一系列的因果链影响X。只有把整个系统作为一个反馈系统才能得出更科学合理的结论。另外，由于非线性因素的作用，高阶次复杂时变系统往往会表现出反直观的、千变万化的动态特性，系统动力学可凭借其定性与定量结合、系统综合推理的方法处理复杂系统问题。系统动力学是为适应现代经济社会系统的管理和控制的需要而发展起来的，它把社会系统利用符号模型化，进而利用计算机技术将模型进行战略和策略的实验，在实验过程中，可以通过随时修改政策方案以实现各种策略仿真。演化博弈模型的建构正是完成了系统动力学中把社会系统模型化的过程。系统动力学方法和演化博弈论相似和衔接之处在于：二者均不完全依据抽象假设，而是以现实世界为前提，不追求"最优解"，而是寻求改善系统行为的机会和途径。

（1）经济代价Le。在初始状态命题1，m=Ri+Lp-Cp-Le>0，n=Rs-Ce-θLp>0，地方政府的稳定策略是合作治理。图3-10显示了在其他参数不变的情况下，参数Le每增加0.02个单位对地方政府决策的影响，经济代价Le值越大，地方政府治理的个体收益越低，相应地选择合作治理的可能性越低。当参数Le值增至0.10-0.12区间时（约为0.11），地方政府的稳定策略走向发生改变，朝着不治理的方向演进。进一步分析，当Le=0.11时，m=-0.01，n=0.29，m+n=0.28，这表明即使府际合作能够促使地方政府治理大气污染的收益为正，且远高于个体收益，但一旦地方政府的个体收益为负，地方政府选择合作治理的可能性就大大降低，稳定策略也慢慢朝着均不治理的方向演进。

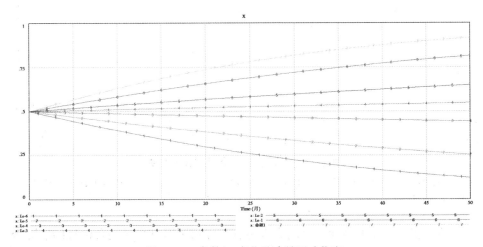

图3-10　参数Le变化的决策影响仿真

注：Le-1=0.08, Le-2=0.10, Le-3=0.11, Le-4=0.12, Le-5=0.14, Le-6=0.16。

（2）交易成本Ce。同理，图3-11显示了在其它参数不变的情况下，参数Ce每增加0.02个单位对地方政府决策的影响。比较图3-10和图3-11表明，同单位变动下，参数Le对决策的影响程度高于参数Ce，即Le的敏感性高于Ce。这说明在跨域大气污染合作治理中，地方政府更关注自身治理大气污染所付出的经济代价与收益。与此同时，交易成本Ce值越大，府际合作收益越低，府际合作的可能性也越低。当参数Ce值增至0.13~0.15区间时（约为0.14），地方政府的稳定策略演进方向发生改变，策略选择倾向于不治理。当Ce=0.14时，m=0.04，n=-0.081，m+n=-0.041，这验证了雅克比矩阵分析的结论，当地方政府治理大气污染的个体收益为正时，一定程度上的合作收益损值并不会影响合作治理稳定策略的选择。而仿真的结果进而显示，这个合作收益损值的"容忍"程度可以达到个体收益的一倍，交易成本Ce可以达到共同收益（Rs=0.08）的1.75倍。因此，相较于个体收益对大气污染治理的强敏感性，合作收益的弱敏感性为府际合作提供了一定的"试错"空间，这个空间的容量约为个体收益的一倍。

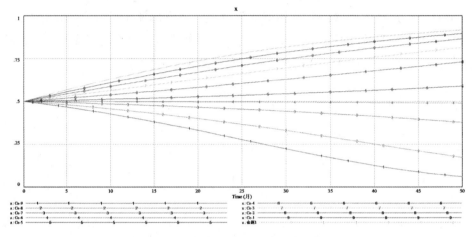

图3-11　参数Ce变化的决策影响仿真

注：Ce-1=0.05, Ce-2=0.07, Ce-3=0.09, Ce-4=0.11, Ce-5=0.13, Ce-6=0.14, Ce-7=0.15, Ce-8=0.17, Ce-9=0.19。

　　结合演化博弈模型和系统动力学仿真，探讨了跨域大气污染治理的府际合作治理行为规律与稳定策略，从个体收益和合作收益的视角回答了府际为什么能合作的问题，得出了有益的结论：第一，区域内地方政府在大气污染治理中的个体收益和共同收益越高，大气污染程度越严重，越容易达成府际合作治理；地方政府治理大气污染的个体成本、所付出的经济代价以及达成府际合作的交易成本越低，府际合作治理也越容易达成。为此，提高府际合作收益，降低合作成本是府际合作治理发展方向。第二，在府际合作治理中，地方政府对个体收益的敏感性强于合作收益，一旦地方政府的个体收益为负，地方政府选择合作治理的可能性就大大降低，而一定程度上的合作收益损值并不会影响大气污染合作治理这一整体策略选择，其"容忍"程度可以达到个体收益的1倍。为此，地方政府治理大气污染的个体收益首先需要得到保障，而地方政府间应勇于进行合作，敢于"试错"。由此可以发现，除了中央政府的推动作用外，达成持续性府际共治的可能性首先在于保障合作主体的个体收益问题，其次才是府际合作收益问题。

（本节内容由期刊论文《大气污染府际间合作治理联盟的达成与稳定——基于演化博弈分析》《跨域大气污染府际合作治理的演化博弈分析》修改形成，论文分别发表于《中国管理科学》2016年第8期、《西大经济评论》2015年第二辑）

第三节　府际共治现实性：一个府际协同的模式

前两节博弈分析的结果表明，地方政府从属地治理到合作治理的可能性在于中央政府的有效推动，而达成持续性府际合作的可能性在于优先保障合作主体的个体收益，再者是府际收益与成本。本节聚焦于府际共治的现实性，首先通过京津冀地区一个"APEC蓝"式的府际合作治理模式揭示中央政府行政强力推动下的地方政府合作治理方案，进而基于协同治理理论，提出一个持续性合作的京津冀府际协同治理模式。

（一）"APEC蓝"式的府际合作治理模式

府际关系是指各类和各级政府机构的一系列活动，以及它们之间的相互作用。京津冀地区虽然国土面积仅占全国的2%，但却包含了错综复杂的府际关系。府际协同一直以来是该区域发展的主旋律之一。从1976年国家计划委员会开始京津唐国土规划课题研究以来，京津冀地区的府际协同发展已有40余年的历史。在这40余年中，该区域的府际协同在地域、内容、形式和程度上均不断发生改变，出现了"经济圈""首都圈""一体化"等一系列的概念，但都离不开府际协同的主题，而不同的概念与规划也反映了不同时期、不同阶段京津冀地区的发展观和协同观。

但总的来说，京津冀的府际协同实践充满荆棘：一是府际协同障碍重重，一体化和协调进程缓慢。虽然国家十分重视京津冀地区的府际协作，也做了大量的思想和理论准备，但由于该地区在经济合作、空间整合、区域治理等方面存在明显的体制性和结构性障碍，京津冀地区的合作发展几度被提及又几度沉寂，府际协同发展经历了一个"启动—徘徊—沉寂—重提—蹒跚—倒逼而催生复兴"的复杂演进过程，整体推进进程缓慢。二是府际协同多停留于理念层面，缺乏规划执行。京津冀地区的许多发展规划和设想在前期做了很多理论

论证和实地调研，但却没有具体的执行规划出台。以京津冀都市圈区域规划为
例，2004年国家发改委提出编制该规划，但时至今日，该规划仍未出台。三
是京津冀三地在府际协同发展进程中态度不一。京津冀的协同发展多围着北京
转，"首都圈""大北京"等概念更是突出了北京在其中的地位。另一方面，天
津和河北对于参与京津冀协同发展表现出不同的态度，河北和北京来往密切，
一直为保障北京的发展而努力，而天津参与京津冀协同的积极性不高。京津冀
三地在该区域的一体化进程中的想法不一，既缺乏明确的国家层面的定位，又
各自打着自己的"小算盘"。

目前，京津冀三地的经济社会发展合作尚未形成完善的合作机制，而随着
近几年大范围大气污染问题的爆发，京津冀地区已成为全国大气污染突出、灰
霾污染严重的区域，京津冀三地城市之间污染相互影响显著。鉴于属地治理的
弊端，国家逐渐重视跨域大气污染的府际联防联控。京津冀地区的大气污染治
理要求由传统的属地治理向协同治理转变的呼声愈发强烈。意识到跨域大气污
染协同治理的必要性，国家在京津冀大气污染协同治理组织的建设上做出了积
极的尝试。2013年，国务院成立了京津冀协同发展领导小组以及京津冀及周
边地区大气污染防治协作小组。该小组由北京、天津、河北、国家发改委、环
境保护部、中国气象局等单位组成，办公室设在北京市环保局，这对于京津冀
大气污染协同治理具有一定的促进作用。

2014年在北京召开亚太经合组织（APEC）会议前，京津冀及周边地区联合
采取严格的防控行动，以保证会议期间北京的空气质量。在联合行动下，APEC
会议期间，北京出现了久违的蓝天，而"APEC蓝"也成为2014年的热门话题。
"APEC蓝"特指在北京召开亚洲太平洋经济合作组织（APEC）第22次非正式领
导人会议期间，北京市出现的蓝天和清爽的空气。在会议期间（11月5日至11
日），京津冀及其周边省市采取了严格的大气污染防控措施，共同保障北京空气
质量。在联防联控措施下，北京市空气质量一级优占4天，二级良占7天，三级
轻度污染仅一天。相关监测显示：北京各类主要污染物减排比例在40%以上。与
此同时，在APEC期间的气象条件下，如果不采取应急减排控制措施，在会期前
后的10天中，轻度污染天数将由1天增为6天，中度及以上污染天数将增加1天。

"APEC蓝"式的府际合作治理模式是行政干预下，地方政府间实现快速合
作进行大气污染治理的典型案例，这样的例子还包括"奥运蓝""世博蓝""亚
运蓝"等。诚然，这种府际合作方式在短期内实现了治理成效，但在府际合作

中也存在诸多问题，进而导致这种合作关系无法稳定持续，就像APEC会议后的北京天空一样，空气质量又再次恶化。因此，"APEC蓝"也成为短暂美好的代名词。从演化博弈视角来看，"APEC蓝"式的府际合作治理难以持续的原因主要有两个方面，具体来说：

第一，经济代价大，个体收益低。2013年以后，中央和地方政府对京津冀地区的大气污染防治投入了大量资金。中央财政从2013年开始设立大气污染防治资金，当年投入50亿元用于京津冀及周边地区大气污染治理。2014年，中央财政又安排大气污染防治专项资金100亿元。而在APEC会议期间，为了保证会议期间的空气质量，2014年11月3至12日，京津冀三地实施了严格的管控。北京市全市机动车实施单双号限行，机关和市属企事业单位停驶70%车辆，严格管控渣土运输、货运、外埠进京车，北京市大气污染物排放重点企业69家停产，72家限产，所有工地全部停工。天津市通过停产、检修、限产、强化管理等措施，在确保9家燃煤电厂和75家重点工业企业达标排放的基础上，各项污染物排放量再减少30%。河北省超过2000家企业停产、限产，2200余处工地停工。据石家庄市政府统计，APEC会议期间，仅石家庄"关、停、限"的企业生产总值就减少了124.2亿元。石家庄一民营钢铁企业关停三座高炉两个多月，利润损失上千万元，上千人待岗。

APEC期间控制空气污染付出如此庞大的经济代价，特别是对于在经济发展上处于弱势的河北省来说，却缺乏有效的政府间横向的生态补偿。从政府的工作计划到各类新闻报道，均强调采取行政力量或法律手段限制大气污染源的排放，甚少提及生态补偿的问题。从实际行动上看，京津冀政府注重如何对限制措施进行落实，但并未商讨后期的补偿问题。虽然京津在2015年以8.6亿元支持河北治污，但就当前情况来看，河北对整个京津冀地区生态环境的贡献并没有得到完全补偿，不多的一些补偿也多属于临时性协议，未形成长期的固定制度安排。这大大降低了其参与大气污染治理的动力，也造成了整体区域污染治理强度不足。在没有横向生态补偿机制的作用下，仅仅依靠行政手段的府际合作治理仅能实现"APEC蓝"这样短暂的大气清洁。

第二，交易成本高，合作收益低。府际寻求合作所需要付出的成本，即合作交易成本。具体来说，京津冀三地的"APEC蓝"式合作的交易成本涉及了合作中的排他成本和谈判成本。一方面，在排他成本上，在利益驱动下，地方保护主义凸显。以钢铁企业大气污染治理为例，在2014年国家环保部公布的京津冀钢铁企业整治名单中，河北的钢铁企业有379家，天津仅17家，而北京没有。除去河北自身钢铁企业较多的因素，处于强势地位的北京明显在地方保护上占据优势。而河北在京津冀地区始终以"服务者"的身份为北京的发展服务，这种"服务"意识使利益处于不平等的地位之中。而且，京津冀三地对于合作的意向不尽相同，2013年，天津市在近2万字的政府工作报告中没有一处提到河北，提到北京的只有4处；而河北省的政府工作报告中提到京津达25次。

另一方面，在谈判成本上，京津冀三地经济社会发展水平的差异性导致了其对大气环境治理的利益需求不同。在经济发展水平方面，河北省经济发展水平明显低于北京市和天津市。在2014年，北京、天津和河北的人均GDP分别为99995元、103655元和39846元。在现行政绩考核体系下，河北对于经济发展的动机要明显大于京津两地。在产业结构方面，京津冀三地的产业结构差异甚大，2014年，京津冀三地的产业结构分别为0.8∶21.3∶77.9、1.2∶49.2∶49.6和11.7∶51.1∶37.2。由此，京津冀三地对于工业和煤炭消耗的依赖程度也存在较大差异。作为大气污染物主要来源的工业生产，经济发展阶段上的差异意味着三地政府在大气污染治理中所承受的压力也不同。显然，河北处于绝对的压力一方，其对利益补偿和分配要求理论上要远高于京津两地，但实际上河北省处于弱势地位，并因此在合作中承担着高昂的谈判成本。

京津冀地区针对大气污染问题做出了各种尝试，是中国治理大气污染最活跃的地区。虽然在以行政为主导的强推模式下，京津冀地区的大气污染得到了一定缓解，但同时付出了巨大的代价，而且引发了一定的社会矛盾，如2017年冬季在华北地区爆发的"气荒"问题。针对京津冀地区的环境治理问题，学界普遍认为京津冀地区府际协同的顶层设计存在问题。不可否认，这是影响府际合作的重要原因，但京津冀协同从提出到实践已经几十年，情况似乎并未彻底改善，"APEC蓝"式的合作方式也难以持续和稳定。因此，有必要回归并重视府际持续性合作这一基本性问题，从而构建具有可持续性的府际协同治理模式。

（二）府际协同治理模式的构建

1. 府际协同治理的基本要求

共同目标。共同的治理目标是京津冀大气污染协同治理的必要前提，前文提及，经济社会发展水平的差异导致了京津冀三地对大气污染治理的方式、程度，以及实现的目标产生不同的认识，治理目标的不一致进而对府际协同治理造成困难。因此，京津冀三地首先需要在大气污染治理的目标上达成统一。区域治理的共同目标必须满足以下要求：第一，大气污染协同治理的目标必须清晰明确，过于暧昧或笼统的目标可能会导致各方对共同目标理解的偏差；第二，要允许区域治理的目标和参与各方的动机存在差异，关键在于如何让京津冀地区成员理解和接受这个目标，并能通过这个目标实现个体需求的满足；第三，共同目标必须随着环境的变化而变化，这主要是由于大气环境状况、区域发展水平和组织各方的需求是不断变化的。

彼此信任。信任是社会资本的重要内容，是政府间摆脱集体行动困境的关键。京津冀大气污染的协同治理需要政府间的彼此信任，这主要是由于：一方面，大气污染治理是一个长期的过程，在此期间的府际博弈并非是一次性的，而是重复多次的，随着博弈的演进，作为博弈参与者的地方政府愈发理性并深知信任这一社会资本对于长期利益实现的重要性；另一方面，信任可增加地方政府间的了解，提高计划和行动的透明度，减少地方政府行为的不确定性，进而能够有效抑制大气污染治理过程中的机会主义行为。在京津冀的大气污染协同治理中，府际信任的形成要求各地方政府具有积极正面的协作意愿，这种意愿来源于对共同目标的信仰、团结的精神以及"壮士断腕"的决心。

平等协商。协同治理强调京津冀大气污染治理参与主体的平等地位。京津冀大气污染治理的目标、内容、方式、规则、合作收益的共享和成本的分担等均应通过协商达成，平等协商是治理工作开展的基本要求。平等协商的含义包括了三个方面的内容：第一，权利平等，即各地方政府在京津冀大气污染治理主题面前地位平等，均公平享有广泛且相同的权利；第二，协商充分，即就治理过程中的利益冲突问题开展有效且深入的协商，各参与主体充分表达各自的意见与想法，就治理方案和协调手段广泛讨论，以达成共识；第三，机会平等，即在大气污染治理的进程中各地方成员应具有追求自身利益、自我发展和自我完善的机会和条件，机会平等则意味着京津冀区域的地方政府在协商治理与发展诉求上不应受其他因素的约束。

有效权威。在跨域的协同治理中，权威来源的问题是在治理的理论讨论和实践行动中必须面临的问题。有效的权威来源是大气污染治理工作顺利开展和治理成果可持续性的重要保证。现代管理理论之父切斯特·巴纳德（Chester I. Barnard）的自下而上的权威接受理论为区域协同治理权威的来源提供了一定的参考意见。巴纳德认为，"一个命令是否有权威决定于接受命令的人，而不决定于'权威者'或发命令的人"。也就是说在两个主体之间当有权威关系发生时，说明其中有一方接受了另一方的指示或建议。巴纳德对于权威来源的观点避免了传统区域合作中的制度弊端，按照他的理论，京津冀地区的大气污染协同治理的权威来源不在于中央政府或者某个主导政府的赋予，而在于各协作主体的接受与认同。另外，为了保证治理过程中权威的正当性和有效性，必须做到以下几点：一是权威发出者能够明确其所传达的意见，二是权威发出者的命令要与区域治理的共同目标一致；三是要充分考虑权威接受者的利益诉求和承受能力。

2.组织重构：府际协同治理组织的构建

京津冀大气污染府际协同治理组织的创立是为了打破该地区在大气污染治理中"一亩三分地"的行政思维定式，从区域整体利益出发，通过协同治理让大气污染的负外部效应内部化，进而形成府际治理的合力。从发达国家的大气污染治理经验看，如美国的阿巴拉契亚区域委员会、跨州空气质量控制区、臭氧传输评估组等区域性的环境协同治理组织在跨域污染治理中发挥了积极的作用。府际权力的让渡与移交是跨域协同治理组织的重要特征，即区域内参与治理的各地方政府或政府部门将部分权力让渡于协同治理组织，并保证其不受行政干扰，使之具备独立进行区域治理的权力和能力。

而从京津冀及周边地区大气污染防治协作小组的组织架构和运行方式上看，距离真正意义上的由行政权力让渡形成的具有独立治理权力和能力的跨域协同治理组织还有一定的差距。一方面，该机构并非独立于原有的行政等级制度，它依然深受科层制的隶属关系制约，作为协调各方工作重要部门的"大气污染综合治理协调处"却隶属于北京市环保局，不独立的同时级别也低，大大降低了其应有的权威性，也对其工作的开展产生诸多的行政束缚。另一方面，该协作小组构造简单，成员庞大，面临"有组织的不负责任"局面。在处理大气污染问题时，缺乏有效的制度安排和联动机制。依靠金字塔式层层设置新的政府职能部门，配之以运行规章制度的方式来解决大气污染问题，结果往往是机构膨胀、人浮于事，进而陷入"机构怪圈"之中。官僚体制下的权力和职能分工越细，实则越背离环境治理的内在逻辑。"帕金森定律"的内在机理说明政府部门的机构设置和人员配备并不表示公共事务治理绩效的当然提高，恰恰相反，滞后的管理理念和模糊不清的政府职能体系界定往往会导致行政成本增加和陷入行政效能下降的恶性循环之中[163]。因此，有必要对这一组织进行重新设计。

　　伙伴型的府际治理模式为京津冀大气污染协同治理提供了一种组织设计思路。伙伴型的府际治理模式可以摆脱原有纷繁复杂、权力重叠的行政关系网的束缚，针对某一具体公共问题实现有效的治理，给公共行政带来一股清风。京津冀三地应围绕大气污染治理主题，形成伙伴型的横向府际关系，并通过权力让渡和移交，组建京津冀大气污染协同治理组织，使治理组织独立高效地开展区内的大气污染治理工作，以实现大气环境的协同共治和空气质量的整体提高（见图3-12）。

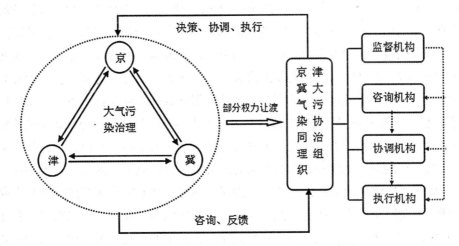

图3-12　京津冀大气污染协同治理组织运行模式

　　具体而言，京津冀大气污染协同治理组织的运行模式包含了以下几个方面的内容：第一，京津冀围绕共同的大气污染治理主题形成不受行政等级束缚的府际伙伴关系，各政府主体间平等协商，协同共治。第二，京津冀三地将大气环境治理的权力以及相关权力让渡于跨域治理组织，由其全权负责京津冀的大气污染治理问题并接受其治理安排。第三，京津冀大气污染协同治理组织独立开展区内治理活动，负责京津冀区域内大气污染治理的会商与决策、各地方政府间和政府部门间的协调，以及大气污染治理行动的执行等工作。京津冀三地在大气污染治理中对跨域治理组织进行意见性咨询和治理效果反馈。第四，京津冀大气污染协同治理组织的组织架构主要包括监督机构、咨询机构、协调机构和执行机构。咨询机构由大气监测部门、科研机构、环保组织等部门组成，负责为大气污染治理中的决策、协调和执行提供信息支持；协调机构负责协调区域内的各政府部门、社会组织、企事业单位的治理工作；执行机构负责京津冀区域内的大气污染治理联合行动；监督机构对组织中的各个部门及治理中的各个环节进行监督。

3.伙伴营造：府际治理关系的重新定位

当前，在京津冀大气污染联防联控的背景下，京津冀三地的府际关系定位出现了偏误。一方面，中央政府无意的"错位"增加了京津冀府际关系的复杂性。中央政府成立由中央政治局常委担任组长的京津冀协同发展领导小组，试图通过顶层设计助力京津冀的协同发展，但缺乏对其作用和角色明晰的界定[164]。国家层面的"首都经济圈""环首都圈"等提法都有意无意地使京津冀地区的府际关系复杂化。另一方面，京津冀三地的大气污染治理理念存在误区。北京凭借首都属性集聚了治理资源，同时也转移了治理成本。河北在京津冀地区始终以"服务者"的身份为北京的发展服务，但"服务"的行为背离了协同治理的平等协商的伙伴型横向府际关系。而天津凭借自身的发展条件可以与北京"抗衡"，但又无法拒绝首都提出的要求。究其缘由，京津冀三地治理关系定位的偏误主要是由于三地政治地位的不等和经济发展水平的差异。京津冀三地包含了中央政府在内的"三地四方"的复杂府际关系。行政级差和固有的权力格局阻碍了大气污染治理的府际协同进程。同时，河北经济发展水平明显低于北京和天津，河北对于经济发展的动机要明显大于京津两地。而且，河北对于工业和煤炭消耗的依赖程度大大高于北京和天津。这意味着河北在大气污染治理中处于绝对压力的一方，其实际参与大气污染治理的动力和程度受到明显影响。

营造府际伙伴关系是京津冀大气污染协同治理重要的政策工具创新，也是摆脱京津冀三地纷繁复杂的府际行政关系的有效手段。伙伴关系的概念最早在政治学与行政学中的应用出现在城市治理领域，用以描述城市政府与私人部门在公共服务提供和资源分享上的合作伙伴关系。随着伙伴关系研究的深入，在市场经济较完善，政治建设较成熟的国家，伙伴关系的理念被广泛应用于政府间关系的具体工作方式之中。特别是横向府际关系中的应用，在同一公共治理目标下，各地方政府不论行政级别高低，彼此之间地位平等，基于共同利益达成伙伴式的合作关系以实现双方或多方的共赢。美国、英国、法国、日本等国家在处理府际关系时非常重视政府间伙伴关系的建立。在地方政府间关系处理上日益淡化不同层级政府间的行政隶属关系，将各个地方政府视为地位平等的权力主体。

府际伙伴关系越来越受到重视，特别是在公共治理领域，伙伴关系模式为政府改革提供了良好的借鉴，是政府间关系模式变迁的主要趋向之一。府际伙伴关系可以摆脱原有纷繁复杂、权力重叠的行政关系网的束缚，针对某一具体公共问题实现有效的治理，给公共行政带来一股清风。树立伙伴关系的理念，重新界定政府间关系，对于构建新型政府间关系是一个重要的起点。伙伴型府际关系的形成，促使原有的单一主体的地方政府管理向多元主体的地方治理转变，一方面有利于加强地方政府间的衔接和互动，另一方面有利于提高公共治理绩效和推动社会进步。从西方发达国家的发展经验看，府际伙伴关系并不会削弱原有的行政权威，反而强化了原有的权威。其主要原因在于，府际伙伴关系大多建立在纵向政府间较少发生利益冲突的公共政策领域，而在这个领域里，中央政府可以给予地方政府一定的资源保障，地方政府间的合作利益要大于竞争利益。府际伙伴关系的运行与政府原有体制的运行是双轨进行的，它独立于原有的行政等级制度存在。虽然伙伴关系运行的层面主要在各地区的地方政府之间，但其最终是为了增强中央政府对地方公共事务的影响[165]。

此外，府际伙伴关系作为一种公共政策工具，与原有的京津冀等级制的行政关系相互独立，二者呈现双轨制的运行模式（见图3-13）。伙伴关系仅围绕大气污染治理这一公共事务主题而展开，它并不会影响京津冀三地基于行政区划的权力组织架构。在跨域的大气污染治理背景下，京津冀三地的府际关系呈现为伙伴型，三地的府际工作方式表现为协商式。从功能上看，府际伙伴关系使京津冀三地政府跳出该地区复杂的权力关系网络，促使三地在大气污染治理上产生内源动力，谋求共同利益，以及实现治理政策制定、实行和反馈的整体联动。

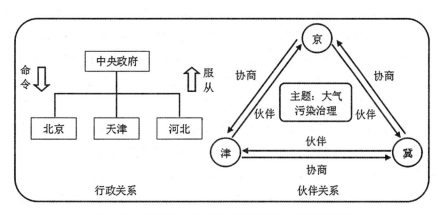

图3-13　京津冀大气污染协同治理的伙伴关系构建

就目前京津冀地区的大气污染形势而言，京津冀地区应具有示范精神，勇于尝试构建府际伙伴关系，敢于承认不足，承担责任。三地政府在大气污染治理问题上应形成强烈共识，更新理念，诚信协作，消除长期以来经济政治上形成的固有隔阂，通过让渡给共同信服的治理机构独立的治理权力、圆桌协商会议、基于诚信与承诺的府际公约、伙伴型联合治理行动等方式发挥伙伴关系机制的独特作用。另外，中央政府的适度引导对当前的府际伙伴关系形成具有推动作用。中央政府应为京津冀府际伙伴关系的达成创造良好的兼容环境，在政策引导、财政协调、法治保障等方面为京津冀伙伴关系的建立提供可能。

4.利益协调：利益输入和输出的府际平衡

京津冀三地的地方利益冲突是阻碍跨域大气污染协同治理的重要因素，京津冀三地由于缺乏生态补偿机制和地方保护主义变得难以调和。一方面，京津冀地区缺乏政府间的横向生态补偿机制。从政府的工作计划到各类新闻报道，均强调采取行政力量或法律手段限制或打击大气污染源的排放，却甚少提及生态补偿的问题。就当前情况来看，河北对整个京津冀地区生态环境的贡献并没有得到完全补偿，不多的一些补偿也多属于临时性协议，未形成长期的固定制度安排。另一方面，在利益驱动下，地方保护主义盛行。地方保护主义支配着地方政府保护地方政治利益和经济利益，为本地区提供各种保护性的政策措施，通常表现在市场准入制度、跨区域行政执法、跨区域经济主体待遇等方面。北京作为首都，在大气污染治理的过程中理所应当优先考虑本地区的实际利益。

协调好京津冀三地的利益关系是实现大气污染协同治理的关键。在京津冀大气污染协同治理的利益协调方面，涉及了四个方面的内容，分别是成本分担、生态补偿、利益分配、公共效益。在府际协同治理的利益输入上，京津冀三地需明确大气污染治理成本的构成与特点，打破"小而全"的政府治理观念，根据地区实际情况，在平等协商的基础上减少府际协同的环保成本、行政成本和交易成本，实现治理成本的公平分担，避免相关基础设施的重复建设与资源浪费。同时，建立健全适用于大气污染治理的生态补偿机制，综合税费制度、财政横向转移、专项基金、资源支持、政策优惠等多种方式，不仅在资金上对相对薄弱的地区或环节进行补偿，而且要在人才、技术、政策等方面填补京津冀大气污染治理中的"凹陷"部分，以扩大生态补偿的覆盖面，加强生态补偿的效用。

在府际利益协同的利益输出上，处理好大气污染治理成果的利益分配和明晰良好大气环境带来的公共效益是关键所在。利益分配关系到各地方政府参与主体的积极性和持续性，模糊不清的治理成果会引发利益分配中的府际矛盾并阻碍协同治理进程的推进。因此，大气污染治理成果必须具有明确性、可量性和实际性。建立科学的大气环境评价体系能促使大气污染治理的成果可评价、可监督和可视化，同时可以将可量化的治理成果落实到考核机制、激励机制、监督机制等方面，使大气污染治理成果实现实际的效用性。与此同时，京津冀地方政府对大气污染治理公共效益的充分认识，将有助于提高治理决策的理性程度。京津冀的大气污染问题除了对生产生活造成了负面影响外，也影响了国家及城市形象、居民幸福感、城市竞争力、国际会议赛事承办等方面。京津冀大气污染的有效治理将有助于京津冀地区成功举办北京2022年冬季奥运会，提升我国的国际形象和增强人民幸福感与凝聚力。如果京津冀地方政府在府际博弈中能够清晰认识到这些有形或无形的公共效益带来的长期收益，将减少不必要的府际合作成本及提高府际治理的积极性。

5.法律保障：防治立法和执法的联合协调

目前，我国尚未有成熟的法律法规保障跨域大气污染的联防联控，在仍以《大气污染防治法》为准绳的属地治理背景下，仍然存在诸多问题。第一，大气污染治理过程中的碎片化问题严重。碎片化导致了政府组织体制的分裂，阻碍了政府组织的沟通与协调，也降低了公共治理的绩效。在大气污染治理的政策制定上，碎片化的治理模式导致京津冀地区的大气污染治理政策出现"多样化"的局面。第二，交叉污染与重复治理现象明显，治理效率低下。大气污染属地治理模式的基础在于各级政府明确的管辖范围，但大气的流动性与行政区界的稳定性之间存在强烈冲突，依靠行政区划分的属地治理模式割裂并违背了大气流动的自然规律。第三，地方政府治理大气环境的积极性受挫。《大气污染防治法》规定的属地治理本意是为了责任到位，促使地方政府调动各方力量投身于本地区的污染防治。但在实际上，属地治理在调动地方政府参与治理活动上是失效的。交叉污染与重复治理致使地方政府在大气污染治理上陷入"污染、治理、再污染、再治理"的恶性循环，地方政府面临高成本、低回报的治理局面。

只有在国家层面上修订《大气污染防治法》，从法律层面上导引改变属地治理的要求，京津冀大气污染的协同治理才能获得合法性的保障。在此之前，京津冀三地需要通过立法协调和联合执法来保障京津冀大气污染协同治理模式的推进。在立法协调方面，在国家出台和完善相应的法律法规之前，京津冀地区应根据本地区实际情况，在《宪法》和《环境保护法》的基本框架下，检视和更新本地区已有的相关法律法规，并建立和健全区域性的环境治理的法律体系。法制体系的建立不仅是对京津冀大气污染协同治理组织权威性的保障，也是对大气污染防治政策有效实施的保障。在大气污染防治立法上需注意两方面的问题，一是综合考虑区域整体的生态环境与经济环境，形成与之相配套的环境影响评价、环境审计、污染物排放控制等方面的法律，避免"头痛医头，脚痛医脚"的片面立法。二是强调跨域大气污染治理中的府际协同，京津冀地区需以立法的方式破除环境治理的行政隔阂，并指导府际协同治理行为和协调处理府际协同中的纠纷与困难。

在联合执法上，一方面需要建立和完善信息共享机制，构建大气污染治理信息的支撑与服务平台。信息的交流是一切活动开展的基础，不完全信息下的联合执法不仅增加了合作成本，也增加了合作风险。信息交流的渠道必须为各参与主体所熟知，并尽可能成为惯例，使之固定化。构建大气污染治理信息的支撑与服务平台，加强京津冀大气污染治理的电子政务建设，建立以云技术为核心的网络化信息管理平台，包括跨区域的地理信息系统、污染监测系统、信息服务系统、污染举报系统等。进而，在京津冀区域内部实行大气污染信息的网格化管理，将信息平台覆盖至区内的每个街道社区。另一方面，京津冀三地针对危害大气环境的行为进行联合执法时应贯彻"三统一，一创新"原则，即统一执法主体、统一执法标准、统一执法程序以及创新执法方式。统一执法主体是指由京津冀大气污染协同治理组织统一派出或任命的执法团队及执法人员；统一执法标准是指对于同一环境违法行为，在京津冀三地采取一致的处罚标准，避免违法行为的空间转移和集聚；统一执法程序是指在大气污染防治的行政检查和处罚中统一行动指南和权力运行步骤；创新执法方式是指提倡京津冀地区在环境执法中，综合经济、社会、文化手段，采取行政契约、行政指导、行政奖励等柔性手段和弹性手段，克服简单执法和暴力执法行为。

【专栏】美国大气污染的区域联动治理

美国地方政府治理的理念，已经由传统的以权威为主的旧地方主义，转变为强调权力或资源互依和区域合作的新地方主义。美国的州和地方政府围绕公共治理的政策议题，鼓励跨越行政区界建立府际伙伴关系，通过整合各地区的资源优势，提高公共事务的治理效率。地方政府间往往围绕跨地区性公共物品的供给而形成合作网络。同时，各州和地方政府间通过签订府际协议来协调府际合作中的矛盾，府际协议既有法律协定，也有行政公约。在大气污染治理方面，美国地方政府治理理念的应用在于建立区域联动的大气污染合作治理模式。美国的跨域大气治理不仅表现为地方政府间的联动管理，而且还与邻国加拿大、墨西哥共同成立跨越国界的大气监管机构，共同处理区域性的大气污染问题。1970年，美国国会成立了美国联邦环保局（EPA），下设了空气与辐射办公室（Office of Air and Relation, OAR）在内的12个部门，此后又在全美成立了波士顿、纽约、费城、亚特兰大等10个大的地理区域管理办公室，各区域办公室与联邦环保局保持了密切的联系（见图3-14）。这些区域按照各州州界划分，与行政区域和普遍接受的地理区域

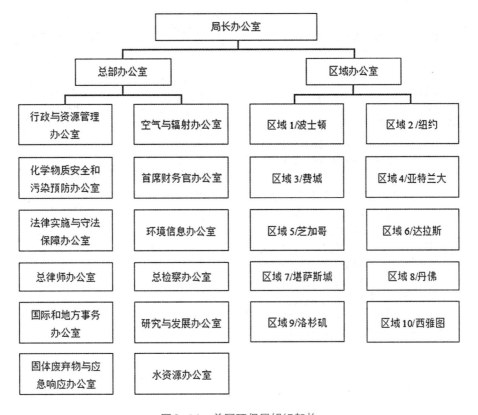

图3-14　美国环保局组织架构

一致。在治理大气污染问题上，区域办公室与联邦总局保持密切合作，国家层面负责制定整体的政策纲领，地方层面尝试各州合作并把经验教训反映于国家政策之中。在组织建构基础上，美国形成了有效的大气污染区域联防联控治理模式，具体表现为三个方面的内容，分别是联邦环保局区域办公室的管理、特定大气污染问题的区域管理和州政府发起的区域性行动（见表3–11）[121]。

表3–11　美国大气污染联防联控管理模式

	联邦环保局区域办公室管理	特定大气污染问题的区域管理	州政府发起的区域性行动
区域划定	按照各州州界划分，与行政区域和普遍接受的地理区域一致	由环保局认定并与相关地方政府协商后划定大气质量控制区	按照各州州界划分，与行政区域和普遍接受的地理区域一致
执行机构	联邦环保局的区域办公室	国会授权联邦环保局成立的区域委员会	州政府自发成立的区域计划组织或区域合作协会
执行机构人员构成	联邦环保局人员	1.联邦环保局人员 2.地方政府代表 3.其他利益相关方	1.地方政府代表 2.其他利益相关方
执行机构主要职能	1.指导地方政府的行动 2.监督地方政府的大气管理措施 3.收集和分析数据和信息 4.在区域一级管理和推动联邦大气管理措施和政策 5.将联邦政府对州、地方和区域的投资进行优先排序 6.成为联邦政府投放给州、地方和区域资金的通道 7.为政府官员提供额外的培训机会，以发挥领导性作用	1.制定区域大气污染治理行动计划 2.监督区域大气质量行动计划的实施 3.开展区域污染防治能力建设，提供技术和政策协助 4.提供并开展培训	1.加强州之间的交流 2.进行区域大气环境问题模拟 3.对区域问题管理进行评估并向区域办公室提供建议 4.提供并开展培训

（续表）

	联邦环保局区域办公室管理	特定大气污染问题的区域管理	州政府发起的区域性行动
合作机制	1.纵向机构的主体管理 2.基于科研机构科学认知的决策 3.依靠行政命令实现合作 4.信息公开并接受公众监督	1.纵向机构的主体管理 2.基于科研机构科学认知的决策 3.依靠行政命令实现合作 4.信息公开并接受公众监督	1.横向机构的主体协作 2.关注区域大气环境问题模拟和其他技术工作 3.通过责任、利益协商实现合作
案例	10家环保局区域办公室	南加州海岸空气质量管理（SCAQMD）、臭氧污染区域管理（OTR）	美国东北八州组成的东北部各州协调大气利用管理组织（NESCAUM）

资料来源：由宁淼等的《国内外区域大气污染联防联控管理模式分析》整理而成。

　　与此同时，美国的《空气清洁法》为跨域大气污染的协同治理提供了有效的法律保障，立法的形式鼓励了地方政府间的合作，并有效地解决了地方政府间在大气污染治理立法上的冲突问题。《空气清洁法》强调了各联邦部门和机构之间的治理合作，赋予了各州的行政长官鼓励环保部门进行合作的职责，以保证联邦政府内所有合适并且可以得到的设施和资源，能够为联邦空气污染治理项目所利用。《清洁空气法》从1970年开始经历了10次修订，每次修订都对改善美国的大气环境质量起到了重要作用。在最新版的《清洁空气法》中，新增了一项"好邻居条款"（Good Neighbor Provision），该条款要求美国的各州要保证本州不能污染到邻州的大气环境。基于此，联邦环保局于2011年制定并实施了《州际空气污染规则》（CSAPR），以进一步落实"好邻居条款"中涉及的州际空气污染控制计划。美国在实施跨域大气污染治理机制方面已经有了50年的经验，这套机制已经产生了明显成效。在1980—2010年间，美国的总人口、国内生产总值、机动车行驶里程数和能源消费分别增加了36%、127%、96%和25%，但期间的六大主要大气污染物排放量却减少了67%。

　　由此可以发现，建立高效的府际协同关系是大气污染治理的关键。美国针对具体区域和具体的大气污染治理目标，从联邦到地方分别组建了联邦环保局、区域办公室、区域委员会、州政府自发成立的区域计划组织或区域合作协会等执行机构，形成了"覆盖区域，针对目标"的大气污染联防联控管理模式。而在欧盟地区，各国在自治的基础上，通过纵向主体协调和横向主体协调实现各地区的联动，欧盟各成员国签订基于信任和平等的国际契约以及执行基于法律约束力的欧盟法令，给予协调组织权威性，使其决策得到各方政府的支持和服从。纵观欧美的大气污染治理区域合作治理实践，其均根据本地区的经济、社会、地理等方面的实际情况，形成了整体且具有权威的协调组织，宏观上可应对全国或全地区的整体环境防治，微观上可针对某一具体的大气污染问题。同时，组织的参与主体具有多样性，组织的协调机制具有灵活性，组织的决策内容具有持续性。

（本节内容由期刊论文*Environmental options of local governments for regional air pollution joint control: application of evolutionary game theory*、《京津冀区域大气污染协同治理模式构建——基于府际关系理论视角》《美国大气污染治理的立法、税费与联控实践》修改形成，论文分别发表于Economic and Political Studies 2016年第3期、《中国特色社会主义研究》2016年第3期、《华北电力大学学报（社会科学版）》2017年第3期）

政社共治篇

在西方语境中，"政社关系"一直是被隐匿在"国家与社会关系"中。政社合作或政社共治背后实际上是法团主义的理论思想。法团主义（Corporatism）被视为国家与社会之间的常规互动体系，即作为一个利益代表系统，其功能是将市民社会中的组织化利益联合到国家决策结构中[166]。法团主义主要从国家整合社会的角度审视现实，强调从国家的角度，为实现政府的目的，政府与选定社团发展一种特殊的关系[167]。法团主义为理解政社关系提供了一种良性的互动视角，它看到了政府与社会之间的协调与合作，而非只有冲突和对抗。但是，法团主义并无法充分理解中国政府与社会之间的关系，以及二者形成的合作共治，而环境治理为观察中国的政社关系和政社合作提供了一个重要场域。

第四章

社会治理中的多元主体

党的十九大报告强调，要坚持全民共治，构建政府为主导、企业为主体、社会组织和公众共同参与的环境治理体系。政府、市场、社会等多元主体的互动与互补、共享与共治是对环境治理整体性和系统性的积极响应。"推进社会治理创新，注重运用法治方式，实行多元主体共同治理"在2014年《政府工作报告》中首次提出的。党的十九大报告也明确提出，打造共建共治共享的社会治理格局是新时代加强和创新社会治理的总体要求。这是我国实践经验的总结和新要求，也是改革的新境界。本章阐述了在协同治理和公共服务改革思想下，社会治理中多元主体的整合及分工的思路，并重点关注了党组织在中国政社共治中的独特作用和行动逻辑。

第一节　多元主体的系统协同

当前，在政府改革和职能转变，以及向社会赋权增能的过程中，政社共治是多元主体共同治理的重要一环，是国家治理和社会治理的一项重要制度创新。政社共治强调要转变全能政府的观念，激发社会的活力和创新力量，以及政府和社会之间的协作配合。这一理念与20世纪30年代近代管理学领域兴起的系统管理思想和20世纪末公共管理领域兴起的协同治理理论存在密切关系。系统管理和协同治理理念强调分散的多元主体的有机整合，以及由此产生的包括环境治理在内的公共服务供给模式的转变。

（一）系统管理与协同治理

切斯特·巴纳德（Chester Barnard）是美国著名管理学家，近代管理理论奠基人。其出版于1938年的代表作《经理人员的职能》，开创了组织管理理论研究先河，揭示了管理过程的基本原理，并逐步形成了管理学领域的组织管理流派，对当代管理学体系产生了重要影响[168]。虽然巴纳德的理论在很大程度上是就企业管理而言的，但其对公共管理领域也有重要启示，巴纳德的协作组织论、组织平衡论、权威接受论、组织决策论等对构建多元共治的协同治理模式提供了重要的借鉴价值与理论支撑[169]。

第一，巴纳德的组织理论没有简单地把组织理解为人的集团，他认为组织是有意识地协调两个以上的人的活动或力量的一个系统。巴纳德将组织概念抽象化，打破了组织的边界，这是巴纳德理论应用于多元主体共同治理的前提。第二，巴纳德认为组织是一个动态发展的系统，这个系统不局限于内部协作关系，外部协作关系同等重要。第三，巴纳德的组织平衡论提出组织内部的利益平衡是组织得以运行的关键。在多元共治关系中，组织内部的利益平衡体现为治理主体间的利益尊重，这种尊重关系保证了多元主体的协作得以平稳进行。第四，巴纳德的权威接受论是最具特色的，他以一种自下而上的解释阐述权威不由"权威者"或发布命令的人决定，而取决于接受命令的人。这一观点对多元治理主体的权威来源产生了重大影响，决定了治理主体行动力的来源。第五，巴纳德的组织决策论从目标和环境两个客观要素给出了组织决策的依据，这一依据有利于避免由于多元主体以及多种治理手段给治理带来不确定因素的隐患，规范了多元主体的治理行为[170]。

到了20世纪90年代，公共管理领域兴起的协同治理理论基于系统管理的思想，强调治理的系统性和整体性，多元主体以尊重彼此利益为前提，各参与主体共同行动，优势互补，互相影响，互相监督，以实现共同愿景。其具体特征包括以下几个方面：第一，治理主体的多样性。在中国传统治理模式中，政府的角色是突出的，政府具有权威性和法律赋予的强制力。在协同治理的背景下，社会组织、公众、企业等也将成为治理的主体，全民参与的概念得到强化。第二，治理过程的协调性。协同治理是政府组织与社会各部门相互支持、相互监督的过程，各主体在治理过程中具有平等的地位，同时，在利益尊重的前提下，各主体对互相的行为又有制约作用。第三，治理方式的丰富性。治理主体的多元性决定了治理方式的丰富性。政府具有更强的行政效用，社会、市场主体的作用更加灵活、高效、经济，不同的出发点与视角使治理手段也更加多样化。第四，治理成果的可持续性。协同治理的民主化程度更高，社会满意度更高，其治理成果也具有更强的可持续性。

（二）多元主体整合的思路

巴纳德的系统管理理论、权威接受论、组织决策论等思想以及协同治理理论对于多元主体的整合，尤其是政府和社会主体的协作提供了重要的思路：

协作的意愿。巴纳德认为协作意愿是自我克制，个体在协作系统中会有一些牺牲，组织必须在物质和社会方面提供适当的诱因来弥补这种牺牲。同时，他认为培育协作精神不是靠强制，而是思想上的反复灌输，包括号召忠诚、团结精神和对组织目标的信仰等。根据巴纳德的理论，多元主体间首先要具备协作的意愿，这种意愿并非靠上级政府部门强制要求，而是合理利用以信任、合作、互惠等元素为特征的社会资本，建立在相互承诺的信任机制之上的协作意愿。与此同时，政府与社会主体必须做好利益牺牲的准备，特别是政府组织。政府的"牺牲"可能是巨大的，政府不再是"全能"的，这不仅需要政府在职能上实现转变，也需要政府人员调整心理承受力与观念。协作意愿的主动与否直接影响治理的过程与成果，依靠外力形成的"被协作"关系对于治理结果来说可能是个隐患。

共同的目标。组织成员协作意愿的强弱在很大程度上取决于组织成员接受和理解组织目标的程度，组织成员对共同目标的理解可分为协作性理解和个人性理解。前者是站在整体利益的立场上的，而后者站在个人利益的立场，这两者往往是矛盾的，只有在共同目标比较明确、具体时，发生矛盾的机会才较小。巴纳德并非简单地提及共同目标的必要性，他还具体对目标的设置以及成员对目标的理解提出要求。对于多元主体而言，首先，共同治理的目标必须是清晰明确的，过于暧昧或笼统的目标可能会导致各方对共同目标理解的偏差；其次，要允许治理的目标和参与各方的动机存在差异，关键在于如何让参与主体理解和接受这个目标，并能通过这个目标实现个体需求的满足；再者，共同目标必须随着环境的变化而变化，这主要是由于参与主体各方的需求程度是不断变化的。共同目标是共同治理的最高级目标，参与主体一旦对这个目标产生认同感，轻易地改动可能会对整个平衡协作关系产生根本性的动荡。

信息的交流。巴纳德与其之前的组织理论家不同，他把信息交流作为组织的基本要素加以探究，他认为组织的一切活动都以信息交流为基础。同时他也明确了信息交流的原则，对于协同治理来说，信息交流的渠道必须为成员所了解，并尽可能成为惯例使之固定化。每个成员都有一个明确正式的信息交流渠道，每个信息都必须具有权威性，信息传递的线路要直接、短捷并且不能中断。巴纳德的理论映射了当代中国政府与其他主体在协作渠道上的一些弊病，政府在信息传递的线路中往往处于主导地位，而企业和社会组织处于被动地位，交流渠道存在着单向、不确定、不畅、浮于形式等问题。渠道问题无法得到解决，即使有协作的意愿和共同的目标也会成为空想。

权威的来源。巴纳德自下而上的权威接受理论明确指出，权威要对人们发生作用，则必须得到人们的同意，也就是说当有权威关系发生在两个主体之间时，说明其中有一方接受了另一方的指示或建议。巴纳德对于权威来源的观点改善了传统合作中的制度弊端，治理过程中的所有参与者，包括政府组织，将以"推销"的方式让区域中的其他成员接受其观点与建议，因此在协同治理中他们必须做到以下几点：一是治理主体能够明确其所传达的意见，按照巴纳德所说，"一个不能被理解的命令不可能有权威"；二是治理主体的命令要与共同目标一致，权威发出者的命令受到全社会的监督，共同目标必须是明确清晰的，这同时有利于广大权威接受者判断命令与目标的一致性，一旦命令与共同目标产生冲突就会遭到拒绝；三是治理主体要让接受者认为其命令与他们的利益是一致的，作为一个良好的"推销者"，治理主体不仅要使其命令符合共同目标，同时也要尽可能满足接受者的利益，这不仅在协同治理模式中起到良性的制约作用，也能使治理成果取得更大的社会满意度，从而实现治理的可持续性；四是要充分考虑接受者的承受能力，各主体对于组织方案的承受着力点和程度都是不一样的，因此治理主体的决定必须在接受者的承受范围，或者依据不同的接受者制定不同的方案。

职能的界定。参与主体的范围及职能的界定是协同治理有序进行的重要保障。对于政府职能的界定，中国政府长期以来扮演着"多面手"的角色。按照协同治理理论，政府可以是"强政府"，但需要从"大政府"转变为"小政府"，从"全能政府"转变为"有限政府"，这需要全社会共同明确政府的"负面清单"。负面清单应是清楚明确，被社会所广泛认同的书面文件。同时，其他主体将从政府的"瘦身"中获得协作的"诱因"，只有组织内部的平衡产生时，组织成员的积极性才有保证。对于社会组织职能的界定，巴纳德认为非正式组织（在公共领域即社会组织）与正式组织（在公共领域即政府组织）之间有着密切的关系，有了正式组织才有非正式组织，反过来，非正式组织给正式组织活力或某种限制。在政社共治中，社会主体的职能基于政府组织的基础之上，政府在明确了负面清单之后，社会主体承担起相应的职能任务。另外，鉴于社会主体的灵活性和可协调性，其不应像政府组织一样被明确规定职能范围。

科学的决策。组织决策有两个客观要素——目标和环境，决策是要使目标和环境明朗化，在具体行动上达到一致。决策总是发生在目标和环境之间——分析和识别环境，确定具体的目标；从更具体的目标出发，对环境做更为具体的分析，如此循环。巴纳德的组织决策理论给协同治理的主体提供了决策的准则，政府、社会、市场等主体在治理过程中决策风格存在较大差异。由此，决策主体必须认清总体目标与阶段性目标，同时通过剖析当前环境要素，明确目标的具体内容。在政社共治过程当中，环境要素的变化是显著的，目标的具体细则也应相应变化，决策的科学性取决于其对环境的适应性。

（三）公共服务供给的转变

多元主体的系统整合和协同治理对于中国环境治理在内的公共服务供给模式产生了深刻的影响。从中央到地方的各个层级中，政府往往决定着制度供给的方式、程序、内容以及战略安排。单一的制度供给模式不仅将其他的社会主体排斥在体制之外，而且服务供给的高投入与低产出之间形成了巨大的反差。近些年，中国政府在职能转变的过程中通过逐步引入市场机制和社会主体的参与，创新服务供给的方式，打破传统的官僚体制，实现公共服务的多中心化供给，并取得不少的成就。

在这一过程中，中国公共服务的供给模式经历了从单一主体向多元主体供给的转变，大致包含了政府主导的供给模式、市场和社会参与的供给模式、政府—市场—社会的多中心供给模式。改革开放前，在中央高度集权的行政体制下，政府作为"无所不包、无所不揽"的全能式政府，通过政府包揽、分级承担、统一计划的方式来进行公共服务的供给。在非市场条件下，政府的自然垄断导致了过高的体制运行成本，同时计划分配的产品供给既造成区域间公共服务"碎片化"的不均态势，又形成比社会有效水平更低的非市场产出。改革开放后，中国开始探索社会主义市场经济的建设，重新调整政府与市场、政府与社会的边界，推进公共服务供给的市场化和社会化。一方面允许多种所有制的并存，让市场主体参与到制度供给的程序中来；另一方面，社会组织得到迅速的发展，有效地弥补了市场机制和政府机制在提供公共物品和公共服务上的空白。不过，这一时期市场化的改革仍处于探索时期，政府在市场化改革的进程中更多发挥着"政府替代"的作用，通过强制性的行政、法律手段直接或间接干预企业、社会的运行机制和资源配置。因此，市场和社会主体参与公共服务的供给具有明显的依附性。20世纪90年代以后，随着经济全球化、治理理论的深入发展，面对变化莫测的外部环境和多元化的公众需求，片面依靠政府机制、市场的竞争机制或者是社会的志愿服务机制来进行公共服务供给的方式捉襟见肘，公共服务供给开始通过政府、市场和社会三者之间的合作伙伴关系得以实现。建立这种关系的一个潜在逻辑在于，无论是公共部门还是私人部门，它们在公共服务的生产和提供的过程中，都有其独特的优势；成功的制度安排在于汲取双方的优势力量以建立互补性的合作关系[171]。不难发现，公共服务供给模式从单线条的科层结构向多元主体网络化结构产生转变，总体上呈现出四种发展趋势：

从权威机制走向协商治理。在传统模式中，以权力为基础的供给机制是建立在规则、机构和政治等级之上的纵向模式，以行政命令和责任机制来控制制度供给的流程。政府与其他的主体，诸如市场、社会以及公民个人之间是非对称的依附与被依附关系。然而在多元主体的网络化结构中，各主体间的地位发生了转移，主体间基于共同的利益目标而形成相互依赖、互利共赢的关系，政府以协商治理的方式来完善制度供给机制的再造。学者库珀指出，"不管这种协商治理指的是与被管制的企业进行谈判，与营利和非营利组织的服务合同，与任何其他政府机构的跨权限安排，与作为客户的公民的服务协议，还是政府组织内成员间的绩效协议，这样的管理在20世纪90年代后，不管是在保守的还是温和的政府中，不管是在发达国家还是发展中国家中，都得到了加强"[172]。

从内部化走向合同外包。公共服务供给的"内部化"是指政府将购买服务行为转移到政府的次级组织或者通过其依附性主体来完成公共产品的供给。例如在我国政府主导模式下发展起来的官办社会组织，政府机关与社会组织之间往往有着千丝万缕的联系，其中有相当一部分社会组织由事业单位改制转换而来，缺少了其应有的独立性和自主性。在我国，部分社会组织成为政府职能部门的延伸，作为政府购买社会服务的承接者。这一情况造成了购买行为的内部化，即社会组织变成了与政府行政性质相同的"次级政府"，由此也带来了服务质量、费用合理性以及资金透明度等一系列问题[173]。如今，公私合作伙伴关系作为一种新的制度安排，正改变着公共服务的生产和递送方式，有效地拓展了现有资源基础的供给能力[174]。政府将一些本需要自己承担的公共服务以合同形式承包给其他的社会主体去经营，以此来完成公共服务的制度供给。将经营性强、适合竞争性的项目交由市场上的企业主体来参与服务提供，而一些"市场失灵"和"政府失败"的空白领域则外包给志愿性的社会组织来服务，以此提高公共服务的有效性。

从低水平走向高绩效。政府单一主体的制度供给方式存在高度的垄断性，实际上在复杂的环境面前政府所需的信息与资源，和实际现状之间具有明显的不对称性。政府财政压力不断增大、信息资源逐渐受限、公众需求现状不断膨胀等等，种种的压力都迫使政府采取高绩效的方式来改善制度供给的现状。多元主体的公共服务模式无疑成为最佳的选择，市场资本和社会资本的介入，大大减少了政府的公共开支，使得政府将有限的资源用于更多的公共事业；同时，多元主体之间的资源互补、信息共享能够有效地摆脱单一主体资源不足的困境，使得公共服务在合作网络中实现增量式的提高，产生资本、技术、专家、经验在网络环境中的规模效应。

从政府负责走向风险共担。在多元主体的公共服务供给模式中，政府通过建立公私合作伙伴关系共同致力于公共物品的开发与提供，或者政府以合同外包的形式委托给其他的参与主体，这大大减少了由政府独自承担社会公共服务的成本与风险。然而风险共担并不意味着政府责任的转移，政府作为合法的权威性机构，仍然担当着提供公共服务的主要职责，只不过供给服务方式的转变使得机制运行的成本在复合型的网络结构中实现了风险与成本的分摊。各行为主体都需要树立强烈的责任意识和风险意识，保障在合作治理的网络中实现共赢。因此，政府的责任不仅没有淡化，而是发生了更为深刻的转变。政府开始需要关注合作关系的确立，规则的制定，合同外包的管理，外包服务的绩效测量和监管等内容。

（本节内容由期刊论文《基于巴纳德系统组织理论的区域协同治理模式探究》修改形成，该文发表于《太原理工大学学报（社会科学版）》2014年第4期）

第二节　多元主体的程序分工

从宏观视角来看，公共服务供给是在平等协商、合作互惠的网络关系中依赖多元主体之间的相互作用得以实现的。在多中心的合作伙伴关系中，公共部门与私人部门发挥各自的优势来提供公共服务，共同分担风险、分享收益。然而随着社会分工的不断细化，公共服务供给的过程实际上在多元主体内部乃至跨主体之间发生了多个环节的外包与转移、分工与协作，形成了诸多制度供给的"服务供应链"。程序分工从微观层次观察服务供给的流程提供了新的视角。

（一）公共服务供给的分工

区分服务的规划者与服务的生产者是公共服务供给程序分工的前提条件。多中心服务供给的参与主体在"服务供应链"中扮演着不同的角色，成为服务的规划者、服务的生产者和服务对象。通过以下的流程图，可以对"服务供应链"中的程序分工进行分析（见图4-1）。

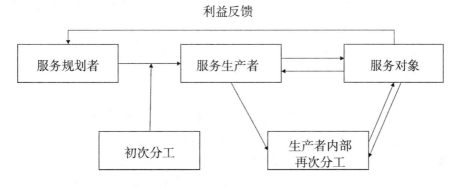

图4-1　公共服务供给的程序分工

从服务需求的输入到产出，从政府主体的垄断式供给到社会与市场机制的参与，公共服务的供给在整个服务供应链中经历反复的程序分工才能得以完成。总体上包含了两个组成部分，第一部分将服务规划者与服务生产者的分离称为"初次分工"，这是程序分工的首要环节与初始阶段。服务的规划者一般是指政府，通常接受服务对象（公众）的利益诉求、确认公共服务的内容需要、制定服务供给的政策法规和提供必要的资金支持等。可以说，政府活动的范围不再是一项服务提供的"全能者"，而是明确地将其生产性的职能划拨出去，由其他的生产性主体来承担。正如萨瓦斯教授认为，"政府本质上是一个安排者或者提供者，是一种社会工具，用以决定什么应该通过集体去做，为谁而做，做到什么程度或什么水平，怎样付费等问题"[175]。

服务生产者则作为政府合同外包的承包人，通过组织生产来直接满足服务对象的需求。然而，对于服务生产者不能直接有效的生产内容，则需要通过业务的分工与转移，交由其他资源优势的主体进行弥补和辅助，间接地满足服务对象的需求，即形成了"生产者内部的再次分工"。生产者内部的再次分工本质上是在初次分工之后公共服务供应链在生产环节上的进一步延伸与拓展。一般来讲，服务的生产者既可以包括企业、社会组织，也可以包括政府。政府并不总是服务的规划者，在不同的情景中往往扮演不同的角色，因此生产者内部的再次分工往往是发生在这三个参与主体的内部服务生产链，或者跨主体的内部分工与合作中（见图4-2）。大体上包含了以下几种情况：

政府内部的程序分工。这是所有供给方式中，最为基本和传统的方式。政府服务供给的链条一般通过不同层级的政府和一线技术官僚的分工来实现公共服务。不同层级政府之间进行公共服务的职责分工，服务的同质性越强，就越应由高层级政府来承担，由此产生的规模效应会更加明显；服务的同质性越弱，就越应由低层级的政府来承担，以提高服务的针对性和有效性[176]。而一线技术官僚又将政府部门的要求通过专业的职业技能送达服务对象，形成了自上而下责任分工的扩散机制。

企业生产链内的程序分工。企业往往是服务生产的承接者，承担政府的合同外包，或者通过特许经营权参与公共服务的制度供给。然而承包政府服务的生产企业，它不可能拥有所有所需的资源，往往还需要通过自身上游和下游的企业或者同行业当中的其他优势竞争者，来完善服务供应链当中的某些业务。其中担当服务生产者的核心企业负责将供应链中的每一个节点的优势者集合起来，实现服务供应链整体效益和产出的最大化。

社会组织间的程序分工。作为弥补政府和市场机制的供给机制，社会组织在当下发挥着越来越重要的作用。尤其近几年，社会组织在环境治理、公益慈善中承担重要的角色。社会组织内部也形成了友好的合作机制，并通过大批专业的社会工作者将公共服务直接提供给广大民众。

跨主体内部协作的程序分工。不论是政府内部层级的职责分工、企业内部在生产供应链中上下游企业或者是同行业企业的内容分工，还是社会组织间自发的分工协作，都离不开跨主体内部的协作。实际上，跨主体内部的协作供给成为公共服务供给中的主要形式。在服务生产者中，任何一个主体的"服务供应链"都可能会与其他主体的"服务供应链"交织在一起进行分工合作，从而形成了紧密的网链式结构。在环境治理中，政府既可以作为规划者也可以作为生产者，通过强制性的税收、法律等手段对污染型企业进行"胡萝卜加大棒式"的惩罚。其次可以与环保组织进行合作，将部分生产性的职能交给环保组织，实现在服务供给中的初次分工。环保组织一方面可以通过新闻曝光等手段对污染型企业进行社会问责；另一方面，可以将职责分工进一步延伸到企业生产的供应链中，与处在污染型企业供应链上的核心企业展开合作，由核心企业承担部分的责任，对供应链上下游的污染型企业进行施压，促进企业的污染治理。

因此，公共服务的供给不仅涉及单一明确的服务生产者，也会在服务生产者的内部展开一次又一次的分工，最终通过彼此紧密联系的供应链，将各节点的职责内容整合起来，实现高绩效的制度产出。

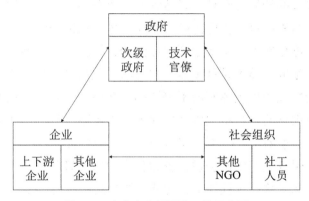

图4-2　生产者内部再分工的示意图

（二）网链化模式的生成及优势

从公共服务的需求到产出，任何主体都只能在服务程序中的某些环节拥有优势，只有网链中的各主体在优势环节上展开合作，才能取得整体效益的最大化。如图4-3所示，继公共服务供给的初次分工之后，公共服务的生产者内部形成了各自纵向一体化的"服务供给链"。而且，生产者的分工并不只是局限于服务供给的单链式结构，而是在跨主体的协作间实现了服务供应链的横向扩展，结成纵横交错、紧密复杂的"网链化模式"。

公共服务供给网链化模式的生成并不是生产程序中"服务供应链"的简单累加，而是有其遵循的基本逻辑。一方面是网状思维方式的转变，原先单链式结构的服务供应链是在线性思维下，通过纵向一体化来实现核心组织对

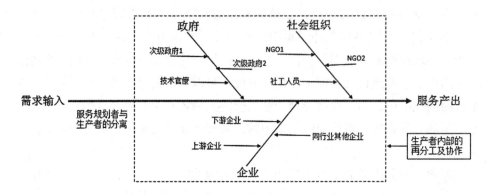

图4-3　公共服务供给的网链化模式

于服务生产过程的控制与管理，以达到服务效益的最大化和生产成本的最小化；而网链式结构的服务供应链是在多元主体的范围内形成的战略合作与联盟，是横向一体化在不同服务生产主体间的扩展。另一方面，公共服务供给网链化模式的生成本质上是基于核心权力的扩散机制。从宏观层面来看，多元主体的供给模式是以主体间的平等协商为前提，但是从微观的程序分工来看，实际服务供给的过程中主体间的权力大小是不一致的。在服务供给的网链化模式中往往会存在一个核心权力主体，主要是作为政府合同的承包者。它能够对整个服务生产的网链进行资源整合和监督管理。在服务生产网链的各个单元中，如果哪一个程序单元无法接受新的挑战和任务，那么核心权力主体就可以放弃它，转而与服务网链中其他优势主体进行合作，以保持公共服务供给网链结构的动态性、平衡性。由此可见，这种基于权力关系而形成的服务供给网链，并不是单一"服务供应链"的无序组合，因为每一个主体都有自己的职责分工和能力要求。

公共服务供给的网链化模式作为一种实现服务生产协同和服务价值增值的主要载体，已经显现出其独特的优势：

首先，弥补局部劣势，实现资源互补。在服务生产的网链中，通过生产者内部的程序分工与协作，可以有效地为生产者间提供一种节约交易成本的制度安排。有学者指出，"事实上，没有一个私人部门能整合所有所需的资源用于生产，因为典型的私人部门正在逐渐承担有限数量的基本业务，而辅助性业务则委托其他外部的承包人完成"[177]。由此可见，作为服务生产者在其内部具体的操作化程序中出现了高度的分化，服务生产者可能是整个制度供给网链中的生产组织者，它在把握整体的服务供给方向下，自己承担公共服务供应链中的优势业务，而将非优势业务通过再次外包、协议或者合作转移到其他的优势主体。由于不同主体拥有完全异质的资源和核心能力，在服务供给的网链化模式中生产者内部的程序分工就是为了打破自身能力与资源的束缚，通过各主体相互之间的战略性合作，使彼此在更大范围内实现资源优化配置以及核心能力的互补融合。

其次，保持优势专长，强化核心竞争力。服务生产者的核心竞争力是一生产者区别于其他生产者的重要标志，也是服务规划者进行服务供给招标选择的参考依据。核心竞争力是组织中的积累性知识，特别是关于如何协调不同的生产技能和有机组合各种技术流的知识。一方面，组织的核心竞争力具有竞争性，不同的组织因其能力与资源的差异，往往在组织的核心领域进行能力的较量，以便在激烈的竞争环境中形成区别于他者的组织特色；另一方面，组织的核心竞争力具有不可替代性，它是组织在生产技术、业务水平、社会声誉上综合能力的体现。因此，要保持组织在服务网链中的某一分工环节上的竞争优势，关键是要保持分工内核心专长的竞争优势，而不需要在所有的分工环节上都进行专长的分散。因此，战略环节要紧紧地控制在组织内部，而非战略环节的许多活动可以通过多次外包的方式进行分工转移。这样一来，在完整的服务供给网链中，不同优势环节上优势组织有效的分工协作就形成了服务绩效的价值增值。

最后，促进生产周期变革，满足公众服务需求。当前公众对于公共产品要求的数量、质量、形式和内容越来越高，公共服务供给的压力不断增大。而单一化特色的服务产出已经远远不能满足现实多样化的需要。一方面，现有的服务难以产出满足公众"超需求"的俱乐部产品，在服务生产的过程中积压了诸多过往低效的公共产品，造成资源的浪费；另一方面，传统的服务需求反馈机制程序较长，往往需要经过服务的规划者确认之后再进行生产，难以对变化中的需求进行有效的回应。而通过服务供应网链中的程序分工，服务生产的周期发生了巨大变革，许多组织不再一味执着于承担服务生产的所有流程，而是直接将自己的辅助性业务交给专门的优势生产者，这样大大缩短了公共产品开发和服务公众的时间。另外，服务对象利益反馈机制也大大缩短，这能够直接将建议反馈给服务供应链的每一个环节主体，迫使其进行服务质量的改进与提高。

公共服务供给的网链化模式无疑在服务供给的程序分工中实现了高度的整合，通过"服务供应链"纵向一体化和横向一体化的融合，有效地纳入了政府机制、市场机制和社会机制的作用，提高了公共服务的效率与质量。然而公共服务网链化模式中的管理仍然是一个挑战。一方面，依靠网链中的程序分工来提供公共服务，那么就需要确定并明确指出谁将成为服务供给网链维系与管理的核心权力主体，增强核心权力主体的管理能力与技巧，以确保服务供给网链中的相关节点能够有效地履行其职能，并提高其优势服务的水平。另一方面，公共服务网链化模式的运行依据一系列的合同外包转移而得以实现，但是合同管理仍然在实践中困扰着服务生产网链中的参与者。例如，当网络的建立和集体运作带来灵活性的时候，责任的疏漏就发生了，它也使责任更加复杂[178]。因此，政府作为服务合同的发起者，有必要增强合同管理的能力。

总而言之，从多元主体的制度供给模式到公共服务供给的程序分工，是一种从宏观视角向微观视角的转移，是概念框架向具体操作层面的落实。它既有效地整合了服务供应网链中各环节的优势资源，以网链中多边的战略联盟与分工协作实现了整体绩效的最大化，又不断地回应民众的需求。

（本节内容由期刊论文《从多元主体到程序分工：公共服务供给网链化模式的生成逻辑》修改形成，该文发表于《党政干部学刊》2015年第10期）

【专栏】废弃物多元共治的"韩国样本"

韩国国土面积狭小，人口密集。在20世纪90年代，人口高度密集的首都圈面临严重的垃圾管理问题。1994年，首尔市将近80%的生活废弃物被填埋或焚烧处理，仅有20%左右的生活废弃物得到重新利用。首尔在20世纪90年代兴建填埋场和焚烧厂的举措受到社会公众的强烈反对，面对日益增加的生活废弃物，首尔市很难再新建填埋场或焚烧厂。政府当局不得不采取废弃物的循环利用和源头减量的措施。由此，在过去30余年，韩国政府建立了一系列世界领先的废弃物管理和资源循环利用政策体系，包括1995年开始实行的废弃物从量制、2003年开始实行的生产者责任延伸制等。

从1995年韩国开始实行废弃物从量制后，首尔市的生活废弃物产生量明显下降，由1994年的15397吨/日下降至2017年的9217吨/日，减少了约40.1%；垃圾填埋量大幅减少，由1994年的12103吨/日下降至2017年的799吨/日，占比由原来的78.6%降至2017年的8.7%；与此同时，首尔市生活废弃物的循环再利用率大幅上升，由1994年的20.1%上升至2017年的67.1%

（见图4-4）。与此同时，韩国全国的生活废弃物产生总量也由1994年的58118吨/日下降至2016年的53772吨/日，减少了7.5%；生活废弃物的填埋或焚烧量大幅下降，由1994年的49218吨/日下降至2016年的21519吨/日，减少了56.3%；相应的，韩国生活废弃物的再利用量由1994年的15.3%上升至2016年的59.1%（见图4-5）。由此，韩国人均生活废弃物的产生量由20世纪90年代初的2.3公斤/人/日，下降至2016年的1.01公斤/人/日。

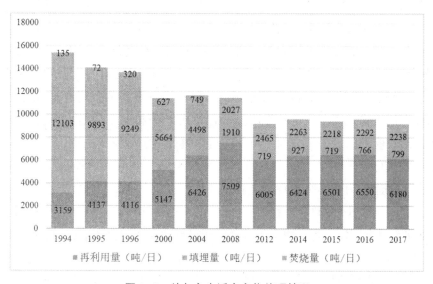

图4-4　首尔市生活废弃物处理情况

图4-5　韩国生活废弃物处理情况

在韩国卓越的生活废弃物治理成效背后，政府、市场、社会等多元主体都积极参与到废弃物的源头减量和循环利用过程当中，形成了良好的互动格局。具体而言：

1. 政府主体：开放的责任承担者

开放性和包容性是当代韩国政府的一个重要特征，这也为资源循环的多元共治体系在韩国高效运行提供了必要的制度环境。在民主化建设上，随着1998年金大中"国民政府"政权和2003年卢武铉"市民政府"政权的上台，韩国的社会力量大大增强。国民被鼓励广泛地参与到公共事务当中，社会团体的参与也受到了高度的关注。在卢武铉政权期间，社会公众参与政府决策活动受到了法律上的保障。2003年，韩国国务总理根据市民团体代表的建议组建"市民社会发展委员会"，随后颁布了《市民社会发展委员会规定》。委员会作为总理咨询机构发挥了一定的作用。一方面社会团体可以将社会公众的诉求直接传达给政府部门，另一方面政府部门可以更好地了解民情民意，保障政策法规的有效执行[179]。

民主化建设为韩国废弃物分类和循环利用提供了重要的制度支撑。在废弃物分类、回收和处理的整个过程中，政府的角色虽然重要，但是依然有限。公众、企业、社会团体、行业协会等角色的积极行动和密切合作是这一体系得以运作的关键所在。从前端的废弃物投放到末端的废弃物处理，韩国政府的开放性和包容性让韩国资源循环体系从1991年以来一直延续至今，成为东亚地区废弃物处置的典范。例如，在前端投放的环节，韩国在1991年刚开始实施废弃物分类回收制度（separate collection system）时，这一政策的实施效果并不理想，公众缺乏分类回收的动力，这导致只有一小部分质量较好的废弃物得以回收。于是在1992年，韩国政府提出实施废弃物从量制（volume rate waste charge system）的想法，但在正式实施这一制度之前，韩国政府首先在1993年召开了多次听证会听取公众意见，与社会代表进行协商；在1994年，从量制在全国33个试点首先进行尝试，随后，韩国政府组织7个民间环保组织和官方代表组成评估团队，对公众舆论和从量制实施效果进行调查评价，并总结问题提供韩国政府进行改进。经过3年的征求社会意见和试点评估，从量制正式于1995年开始在韩国推行。从量制的成功推行为公众的废弃物分类提供了动力，不仅推动了韩国社会的废弃物分类回收，也推动了废弃物的源头减量。而在这一过程中，韩国政府开放地接受社会公众的意见，从而不断改进制度设计和执行方式起到了关键作用。

在废弃物处理末端的焚烧环节，焚烧厂的建设与运营在全球都是一个难以避免的邻避问题，韩国首尔也是如此。目前，首尔地区主要有4座大型的垃圾焚烧厂，每年可处理垃圾74万吨。由于空间位置局限，首尔的垃圾焚烧厂离市区并不远，这既要求焚烧厂具有先进的技术水平和管理水平，严格控制

图4-6　首尔市街头待收运的生活垃圾从量袋

各种污染物的排放量；又要求具有透明公开的监督机制，以保障社会公众能够对其进行有效监督。首尔当地政府主要通过开放性和透明性两个维度解决这一问题：一方面，政府与焚烧厂运营方签订合约，每3年进行一次公开招标，以开放的姿态接受市场监督与竞争，从而促进焚烧厂运营方提升技术、改善管理，也避免了政府徇私舞弊的腐败行为；另一方面，垃圾焚烧厂设置了实时的电子公告板公开污染物排放的实时数据，焚烧厂的官方网站也公布污染物排放水平，以接受社会公众的监督。

除此之外，韩国政府在多元共治的模式中扮演了负责任的承担者角色。随着2003年韩国推行生产者责任延伸制（EPR）以来①，共有43个品类的废弃物被纳入了这一制度的管理当中。但是，随着经济社会的发展，也出现了一些新的废弃物品类，如光伏板等。这些新出现的废弃物品类既不受EPR制度约束，也没有成熟的企业可以进行回收再利用。针对这些新品类，韩国政府主动承担回收责任，政府在先期进行投资，租赁仓库对这些废弃物回收暂存；与此同时，政府开始培育一部分回收处理这些新品类废弃物的企业，为这些企业提供技术等方面的支持。待3—5年后，这一品类废弃物的循环利用管理体系逐步建立并纳入EPR制度，然后政府将暂存的废弃物通过公开招标交由

---

① 生产者责任延伸制（Extended Producer Responsibility, EPR）指生产者应承担的责任，不仅在产品的生产过程之中，而且还要延伸到产品的整个生命周期，特别是废弃后的回收和处置。

图4-7　首尔市江南区垃圾焚烧厂

相应的企业进行循环再生。韩国政府这一积极承担废弃物处理的举措解决了新品类废弃物处理的市场失灵问题，也避免了资源浪费和可能导致的环境污染问题。

责任承担者还体现在政府良好的示范作用。除了垃圾焚烧厂的运营是各个国家都面临的邻避问题外，垃圾填埋场亦是如此。位于韩国仁川的SUDOKWON垃圾填埋场是世界上最大的垃圾填埋场。1992年开始正式运营之前，填埋场的选址建设也遭遇了邻避困境。为消除周边居民的担忧，韩国环境部下属的韩国环境科学院搬迁到SUDOKWON垃圾填埋场边上，至今仍在该地办公。近些年，在减少一次性用品和塑料废弃物产生上，尽管相关的法律法规还未完全出台，韩国政府已经率先进行示范。例如，韩国政府规定公共机关的财政预算不得用于购买一次性用品；公共机关使用陶瓷杯代替一次性杯子；公共机关的咖啡厅堂食或打包都不得使用一次性杯子；公共机关不再使用雨伞袋而改用雨伞擦干装置等。大到全世界最大的垃圾填埋场的选址建设，小到一杯咖啡的外卖打包，韩国政府的责任承担和带头示范为多元共治模式的形成和全社会的共同行动起到了重要的引领作用。

图4-8　韩国SUDOKWON垃圾填埋场

2.市场主体：持续的行动调节者

在多元共治的体系中，韩国政府承担了负责任的引领者、培育者、示范者的角色，但完全依靠政府行政力量的推动并不足以支撑废弃物循环利用体系在全社会长期运作。市场化运作是持续性推动韩国废弃物分类和循环利用的关键环节。韩国企业以及行业协会作为主要的市场力量在其中扮演了重要角色。1993年开始，韩国开始实行废弃物预付金制度（waste charge system），即企业必须按照其生产产品的价值向政府缴纳一定比例的预付金，该部分资金用于废弃物的循环利用，最终根据该产品最终的废弃物量再部分返还企业预付金。然而，这一制度的实施效果并不理想，由于预付金的比例较低，企业更多将其视为一种税费，并没有更多地去履行环保责任。韩国政府在此后将预付金的比例提高到40%~50%，这尽管在一定程度上激发了企业资源再利用积极性，并提高了韩国废弃物再利用率，但这一制度的实际操作性并不强。

到2003年时，废弃物预付金制度被生产者责任延伸制（EPR）所取代。EPR制度强调生产者需要把更多的责任放在回收再利用废弃物上，要求生产者必须对其产品的废弃物进行回收，如果没有回收能力的生产者可以缴纳一定费用交由专门的企业或第三方组织负责回收和循环利用。目前，80%以上的企业选择通过第三方组织，即各种产品品类的生产者再利用的行业协会，例如负责塑料回收再利用的韩国资源循环服务中心（Korea Resource Circulation Service Agency, KORA），负责电池回收再利用的韩国电池循环利用协会（Korea Battery Recycling Association, KBRA），负责电子产品回收再利用的韩国电子产品循环利用公社（Korea Electronics Recycling Cooperative, KERC）等。如果企业不遵守EPR制度将缴纳数倍于交纳给循环利用协会费用的罚金。比如在电子产品回收中，如果企业不履行EPR制度，他们缴纳的罚金将是交给KERC的三倍。在高处罚成本的推动下，几乎所有韩国的电子产品生产企业都与KERC签订了合同，由KERC负责电子废弃物的回收工作。与此同时，处理产品废弃物的费用也反映在价格机制上，例如，电池价格中有约70%的部分是用于回收和循环再利用废弃电池。为促使企业产品更有市场竞争力，企业会努力减少废弃物处理的费用，从而倒逼企业从源头减量。与此同时，在韩国，废弃物填埋或焚烧的成本非常高，以焚烧为例，政府经营的焚烧厂焚烧废弃物的费用每吨12—15万韩元，民间经营的焚烧厂焚烧废弃物的费用每吨24—30万韩元，这大约是中国国内废弃物焚烧费用的10倍以上。高填埋和焚烧成本通过价格机制也倒逼生产者减少其产品废弃物进入填埋或焚烧的环节，而是更多地进行回收再利用。由此，来自焚烧填埋端的价格机制和来自EPR制度端的惩罚机制共同推动了韩国企业一方面减少废弃物的产生，另一方面与行业的循环再利用协会合作进行产品废弃物的回收和循环利用。

各行业的废弃物回收循环利用协会的重要意义在于：第一，它解放了生产者履行资源再利用的职责，企业自行开展产品废弃物回收和再利用难度大、成本高、质量差，同时也对企业的生产经营产生较大负担。企业交纳一定费用，由专门的行业协会负责该部分职责，有利于企业的专业化生产，以及通过价格机制影响公众的绿色消费行为。第二，有利于废弃物循环利用的专业化和标准化。行业协会统一进行废弃物的回收和处理能够产生废弃物循环利用的规模效应，可以降低单位废弃物处理的成本，以及有足够的资金和市场空间去追求废弃物处理的技术进步，从而提高资源循环利用率和经济效益。例如在塑料回收上，2017年韩国全国塑料用品的循环再利用率达到了81%，但当前塑料再利用的质量并不高，主要生产一些低成本的塑料再生品，而作为塑料回收再利用的协会，KORA正凭借其规模优势通过技术升级以及挖掘废弃物加工处理企业，来提升塑料再利用的经济附加值。第三，有利于利用市场机制平衡和协调各方

图4-9　首尔市某大型超市的玻璃瓶回收装置

利益与行为。在废弃物投放到处理的整个链条中，市场机制可以有效地平衡各方利益进而持续地调节利益相关者的行为。经过长期稳定的发展，韩国企业与行业协会作为市场角色的代表，通过利益平衡机制，既调节了废弃物处理上下游产业的发展，也促进了政府、公众行为的调整优化。

3.社会主体：主动的理念先行者

韩国能够实现当前的高资源循环利用率很大程度上得益于环保组织长期的

坚持。由于环保组织强烈反对垃圾焚烧，韩国首都圈在过去的10余年一直维持四座垃圾焚烧厂运营，无法继续新建垃圾焚烧厂。这倒逼韩国政府必须采取措施提高废弃物的利用率从而减少焚烧量。由此，韩国政府在2018年提出到2022年塑料使用量减少50%，循环利用率提升70%，而这个过程由韩国的环保组织负责监督。

　　韩国的民主化建设为韩国的社会团体参与资源循环利用提供了良好的制度环境，以环保组织为代表的社会团体不仅是韩国多元共治体系中活跃的参与者，也是主动的先进理念先行者。这一角色作用的形成首先得益于韩国社会畅通的诉求表达渠道和政府回应机制。例如，首尔在2015年2月成立了废弃物减量的市民运动委员会，委员会由NGO、专家学者、宗教团体、市议员、媒体、企业、青年代表等32人组成，主要功能是开展废弃物减量活动、为减少废弃物提供政策咨询等。社会团体和公民个人也可以通过韩国环境部的意见征集渠道、新闻媒体、学术论文等方式表达诉求和建议，韩国环境部会定期对各种渠道上的意见进行汇总，经国务会议审议提交至韩国国会表决，以形成相应的政策法规。

　　更为重要的是，逐渐提升的公民素质和政治参与能力推动韩国的社会团体抛弃过去激烈的抗争手段，而采用更加专业化和建设性的倡议方式表达诉求，参与政策讨论和公共事务决策[180]。作为韩国规模最大的环保组织，韩国零废弃联盟（Korea Zero Waste Movement Network, KZWMN）由180余个民间组织组成。从1997年成立以来，韩国零废弃以专业倡导方式推动了韩国政府、企业和公众共同参与资源循环社会的构建。例如，韩国零废弃发布的《零废弃城市指南》指出，资源循环社会有助于减少废弃物，创造就业以及营利的机会，随后，首尔市政府采纳了建设"零废弃城市"的项目计划。

　　在韩国资源循环社会的建设中，一个显著的特征是社会团体的理念和行动相比其他参与主体具有超前性。在与政府的互动中，韩国零废弃联盟在2002年向政府建议实施EPR制度，而这一制度在2003年开始在韩国实施；联盟率先发起倡议，要求政府修订废弃物管理法，将含汞、荧光、电池等危险废弃物进行安全管理，并建议地方政府建立危险废弃物回收制度；为减少一次性杯子的使用，联盟开展了减少快餐店、咖啡厅一次性塑料杯使用的运动，政府随后加入了这一倡议运动，不仅要求公共机关的咖啡厅不再提供一次性塑料杯，而且开始起草咖啡杯押金制度，推动全社会的减塑行动。

在正式制度出台和生效之前，环保组织往往通过和政府、企业或商户签订谅解备忘录或自愿协议的方式，从而率先形成示范经验，为正式制度的出台奠定基础。2001年，通过韩国零废弃联盟的协调，乐天集团旗下的"乐天利"快餐连锁店与韩国环境部签订自愿协议，在首尔开设了第一家无一次性杯子快餐店。在2002年，超过400家的咖啡店和快餐连锁店与韩国环境部签署了减少提供一次性用品的自愿协议。这些实践的努力推动了2003年《促进资源节约和循环利用法》的修订，该法禁止在150平方米以上的商店中免费使用塑料袋和一次性杯子，并要求强制性收集和循环利用。近年来，韩国的环保组织依然在积极促进尚未形成制度约束领域的自愿协议的达成，例如与菜市场签订不提供一次性塑料袋的自愿协议，与干洗店签订减少使用一次性衣架和干洗袋的自愿协议，与商店签订避免过度包装的自愿协议等。

在与公众的互动中，环保组织充分发挥其亲民性的优势，采取各种措施改善公众的生活习惯和习俗文化，从而使公众认同资源循环的理念。例如，韩国在1995年刚开始实行从量制时，就是由环保组织深入到公众当中进行宣传教育，逐步改变人们的生活习惯；在2013年实行厨余垃圾的从量制时，也是由环保组织负责检查公众从量制袋子中的厨余垃圾，这既避免了政府与公众之间可能产生的紧张冲突关系，也节约了政府的行政资源。在习俗文化上，环保

图4-10　首尔市某小区的厨余垃圾自主回收装置

组织为改变韩国丧礼文化中大量使用一次性用品盛放食品的问题，环保组织与政府、医院签订合作协议，为不使用一次性用品的葬礼减免15万韩元的费用，医院同时提供可重复使用的餐具。环保组织还积极利用大型活动的契机，倡导公众减少塑料用品的使用。例如，在2002年韩日世界杯上，环保组织倡议的不提供一次性加油棒的倡议得到采纳，此后大型比赛中不再提供一次性加油棒；在马拉松比赛中，环保组织也倡议减少公众一次性用品的使用。

环保组织在韩国资源循环社会建设中扮演了主动的理念先行者的角色，尽管这些环保组织也经历了反反复复的挫折，但环保组织持续性的推动对于改变政府、企业、公众等参与主体的环保理念形成了积极影响，也对韩国资源循环体系的运作产生了纠偏和完善的作用。

韩国在废弃物资源循环利用上的成效在很大程度上得益于政府、市场、社会等多元主体的共同参与、共同治理，他们分别在资源循环利用的整个链条中扮演了开放的责任承担者、持续的行动协调者和主动的理念先行者的角色。三个主要主体的互动和协作推动了韩国资源循环利用体系持续高效运作。

（本专栏内容由万科公益基金会项目"通向无废城市：生活垃圾分类历史教训与全球经验研究"调研报告《无废城市之路：韩国实践与经验》修改形成）

第三节　政社共治中党组织的行动逻辑

在中国政社共治的语境中，中国共产党是一个十分重要的参与主体，而这往往被人们所忽视。于是，在研究中国的国家和社会的关系时，越来越多的学者认识到中国共产党是理解中国政治社会变化难以忽略的主体，主张跳出固有的国家与社会二元框架，提出"把政党带回来"的研究取向，并以此回应中国政权建设的治理韧性与持久性问题[181]。而基层空间是党领导与组织国家和社会的重要场域，是国家治理的重要落脚点。正所谓"基础不牢、地动山摇"，基层社会治理不仅关涉党执政的社会基础，而且一直是国家政权建设和至关国家根基稳固的重大问题[182]。

然而改革开放以来，我国基层社会治理的格局发生了巨大变化，社会结构由总体性社会向分化性社会转变[183]。原有建立在单位组织基础上的社会管理体制在市场化改革和城市化进程中逐渐趋于瓦解，基层社区逐渐成为新的社会管理体制，并越来越多地承载了社会管理以及公共服务在微观层面的兜底功能。

更具挑战性的是，在市场经济的作用与推动下，社会日益呈现出异质性、流动性和多样性的状态。过去以党的组织网络为基础所实现的全面组织化领导和管理逐渐解体，党组织的结构与功能发生了位移，这致使党的建设在基层社会中出现了"脱嵌"与"悬浮化"的问题[184]。特别是十八大以前，基层党组织在推进社区治理和服务方面的动员能力下降，基层党员人心涣散，先锋模范作用发挥不足，服务群众意识不强，这对于新形势下党的基层组织生存与发展，乃至执政的社会基础构成了挑战[185]。为此，十九大报告中专门明确提出，完善党委领导、政府负责、社会协同、公众参与、法治保障的社会治理体制，打造共建共治共享社会治理格局的战略举措。

那么，党作为"中国之治"中重要的参与主体，是如何适应和发挥在政社互动和基层社会治理中的核心作用，并有效提供公共服务的？首先要理解社会治理中国家、社会与党的关系，再通过一个多层次整合的视角观察党组织在社会治理和公共服务提供上的行动逻辑。

（一）社会治理中的国家、社会与党

关于基层社会治理的文献可谓汗牛充栋，但是基本上在国家与社会二元关系的框架内展开，并形成了三种分析思路。第一是国家中心主义的路径。查尔斯·蒂利（Charles Tilly）认为，国家政权建设是现代化过程中民族国家的重要组成部分，其基本目标是国家在基层秩序中实现对社会的有效动员和合法性建构[186]。尽管改革开放以来，中国政治体系分权使个体自足成为可能，而且公众的利益诉求和权利意识逐渐觉醒，但是社会的发育、个体与国家关系仍然处于国家建构之中。在国家政权建设过程中，国家诉诸多种手段和方式，动用其可利用的资源，以求实现现代国家基层社会控制或者说基层治理的目标[187]。如在基层治理中国家权力的"嵌入式治理""网格化管理""分类控制""嵌入型监管""甄别性吸纳"等，都将国家权力嵌入在基层社会的社会结构、关系与规范之中，实现了权威式整合和行政力量下沉。第二是社会中心主义的路径。该路径竭力说明国家权力的边界，警惕国家对社会范围的侵入或干涉，认为在国家活动之外的领域是社会成员按照契约性规则，以自愿为前提和以自治为基础进行经济活动、社会活动的私域，以及进行议政参政活动的非官方公域。这一领域被认为是"一度被国家剥夺的而现在正力争重新创造的东西：即一个自治的社团网络，它独立于国家之外，在共同关心的事务中将市民联合起来，并通过他们的存在本身或行动，对公共政策产生影响"[188]。第三是国家与社会互动的路径。其认为现代国家政权的建构是一个政治权力自上而下渗透和基层权利诉求自下而上反映的双向互动过程。相关研究也表明，国家与社会的关系并非是一种此消彼长的对抗关系，而是在彼此互相锁定中，社会组织在资源、合法性、制度支持方面嵌入于国家，而国家的意志与目标却嵌入在社会组织的运作中，双方从"双向嵌入"走向了"双向赋权"[189]。特别是在公共服务供给过程中，政社合作网络演变成国家能力建设与社会组织发展的共生场域，使国家权力与社会自治保持有机团结，从而形成相互合作、相互依赖的"共生式发展"[190]。

然而这些研究路径大多有意无意地忽略了党组织在社会治理中的现实作用。林尚立指出，"在中国社会，国家与社会关系不简单是两者之间的关系，因为作为领导中国社会发展的核心力量，中国共产党不仅是国家政治生活的领导核心，而且是中国社会的组织核心。所以，在中国，国家与社会关系的变化，必然是在党、国家和社会三者关系的框架内展开的"[191]。不少学者将"政党调适性"作为主要的分析概念，来探讨党组织对当代中国治理体系韧性的影响。狄忠蒲较早把"调适性"（adaptability）和"政党调适"（party adaptation）等概念引入中国共产党研究，分析了党组织在变化了的社会中生存、适应和转型的问题，认为当代中国治理体系的稳定来自于党在新形势下的适应能力[192]。中国共产党和政府在社会经济大变革的时代，得以保持政权安全和国家基本政治秩序的稳定，关键就在于能够以高度适应性和学习能力顺应时代变化，有效掌握并运用国家弹性和刚性两个方面的平衡力量，最终达到政治稳定的目标[193]。此外，部分学者观察到党组织在基层社会空间的调适性策略。例如，有学者关注基层党组织的自身建设，力求通过完善自身的建设来重塑党在基层社会中的合法性权威[194]。另外，有学者注意到基层党组织的角色、功能和结构在近十年的社会治理中逐渐发生变化[195]。中国共产党基层社会治理的体制转型与路径选择，经历了从"嵌入吸纳制"到"服务引领制"的过程，执政党更多地以服务为核心，以满足基层社会公共服务需求为出发点，在服务中引领基层社会健康发展，提升基层社会治理绩效[196]。

以上研究为探究党在基层社会治理转型中的作用与功能提供了有益的启发，但是仍有一些可待深化的问题：一是步入新时代以来，党在基层治理中的行动空间进一步强化并出现了新的探索，那么在经验层次上如何总结这些新的动向；二是"党—政—社"是一个动态的三维立体结构，现有大部分研究只是呈现了"平面化"的事实，如"一核多元""一核多能"等，那么在将政党带回来的过程中，党如何统合其与政府、社会的关系？基于以上的困惑和思考，本节提出了"多层次整合"的分析视角，希望以此增进对于党在基层社会治理中行动逻辑的认知。

"多层次整合"的灵感来源于两个方面：一是政党在国家与社会关系中的功能与角色定位。在现代国家中，政党作为阶级利益的代表者和阶级力量的领导者，在当代政治生活中发挥着重要作用。具体而言，政党一端联系着社会层面，主要任务是赢得社会的支持与拥护；另外一端联系着国家层面，主要任务是运用国家机器实现有效的社会治理，推动社会进步和发展。换言之，要研究党在基层社会治理中的行动逻辑，我们有必要用整体性的视角明确党在国家与社会关系中的定位。

二是从组织视角透视党领导国家和社会所依靠的权力组织结构。作为中国特色社会主义事业的领导核心，党从建国伊始就建构了从中央到地方每一层级的组织体系和工作体系，实现了党的组织覆盖和工作覆盖。与此同时，为了形成整合社会力量的组织网络，党通过领导战略和统战战略使得自身的外围组织空间和向下的基层空间不断扩展，并积极渗透进不同层级的社会组织网络中，形成了凝聚整个社会力量的"轴心—外围"结构。因此，从党领导国家和社会的权力组织结构而言，具有纵向多层级、横向广辐射特点的立体化权力组织网络。凭借这样的权力网络，实现了上下贯通、分级领导、全面覆盖、社会参与的工作体系，从而保证各级党组织对政府工作的有效领导以及党的路线、方针和政策在基层治理中的实施。

因此，尝试运用"多层次整合"这一概念来分析新时代基层社会治理中党的行动逻辑。实际上在基层社会空间，党领导政府和社会的权力网络同样呈现出多层级特征，它包括区级党建网络、街道党建网络、社区党建网络以及片区（网格）党建四级体系。故而，在实践中，为了进一步把党的政治优势转化为基层治理优势，实现党领导的基层治理体制机制创新和夯实党的执政基础。可以通过"多层次整合"这一概念来概括属地化空间内党建引领基层治理的行动逻辑。如图4-11所示，这一概念包括三个具体面向：一是向内整合。进一步加强党组织对于行政力量的整合，构建党政协同的基层治理领导体制。通过领导决策、结构变革、以及党管干部的方式嵌入每一层行政体系，从而提升基层党组织的领导力和组织力。二是向外整合。党通过统战战略、区域化党建、社会组织嵌入等方式聚合多层次、广外围的社会力量，有机联结区域单位、行业及各领域党组织，以此形成对于基层社会外围力量的有机整合。三是向下整合。推动社会治理重心向基层下移，把党的权力组织网络触角向最基层的社会延伸，通过组织动员、拓展服务性功能来增进党与人民群众的密切联系和深厚感情，以此确保党的凝聚力与战斗力，使基层党组织成为基层一线的坚强战斗堡垒。

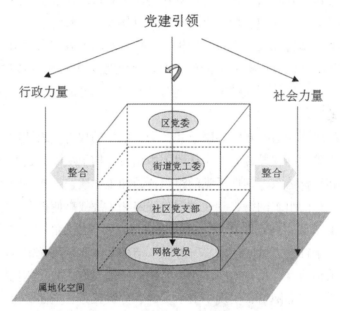

图4-11 "多层次整合"逻辑框架的示意图

（二）多层次整合视角下党组织的行动逻辑

在多层次整合的分析视角下，选取了北京市党建引领"街乡吹哨、部门报到"的实践案例来说明党组织在基层社会治理中的行动逻辑。选择该案例主要基于两方面的原因：第一，该举动是近年来首都探索党建引领超大型城市基层社会治理的新动向，在短短两年内，该实践就从最早的"平谷探索"上升到北京市"一号课题"，亟待在经验层面上进行总结和理论提升，为全国的政社共治提供设计思路。第二，在基层党组织建设面临困境的情况下，该案例为党走好新时代党的群众路线以及党自身的建设提供新的行动取向。

"吹哨报到"改革全称为"街乡吹哨、部门报到"，其最早起源于北京市平谷区金海湖镇在治理金矿盗采中的联合执法经验。2017年1月，平谷区为了解决金海湖镇盗挖盗采中管理执法衔接不紧、基层乡镇有责无权的问题，率先开展了"乡镇吹哨、部门报到"的工作试点。其基本做法是将执法主导权下放到乡镇，遇到难题由乡镇先"吹哨"，每有召唤，相关执法部门必须在30分钟内到达指定地点，从各自职责出发一起协商施策，做到"事不完、不走人"。2018年11月，中央深改组第五次会议专门审议通过了《"街乡吹哨、部门报到"——北京市推进党建引领基层治理体制机制创新的探索》，指出北京市以"街乡吹哨、部门报到"为改革抓手，积极探索党建引领基层治理体制机制创新，聚焦办好群众家门口事，打通抓落实"最后一公里"，形成行之有效的做法。2018年1月，北京市委又在总结平谷区及其他地区基层社会治理经验做法的基础之上，将其提升为党建引领"街乡吹哨、部门报到"，并作为2018年北京市"一号课题"，在全市16个区同步试点开展。

整体而言，这项改革的核心要义在于：坚持党建引领，推动社会治理重心下移，着力解决基层一线跨部门、跨区域合作难题，破除基层条块分割的碎片化状态，形成权责清晰、条块联动、集约高效、服务群众的工作体制机制。具体改革内容包括强化属地化管理，明确街乡相关管理职权，增强街乡统筹协调功能；推动街道乡镇管理体制机制创新，探索街乡内部大部门制改革和扁平化管理；建立由街乡指挥协调的实体化综合执法平台，推动执法力量下沉，落实综合执法工作；明确"街乡吹哨"适用范围，着重围绕综合执法、重点工作、应急处置三个方面吹好哨等。除此之外，在具体实践中，北京市各区又积极探索党建引领"街乡吹哨、部门报到"的实现路径，在将党的建设贯穿基层治理的过程中，形成了许多创新性的经验和做法。在多层次整合视角下，具体观察党组织在基层社会治理中的具体行动策略。

1. 向内整合：基层党组织对于行政力量的渗透

在党建引领"街乡吹哨、部门报到"改革中，实际上党的权力网络对各个层次行政体系的渗透进一步强化，确保各级党委"总揽全局、协调各方"功能的有效发挥。具体而言：

第一，推进"一把手工程"建设。"街乡吹哨"机制作为基层社会治理改革的突破点，其关键内容就是实现向街乡"赋权"。但是北京作为超大型城市，基层治理工作中面临诸多难题，如政治要求高，而基层力量不足；驻地主体多元，而层级跨度悬殊；号令意识强，而基层权力运行碎片化等。特别是作为属地化空间的基层，其位置决定了其治理任务来源于拥有考核权的上一级政府及其内设"条属"职能部门，这导致大量行政事务被摊派到街乡一级，造成基层责任无限大、权力无限小。正所谓"上面千条线、下面一根针""社区是个筐，什么都往里装"就是真实写照。与以往不同，如今党建引领"街乡吹哨、部门报到"是要充分发挥街道的主导权，使街道成为联结各方的核心枢纽，遇到问题由街道指挥区级职能部门，促使各类力量在街乡综合下沉、合力办公。可是街乡毕竟是区级政府的派出机构，这使得街乡在改革之初往往心存迟疑。正因为如此，北京市通过"一把手工程"推动改革深入发展，将改革责任落实到各区、各街乡一把手手中，由各区（街乡）书记牵头、区委（街乡）专职副书记集体负责，亲抓落实。例如，2018年，北京市委书记赴基层一线专题调研就40余次。"一把手工程"建设实际上充分实现党的权威与政府执行体系的融合，使得改革动力层层向下传递，由基层一线来倒逼上级改革，有效缓解了基层社会管理体制改革的制度摩擦与压力，做到了让"一根针"撬动"千条线"。

第二，加强党对街道乡镇工作的领导和决策。强化党组织在区域发展中的统领作用，建立与"街乡吹哨、部门报到"工作体系相融合的党建引领机制。首先是组织渗透。一方面，赋予街乡党（工）委在属地化空间发展中整体规划、决策建议、价值引领、统筹协调的权力。特别是十八大以前，有的基层党组织就党建抓党建，缺乏对中心工作的领导；有的党组织统筹能力较弱，不善于整合资源等，这意味着要充分发挥街乡党委会的核心纽带作用，加强街乡一级党委对街乡工作的领导。另一方面，建构从区、街（乡）、社区、网格每一层级的组织体系，强化各级党的领导核心作用。以朝阳区为例（如图4–12所示），为了强化市、区、街乡镇各级党的领导核心作用，依托"一轴四网"搭建四级党建工作领导小组来带动党建引领"街乡吹哨、部门报到"工作机制的运转。所谓"一轴"，即把区委—街道（地区）党工委—社区（村）党组织—网格（片区）党组织等四级区域性党组织上下联动形成领导核心轴；"四网"，即在区—街道（地区）—社区（村）—网格（片区）等四个层面，分别搭建由组织体系、工作体系、服务体系和保障体系构成的党建网络，通过凝聚各方力量，有效地把基层党组织的引领作用与属地各层行政力量和社会力量有机融合。其次是干部渗透。坚持党管干部的原则和干部人事任命权一直是党主导的权力组织网络得以有效运作的核心制度支撑。在"街乡吹哨、部门报到"中着力加强对街乡领导班子的建设，选优配强各级党委书记和街乡干部队伍，同时通过党政干部交叉任职的方式强化对各个归口部门的协调，保障各层级党委是各级行政力量的权力核心和决策机构。最后是考核渗透。完善考核评价机制，将自上而下与自下而上的考核相结合。取消过去多部门直接考核街乡的做法，由区委区政府统一组织对街乡进行考核；与此同时，由街乡党工委牵头，强化对政府职能部门的监督考核权，设定街乡对被考核部门的考核所占权重比例不少于三分之一。

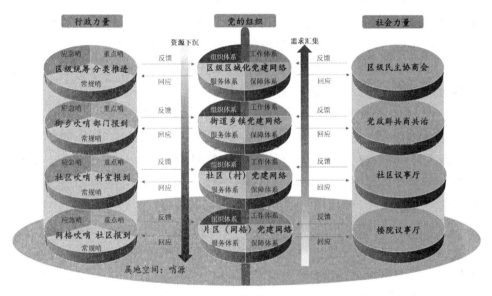

图4-12 北京市朝阳区"一轴四网"党建引领"吹哨报到"改革示意图

2.向外整合：基层党组织对于社会力量的吸纳

党的基层组织仅是在传统的行政体系下渗透党的组织是不够的，其必须在新时代下调整、丰富和发展党建战略，维持自身与外部环境的适应性。从这个意义而言，基层党组织的建设路径需要从单一走向多元、从内部走向外部，通过开放性的党建战略来强化其作为领导与支撑社会发展的核心力量。在党建引领"街乡吹哨、部门报到"中，其基本做法是以运用统战战略、区域化党建、"两新组织"嵌入来整合凝聚属地内多层级、多元的功能性社会力量，发挥党联系与协调社会的中介作用。具体而言：

第一，运用统战战略聚合党的外围力量。在中国革命、建设和改革的各个历史时期，统一战线都是党的一大重要法宝。其旨在团结一切可以团结的力量，将整个社会可团结的力量聚集在党的旗帜下，由此产生对社会的向心性整合，从而保证和提升党的领导地位。在各区推进党建引领"街乡吹哨、部门报到"中，这一法宝的魅力再次彰显。具体做法是基层党组织进一步开发以党为轴心的各级外围组织。这里的外围组织是指包括工青妇和一些人民团体。它们既是党直接领导的组织，也是群众自己的组织，并且具有从中央到地方完善的科层体系。对于执政党而言，各级外围组织是党进行政治宣传、协调利益矛盾的重要政治资源和社会资源，换言之，它们联系着党执政最基本的社会基础与阶级基础。如朝阳区小关街道将党建引领"街乡吹哨、部门报到"机制不断向外围社会力量扩展，大力推进党建带群建工作，基层党组织广泛联系工会、共青团、妇联等各级群团组织，充分发挥群团组织的桥梁和纽带作用，使其成为党组织服务群体、带动群众的"好助手"。

第二，以区域化党建整合辖区各类治理资源。区域化党建是近些年中国基层党建的创新探索，是党在新的历史时期所做的适应性变革。其基本取向是打破党内区隔，调整过去传统单位制党建纵向封闭的状态，试图通过政党内部的属地化管理和区域化整合来重新组织和整合社会，以更加社会化的方式融入社会，重构执政党的认受性[198]。在实践中，各区县普遍以区域化党建为突破口，将其与党建引领"街乡吹哨、部门报到"工作机制相融合。一是建构以党组织为轴心的多层次区域化党建网络。具体搭建区、街道（乡镇）、社区（村）、片区（网格）四级区域化党建联席会议平台，通过签订共建协议、干部交叉任职、人才接轨培养等举措，增强政治领导、资源整合、思想引导。二是推进区域化党建网络与辖区各级驻区单位、非公企业的协商共建，使各领域党建要素统筹到区域化党建体系之中，有效促进党组织工作与各类基层组织工作的有机结合。正如一位街道工作者在基层治理中所表达的智慧："既种好自留地、管好责任田，又唱好群英会、打好合力牌。特别驻区单位往往具有更加丰富的人钱物等资源，让辖区中分散的单位组织形成协同合力，对于破解基层治理的资源困境具有重要意义。"例如，在亚运村街道，为了实现精准治霾，改善辖区空气质量，依托党建工作协调委员会成员技术单位合力攻关，探寻大气污染分布和输送规律，建立一体化监测网络，全面溯源道路交通、建筑工地、餐饮油烟等情况。三是推进区域化党建网络与各层次基层自治力量的深度融合。调研中发现，各区县普遍重视对于社会自治力量的建设和培育，凡事力求通过党群共商共治的方式，借助多层次的基层协商民主平台来化解矛盾、处理问题。以上述朝阳区为例，与区域化党建网络相对应地建立了四级协商民主平台，平台自下而上包括楼院议事会、社区议事厅、党政群共商共治会、区级民主协商会，大力推进居民的社会参与。正所谓："群众的呼声就是哨声。"四级协商民主平台真正做到让群众自己表达心声，既扩大了"哨源"的发现，也提升了公众参与治理的能力。而各级区域化党建网络也通过相应层级领导和管理实现了需求与民意自下而上的传递以及资源与力量自上而下的汇集。

第三，嵌入社会组织发展，扩展党在新兴社会领域的领导力。随着市场经济的发展以及社会转型所带来社会自治领域的成长，自九十年代以来，我国涌现出大量的民间性社会组织。这些社会组织往往基于一定的利益诉求和价值使命而自发形成，在提供公共服务、协调社会矛盾、助力社会公益事业发展中的作用越来越凸显。在党建引领"街乡吹哨、部门报到"中，各辖区领域内都存在大量的社会组织，这些组织既联系着群众，也联系着政府，它们成为收集信息、服务群众的重要主体。为此，党必须积极网罗这些组织，通过制度化的渠道来与这些新兴组织建立联系。具体做法包括：加强党组织对于社会组织、行业协会的延伸和覆盖，通过基层党建嵌入辖区内社会组织共同发展；积极发挥区级枢纽型组织党建的整合作用，以服务、支持为方式加强对各层级、各类社会组织的吸纳；增强党组织对社会组织的服务引领，通过购买服务的形式提升对社会组织的支持培育，并以此作为服务群众的有效补充。

3. 向下整合：基层党组织对于广大群众的融入

党和人民群众的密切关系一直是党长期执政的重要根基和生命线。加强党群关系建设不仅关涉党执政的社会基础，更联系着人民群众对党执政的合法性认同。但是当前党的基层组织面临前所未有的挑战：在市场经济的冲击下，一方面单位制的解体正在迅速削弱和瓦解着党的垂直整合过程，如社区的流动性和匿名性使得基层党组织已难以开展活动；另一方面，基于等价交换、契约交换这种个人意志自由的市场原则已经逐渐侵蚀了党组织的团结，重构了党员的身份认同。这意味着，在新时代下基层党组织必须要重塑在这一社会中的行动方式及联系群众的方式。党建引领"街乡吹哨、部门报到"实际上为基层党组织深入基层社会、密切党群关系提供了新的方法指导与路径选择。具体而言：

第一，加强基层组织建设，拓展党的服务型功能。基层党组织作为党在社会结构最底层的组织网络，具有密切党群关系的天然优势，是群众诉求集中表达的场域[199]。基层党建如何发展其实一直是基层一线工作人员面临的难题，一位街道办主任如是说："以前基层党建要么没有资源、要么没有组织依托、要么没有活动阵地，加上社区党员流动性大，党员与党员间陌生感强，基层党支部和普通党员完全不知道自身可以承担什么样的责任，所以基层党建弱化、虚化成了非常普遍的问题"。2018年初，北京市各区全力推进党建引领"街乡吹哨、部门报到"工作，为加强基层组织建设提供重要契机。一是基层党建不断向下拓展，由街道向社区、片区（网格）、庭院、楼宇、单元、楼门不断延伸，实现党的组织纵向上"一竿子插到底"、基层空间"全覆盖"。二是建立党建工作责任制，促使党组织工作与服务群众的需要紧密结合，把建立党员责任岗、党员承诺制等作为服务群众的基本要求。基层党支部要做好"发现问题—建言献策—监督考察—民主协商—社会动员—服务群众"的基本职责。三是发挥党组织的服务功能，切实转变党的工作理念和方式，把服务社会作为价值取向和功能定位，以服务人民群众的需求为工作常态，以人民群众的满意度为落脚点。四是加强基层党组织建设的保障。由市委组织部统筹指导加强对基层人财物的支持，部分区县设立了专项基层党建资金，实现钱往基层投、政策向基层倾斜。

第二，倡导党员"双报到"参与社区建设。为了充实基层力量，动员在职党员参与社区治理，北京市委组织部专门下发了《关于进一步做好基层党组织和在职党员"双报到"工作的通知》，要求各区依托"党员E先锋"网络平台，组织机关、企事业单位在职党员回社区（村）报到服务。倡导在职党员走出家门、走进社区、深入群众、听取民意、服务社区、发挥作用，这项改革极大地增进了党员干部与基层广大群众的密切联系和情感交流，激活了基层党组织在新时代下的工作方式。如平谷区以突出党建工作过程中的支部能动作用为重点，形成了"支部吹哨、党员报到"的新思路；朝阳区通过进一步丰富"双报到"的理念，建立了单位党组织和在职党员到社区"双报到、双服务、双评议"工作机制；西城区开创了"进千门走万户"的活动，充分调动在职党员走进楼门、走进院门、走进企业门，努力解决群众反映强烈的问题。

第三，组织动员广大群众参与社区治理。基层党组织广泛动员社会力量，通过广大居民群众的参与，进一步为社区治理提供活力。如在党建引领"街乡吹哨、部门报到"过程中，北京市各区相继推行"街巷长"机制和建立"小巷管家"队伍，由街道干部和社区模范党员干部带头走街串巷，入户做群众工作，调动居民参与社区治理的积极性；通过"熟人圈""业缘圈""趣味圈"等社交网络，与居民群众"打成一片"，汇集动员广大基层群众的社会资本；适应信息技术时代的快速发展，借助互联网、微信群等新媒体工具与居民群众建立广泛的联系，将其作为价值引领、政治宣传、社会动员的新领域；通过党政群共商共治，推进基层协商民主建设，大力推进社会参与。如在朝阳区，基层党组织不断向下整合，形成了以街乡党（工）委、社区（村）党支部、基层党员为轴心的三级社会动员发动体系，并积极吸纳社区积极分子开展引导和动员工作；在东城区，各街道以党员干部带头组织"周末卫生大扫除"，深入大街小巷与居民一起开展环境整治。可以说，这种由基层党组织社会动员所形成党和群众共建共治共享的局面颇具成效。不仅密切了党群关系，增强了群众向心力；而且激发了基层党支部活力，有效克服了基层党建工作的弱化。

至此，借助"多层次整合"的框架详述了北京市党建引领"街乡吹哨、部门报到"的改革举措，并分析了党如何更好地引领基层社会治理这一重大问题。特别是步入新时代以来，党所面临的政治、经济、社会生态环境发生了巨大变化，传统的党建思路、工作方式和体制机制已经越来越不适应现实社会的发展变化，所以党有必要通过改革创新来增强其执政的合法性基础和社会基础。虽然党在引领基层治理中的行动持续跟进与发展，但是其面临的突出难题使党建工作与政府工作、社会工作出现了相分离的趋势，进而导致党建建设的封闭化和悬浮化。而伴随基层社会空间的成长以及市场经济的深入改革，党的基层建设更是出现了无根化、边缘化的现象，这极大地损害了党执政的认受性和合法性。

北京市党建引领"街乡吹哨、部门报到"的改革，不仅仅是基层社会管理体制机制的创新，更是一次基层党建的重大探索，其有效地推动了党建工作与政府工作、社会工作的联结和深度融合，重塑了党在基层社会治理中的权威力量。与此同时，多层次整合策略突破了传统基层党建的行动边界，增强了对于转型社会秩序的适应能力。具体来说，首先，多层次整合有效地延伸了国家治理的组织网络和拓宽了国家治理的空间格局，实现了对于转型社会的秩序重建。尤其是在特定的中国情境之下，面临各种伴随市场转型与社会变迁而出现的治理危机，必须在更加多元、更加开放、更加复杂的社会中，提升其广泛聚合行政力量和社会力量的能力，通过构建以执政党为主导的权力组织网络使分散、多元、自主的力量能够聚合到党的周围，向心于党的领导。其次，多层次整合形成了一个高度包容性和制度化弹性的治理体制。一方面党对于行政力量的各层渗透，通过基于分工管理对行政部门的归口协调，有效地打破了理性官僚制的专业分工和部门本位的痼疾，增强了科层体制面对治理问题的治理弹性[200]；另一方面党对于社会力量的各层渗透，积极引导和发挥社会力量对于国家治理的作用和影响，并实现了对于居民需求的前瞻型汇集和精准化识别。在这个过程中，党在基层社会治理中的多层次整合策略就像是行政力量和社会力量的决策中枢和联动器，使得一边资源、力量、政策往下倾斜，一边需求、民意、问题向上汇集，经由党组织的轴心体系实现了资源与信息的双循环。最后，多层次整合实现了党—国家—社会三者关系的重构。毫无疑问，党—政—社三者关系是理解中国治理体系的出发点，是理解现代国家治理能力建设的框架性概念。在党建引领基层社会治理的多层次整合中，可以看到党、国家与社会的关系格局已经从原先的"一元格局"转向了"一体三面"。这意味着，党要实现对于国家和社会的领导必须要以尊重和保证国家与社会充分的发展空间为前提，并努力通过与国家、社会建立制度化和法律化的有机联系与合作来主导国家与社会的发展，实现三者间共生共强的格局。

从未来一段时间来看，党在基层社会治理中以多层次整合的方式来扩大联系面、构建同心轴是必不可少的。但是从长远来看，这种策略具有较高的治理成本和政治风险，这意味着党建引领基层社会治理有必要实现单纯基于技术理性的转型。换言之，要持续整合不断发展的治理体系，党必须回到其最根本的初衷，就是全心全意为人民服务，真正地将党的价值理念、实践行动与群众需求结合起来，迈向以价值为导向的"认同型整合"，真正实现党、国家和社会共建、共治、共享的良好局面。

基层社会治理烦冗复杂，包含了环境治理在内的各项公共治理事项。尽管北京"街乡吹哨、部门报到"的改革实践并非完全针对环境治理事务，但党组织在其中的参与模式，以及多层次整合策略依然对于生态环境的政社共治具有重要实践和理论意义。尤其是对于北京在2020年5月1日开始实施的垃圾强制分类政策而言，"街乡吹哨、部门报到"的政社共治模式为此奠定了重要的实践基础，也为动员社会公众广泛参与资源循环社会建设提供了重要参考。

（本节内容由期刊论文《多层次整合：基层社会治理中党组织的行动逻辑探析——以北京市党建引领"街乡吹哨、部门报到"改革为例》修改形成，该文发表于《社会主义研究》2019年第6期）

第五章

社会参与的趋势与思路

在建设"美丽中国"的新时代背景下，社会公众对"优质生态产品"和"优美生态环境"的需求在不断增长，这与过去人民生活在物质财富方面匮乏的时代发生了重大改变。环境保护的公众参与，是人类生存环境不断恶化以及环境保护意识不断增强的结果；环境保护公众参与制度，已经成为解决环境问题的一个主要手段，成为环境法治的一项重要制度安排。推动公众依法有序参与环境保护是环境治理体系的重要环节，是党和国家的明确要求，也是加快转变经济社会发展方式和全面深化改革的客观需求。社会公众既是环境治理过程的参与者，也是环境治理成果的享受者，因此，了解当前社会公众参与的趋势与思路对于建设"美丽中国"具有重要意义。本章基于大量的田野调查，分析了当前环境治理中公众参与和社会组织参与的趋势与思路，并详细介绍了社会组织在环境治理中的行动逻辑与作用效果。

第一节　环保公众参与的趋势与思路

2015年1月实施的《环境保护法》（修订版）强化了公众参与机制，明确了公众的环保权利和义务，并首次以法律的形式确认了公众获取环境信息、参与环境保护和监督环境保护三项具体环境权利。2015年7月，原环境保护部出台了《环境保护公众参与办法》，这一文件为公众参与环境保护提供了重要的制度保障，进一步明确和突出了公众参与在环境保护工作中的分量和作用。2015年4月，中共中央、国务院印发的《关于加快推进生态文明建设的意见》指出，要"鼓励公众积极参与，完善公众参与制度，及时准确披露各类环境信息，扩大公开范围，保障公众知情权，维护公众环境权益"。2016年12月印发的《"十三五"生态环境保护规划》也明确了改革环境治理基础制度形成政府、企业、公众共治的环境治理体系。公众是解决环境问题不可替代的力量，在新时代背景下，环保的公众参与出现了一些新的变化，同时也面临着一些新的问题。

（一）环保公众参与的现状与趋势

1. 制度参与途径拓宽，知情权、参与权和监督权进一步保障

中国政府环境信息公开不断迈向法制化、系统化。从2003年《清洁生产促进法》和《环评法》的初步立法，到2008年《环境信息公开办法（试行）》提出17大类环境信息须公开的前瞻性要求，到2014年《国家重点监控企业自行监测及信息公开办法（试行）》强制要求国控污染源实时公开自动监测数据，到2015年新《环境保护法》首次专章明确信息公开和公众参与规则，再到《企业事业单位环境信息公开办法》进一步明确和细化了包括重点排污单位在内的企业事业单位环境信息公开的相关要求和责任，中国政府环境信息公开一步步走向法制化。2016年，31个省区市均已建成污染源自动监测统一信息发布平台，原环保部依据自动监控数据制作并向社会公开污染企业"黑名单"，这有利于公众实施法律所赋予的知情权和监督权。

同时，公众监督渠道愈发制度化、多元化。2015年以来，中央环保督察组以党中央、国务院的名义在两年时间内分四批对全国各省区市实施全覆盖督察，并在2018年开展环保督察"回头看"工作。据统计，第一轮中央环保督察期间，各督察组受理转办10余万件群众信访举报。环保督察不仅畅通了公众参与环境治理的制度路径，而且促进了公众环境保护意识的提升。一方面，中央环保督察组在进驻各省后随即公布举报电话、邮箱受理群众举报。督察组结合群众举报线索，通过调阅材料、走访问询、开会研究等方式形成督察报告，督促地方政府逐一回应群众举报内容，逐一落实发现的环境问题。另一方面，信息公开是中央环保督察的重要内容，既包括了对政务信息的公开，又包括了对督察本身和发现问题的透明公开。中央环保督察要求被督察省份在督察期间通过省、市、县各级党的宣传部门以及环保宣教部门对环保督察信息进行公开，接受群众举报与监督。以安徽省为例，安徽省主要媒体（"一报一台一网站"，安徽日报、安徽卫视、省政府网站）于督察期间在重要版面、时段开辟"环保督察在行动"专栏，高频度大体量推出报道，反映各地边督边改的进展动态、典型案例、环保工作经验及群众反馈等方面内容。与此同时，环保督察也推动了地方政府在制度参与渠道上的创新。例如，安徽亳州市开发了环保

督察信息平台手机APP，该软件可以全程在线了解和跟踪环境问题整改情况。软件平台设置了环保地图、全民参与环保风暴、重点污染源现场督察、环境监管等模块，公众可以通过环保地图了解周边或辖区内环境问题点，在平台上进行在线投诉、查阅督查记录与现场视频，以及跟踪督查进展情况等操作，从而实现环境执法过程可检验、可追溯。

2.以制度性有序参与为主，但依然存在群体性事件风险

中国公众环保参与主要体现在三个层面，第一个层面是日常生活中的环保参与，即城乡居民基于自觉、习惯或响应政府号召，在日常生活表现出来的节约、低碳、绿色等各种对环境有利、正面、保护性的行为，如主动进行垃圾分类回收，选择公共交通工具出行，注重节约用水和循环用水等。第二个层面是制度性参与，即社会公众经由制度渠道，了解环境信息，表达对环境问题的关注，反映各类环境问题，介入涉及环境的各类项目决策或施加影响的行为和活动，其本质特征在于利用制度渠道，遵循一定的程序和规范。这个层次的公众参与涵盖面最广，如行使环境知情权，要求环境信息公开；通过环境信访渠道投诉，举报环境污染；各类环保组织举办环保志愿活动等。这个层面的公众参与既依托强大的制度背景，又面临诸多广泛且意义重大的现实问题，因此是公众环保参与中最为核心的环节。以环境信访为例，据统计，2010年全国群众环保投诉来信为70.1万封，相较于2005年增加了近90%，环境信访量呈现激增态势。2011年以后，随着电信、网络媒体的发展，电话、网络投诉逐渐取代信件，2015年，各级环保部门接到的电话、网络投诉达到164.7万，较2011年增加了近一倍。与此同时，公众通过各级人大、政协提案参与到环境议题的决策过程中，各级环保部门承办的人大建议数、政协提案数均呈现逐年上升的趋势。第三个层面即突发性环境事件中的环保公众参与，即以群体性事件形式呈现、围绕环境权益而爆发的集体行为。随着环保公众参与的深度和广度不断增加，因企业污染事件、新建项目污染隐患而导致的环境群体性事件也时有发生，且很大部分群体性事件的目标针对政府部门，比如各地公众反对垃圾焚烧项目建设的邻避运动。尽管近些年来，随着制度参与渠道的完善，环境群体性事件发生的频率有所下降，但依然存在爆发环境群体性事件的风险，这将严重威胁社会秩序以及环境治理的有序开展。

3.新媒体催生政社互动新模式，公众参与环境治理高效化

随着信息技术的不断创新，互联网从Web1.0进入Web2.0时代，新媒体技术和平台不断涌现，这极大地拓宽了公众和环保组织参与环境治理的渠道，催生了环保公众参与新模式。与此同时，各级政府充分利用新媒体平台加强与辖区居民的实时互动，构建出信息共享、多元共治的环境治理新格局。北京公众环境研究中心（IPE）是环保组织利用新媒体参与环境治理的典型代表。"蔚蓝地图"是由IPE开发的一款专注环境信息公开的移动应用。IPE通过蔚蓝地图APP公布的环境数据（环保部门对空气、水质、土壤的监测数据），企业环境监管信息，企业自行监测数据，经官方确认的企业投诉举报，企业反馈及整改信息等。蔚蓝地图的数据库覆盖31省市区、338地级市政府发布的环境质量、环境排放和污染源监管记录，以及企业基于相关法规和企业社会责任要求所做的强制或自愿披露。公众不仅可以通过蔚蓝地图APP实时了解各地的空气质量、水质状况等常规的环境信息，而且可以查看公众自身所关心的企业的环境表现，比如政府对企业的监管处罚记录等。同时，蔚蓝地图充分运用了Web 2.0所具有的互动特性以及嵌入的GIS定位信息，推动公众亲自参与污染监督等环境治理行动。公众可以将日常生活中发现的污染情况拍照，然后连同对污染情况的描述和定位信息上传到蔚蓝地图平台进行实时举报。比如，在蔚蓝地图APP里的"和小蓝一起保护中国好水源"模块，公众可以通过这个模块举报在生活中观察到的黑臭河。蔚蓝地图接到公众的举报后，会对公众举报的内容进行初步的审核，然后将监督举报内容转发给当地主管部门。政府部门受理之后，经过实地确认后对公众的监督举报进行回复。也就是说，公众不仅仅是蔚蓝地图公布的环境信息的被动接收者，同时作为环境污染的监督者参与环境信息的生产。新媒体的实时交互特性畅通了公众参与环境治理的渠道，使得公众参与污染监督的过程简洁化和高效化。

2010年以来，在中央和地方网信部门的强力推动下，党政机构纷纷开通微博、微信公众号。数据显示，截至2015年6月，全国各级单位共开设认证政务新媒体账号超过30万个，覆盖人数超过45亿人次[201]。随着政务新媒体的发展，社会公众可以利用新媒体的评论、转发以及"@"功能，直接向有关政府部门反映环境诉求、举报污染企业等。公众和环保组织可以利用蔚蓝地图APP上公布的环境信息在政务新媒体上进行举报，以环保组织"绿色江南"为例，该组织位于江苏省苏州市，是IPE长期的合作伙伴。作为一家专注于企业污染监督的环保组织，"绿色江南"经常会利用蔚蓝地图APP上发现的企业超标排放等环境信息作为证据，在政务新媒体上发布评论，并"@"相关政府部门进

图5-1　蔚蓝地图APP

行举报。这在很大程度上改变了传统举报污染企业的烦琐程序，提升了公众参
与环境治理的效率，也促进了政府的有效监管以及企业的环保行为。

（二）环保公众参与存在的问题

中国的环保公众参与在近些年来出现了一系列喜人的变化和趋势，公众
参与的广度和深度都有所增加，但依然存在一些亟需解决的问题：

1.私有环境权利意识不断提升，公共环境意识仍显不足

公众保护私有环境权利的意识明显提升，但仍存在着公共环境意识不足、
公共环境保护参与度不够的问题。当前我国公众仍处于主张环境权利的阶段，
公众环境权利意识越来越强。近年来诸多环境邻避事件的发生在一定程度上
显示了民众保护切身环境权利意识的提升。但是，与公众日益高涨的环境权
利意识相对的是，公众对于与自身权益不直接相关的环境问题的关注度不高。
以垃圾问题为例，近年来垃圾焚烧设施的建设频频受到周边社区居民的强烈
抵制，这显示了公众对于垃圾焚烧带来的环境问题、健康风险的高度关注。
但是，在垃圾分类问题上，公众则普遍呈现出关注度和践行度低的现象。《解
放日报》社会调查中心所做的一项调查显示，虽然垃圾分类在我国已提出多
年，但普通公众的认知度尚不尽如人意；即便自认"了解垃圾分类"，但在
日常生活中，具体怎么分类、会不会自觉分类，还做得不够。在回答"您了
解垃圾分类吗？"这一问题时，2000名受访者中，表示"了解"的占43.4%，

表示"略知一二"的占43.1%，表示完全"不了解"的占比为13.5%[202]。

从西方国家邻避运动的发展历史来看，西方经历了从最开始的"不要建在我家后院"逐渐到"不要建在所有人的后院"的环境意识扩展过程，实现了从主张自我权利向关切他人权利过渡的过程。目前，我国公众主要处于主张自我环境权利即"不要建在我家后院"的阶段，而在关心公共环境，履行环境义务方面的意识并不高。根据原环保部2014年2月公布的我国首份《全国生态文明意识调查研究报告》，我国公众生态文明意识呈现"认同度高、知晓度低、践行度不够"的状态，公众对生态文明建设认同度、知晓度、践行度分别为74.8%、48.2%和60.1%；公众生态文明意识具有较强的"政府依赖"特征，被调查者普遍认为政府和环保部门是生态文明建设的责任主体[203]。生态环境是典型的公共物品，公共物品的治理需要政府、市场和社会多元主体的共同参与。公众的公共环境和环境义务意识低、参与度不够的问题不利于多元环境治理体系的建构，甚至会造成"公地悲剧"的治理困境。

2.制度参与渠道不够畅通，公众参与存在阻碍

虽然我国为促进公众环保参与方面提供了不少制度渠道，但是目前这些制度参与渠道在实践中运行不够顺畅，难以切实发挥引导公众参与、保障民众和环保组织参与权利的作用。主要表现在以下几个方面：首先，政府环境信息公开的主体范围较为狭窄，法律责任不明确，难以发挥监督和约束的作用。政府环境信息公开直接依据的规范性文件是《政府信息公开条例》和《环境信息公开办法（试行）》，而后者属于部门规章，效力只限于环境保护部门，对其他负有环境保护监督管理职责的部门不具有约束力。由于缺少法律约束的强制力，不少地区的环境信息公开流于形式，满足于完成上级最基本的要求，存在信息不完整、披露不及时、关键信息模糊、公开方式混乱等诸多问题。例如，环保组织"芜湖生态中心"和"深圳零废弃"于2018年7月发布的《359座生活垃圾焚烧厂信息公开和污染物排放报告》显示，近半数垃圾焚烧厂环境信息缺失，信息公开申请难获取[204]。同时，政府信息公开的能力和质量与公众的需求不相适应，公众环境知情权缺乏有效的权利保障机制和救济机制[205]。

其次，公众参与环境事务的有效平台和长效机制尚不健全。尽管中央环保督察从一定程度上拓宽了公众反映环境问题的渠道，但由于地方政府在实际处理过程中存在"假整改"、短期应付等问题，公众的环保参与并未发挥出真正的作用。除了信访举报以外，提出环境议题提案、举行环境听证会是当

前环保公众参与中两个重要的制度途径。但在实践过程中，有关环境问题的提案质量参差不齐，发挥作用并不明显；环境听证会亦没有形成规范、科学的制度性机制，因此很难代表最真实、最迫切的民众意见，其有效实施和广泛推广还有赖于相关政策法规的进一步完善。

再者，环境公益诉讼是国外环保组织广泛应用的参与环境治理、维护公众环境权益的重要制度化渠道，我国于2015年1月1日开始实施的新《环保法》正式确立了环境公益诉讼制度法律地位。但是，现实中由于诉讼主体资格定义模糊，缺乏对诉讼主体的法律援助措施，或者地方政府缺乏积极性等问题，我国环保公益组织参与环境公益诉讼仍然困难重重。环境公益诉讼制度在基层的落地面临立案难、诉讼成本高、政治风险大等突出问题。

3.环保群体性事件风险防范和纾解机制尚未健全

目前，防范和纾解环境群体性事件等制度外公众参与形式的机制尚未健全。由于存在公众参与制度渠道不够畅通的问题，制度性参与呈现明显的"事后参与"特征，在发生环境损害问题后，公众的反应通常是被动维权，后发性地抗争，因此环境群体性事件时有发生。现行制度框架对环境违法行为的举报和信访渠道效能有限，对各类环境问题和损害的预防和解决能力不足。环境影响评价公众参与、环评听证会等"事前参与"机制欠缺，公众环境维权问题缺乏正式制度的有力支持[206]。

以环评公众参与为例，环评公众参与既是兑现公众环保参与权利的必要一环，也是完善环境保护监督体系的题中之意。但是，通过对国内众多环境群体性事件的分析发现，环境群体性事件中普遍存在环评公众参与不规范、相关信息公开不到位、公众诉求得不到有效回应等问题。在曾经引发广泛关注的河北省秦皇岛西部生活垃圾焚烧项目环评审批行政诉讼案中，环评报告中100份公众意见调查表显示，被调查民众"100%支持"，但事后调查发现，100人中，"查无此人"的共计15人；65位村民按手印表示"未见过该调查表"。媒体报道也进一步证实，秦皇岛西部垃圾焚烧项目环评公众参与造假并非罕见个案。近年来，环评公众参与流于形式或弄虚作假问题层出，公众屡屡"被参与"，这导致环评的公信力大为受损[207]。被媒体报道的环评造假并引发较大争议的事件还包括天津蓟县垃圾焚烧项目环评涉嫌造假、浙江杭州萧山垃圾焚烧项目环评涉嫌造假等。

以环评公众参与为代表的制度参与渠道本应该事先对制度外参与起到

"缓冲区""隔离带"的作用，但是这些机制在实践中往往失灵，没有很好地发挥其预防和纾解社会矛盾的应有之义。公众的合理关切和诉求很难通过制度渠道真正进入环境风险工程项目的决策过程，公众内心对工程项目环境风险的疑虑和担忧也很难通过这些机制得到有效化解。这一问题的直接结果往往是民众对官方、企业立场的不信任，甚至最终演化成严重的公共冲突事件。

4.环境信息零散化，政府与公众互动有效性不足

虽然新媒体的广泛应用催生了政社互动新模式，公众参与环境治理的程序便利化，但是也存在着不容忽视的问题和困难。目前利用新媒体进行公开的环境信息呈现零散化的现象，政府和企业的信息公开分散在不同的平台上，缺乏有效整合不同环境信息和互动渠道的平台。而且，有些地方政府部门对于公众利用新媒体参与环境治理和监督的态度较为消极，甚至对公众参与制造障碍。在东部沿海地区，某市环保局对蔚蓝地图的运营者IPE进行了域名拦截，使得IPE不能通过软件实时抓取环保局公布的环境监管信息，影响了环保组织利用新媒体进行信息公开的效率。

另外，虽然政务新媒体对公众环保监督举报的回复率较高，但是回复的内容和质量还存在明显不足。根据《2016年全国政务舆情回应指数评估报告》，2016年成为政务公开与舆情回应政策推出实施的集中突破年，全国政务舆情回应成效已显著提升，迈入48小时新常态，特重大事件24小时内回应[208]。新媒体平台上公众对环境问题的举报和监督确实经常能得到相关政府部门的回复。但是，回复的内容大多为环保部门已经受理之类较为形式化的信息。以蔚蓝地图为例，该平台上所有公开的公众举报都得到了相关政府部门是否受理的回复，但是除此之外，政府部门缺乏对公众反映的环境问题的处理结果等更为实质和有针对性的回复。在政府部门自身的政务新媒体上，政府对于公众日常性的环境举报和监督的回复往往也流于形式，政府和公众之间在新媒体上有效的互动模式尚未完全形成。随着新媒体的进一步发展，公众通过新媒体参与环境治理的方式越来越流行，政府部门如果不能及时提升自身利用新媒体回应公众环保诉求的积极性和专业性，不仅将阻碍新媒体在环境治理中作用的发挥，更重要的是会挫伤公众参与环境治理的信心和积极性，影响环境治理效果的提升。

（三）环保公众参与的思路

面对当前中国环保公众参与中出现的新趋势和存在的问题，以下几方面的

思路有助于改善环保公众参与体系，促进政府与公众高效互动的达成：

1.发挥党群组织的引领作用，结合新媒体开展环保宣教工作

一方面，突出党组织的政治核心作用，把党的政治优势、组织优势和群众动员工作优势转化为环保宣传教育的优势，推动基层党组织和党员成为保护生态环境的战斗堡垒和先锋模范。另一方面，发挥妇联、共青团、工会、居委会等群团组织的引领作用，通过差异化而具有针对性的宣教活动的设计和开展，如青少年环保科技制作大赛、工人环境权益保障与企业环境责任宣导讲座、社区环保"绿币"兑换活动等，让环保理念与行动在妇女儿童、青少年团员、企业工人、社区居民等群体中普及和推广，从而在全社会营造人人关心环保、全民参与环保的积极氛围。

现阶段，环保宣传的重点不仅要继续巩固公众的环境权利意识，更为重要的是应该努力提升公众保护公共环境、履行公民环境义务的意识，增强公众在环境治理方面的专业知识，使公众不仅有关心环境的认知和意识，也具备参与环境治理必备的专业知识和能力。各级生态环境部门需要根据公众生态环境意识、环境知识中的薄弱点，制定中长期环保宣传的目标和指导意见，同时广泛联合党群组织和社会力量参与环保宣教工作。江苏省生态环境厅通过建立"环境守护者"机制，吸纳全省各个行业，包括媒体记者、律师、银行高管、企业负责人、大中小学的老师、学生、环保社会组织负责人等成为环保示范员、观察员、监督员、宣传员和调解员，参与公共环境事务。各地方政府可以发挥党群组织的示范带头作用，率先由党群组织成员成为环境守卫者，积极带动身边群众参与环保事务。

与此同时，环保宣教工作必须与时俱进，利用可视化、互动性高的新媒体等受众广泛的平台向公众传播环境意识和环境知识。利用新媒体进行环保宣教不仅可以避免传统环保宣教形式老套、陈旧的弊端，提升公众对环保宣教的接受度，还可以最大限度地扩大环保宣教的受众面，提高环保宣教的效率。以山东省临沂市为例，临沂市环保局于2018年在视频社交网站"抖音"开通了账号，通过短视频的方式进行环保宣传，得到了当地公众，尤其是年轻人的广泛传播。在环保宣教的内容上，应该紧跟政策热点、舆论动态，语言要同时兼顾科学性和通俗性，使得环保宣教真正入耳、入脑、入心。省级环保部门和生态环保部应该通过公众环境意识调查等形式，定期评估环保宣教的成效、检讨存在的问题，并进一步调整、改进环保宣教的目标任务和实施方案。

2.畅通制度参与渠道，积极引导公众参与环境事务

尽管随着新媒体的普及，公众利用网络等新媒体参与环境公共事务变得简便，但这种线上的参与途径相对单一，而且无法促进公众参与环境政策过程和保持持续性的环境议题注意力。为此，建议在规范新媒体公众参与途径的基础上，丰富和完善公众参与的制度渠道，包括环保座谈会、环境议题专题研讨会、论证会，环境问题协调圆桌会议等，将公众参与环境事务的途径制度化和常态化。

其次，持续扩大政府环境信息公开的主体范围，明确公共机构环境信息公开义务和公开程序。完善环境信息公开的具体实施标准和落实机制，尤其要重视对污染源、企业排污信息、环评信息、执法信息、审批和整改情况等重要信息的发布。对于各级环保部门的日常监管信息和环境影响评价书等，可借鉴最高人民法院"中国裁判文书网"等，建立统一、分类的环境信息公开平台，同时通过简洁化、可视化、适当标注等方式提高广大民众对环境信息的理解程度和认知水平，树立便民的信息公开理念。

再者，可以借鉴欧美国家的先进经验，突出环境影响评价作为公众参与工具的本义。欧美国家对于环境影响评价的本质认识是将其作为公众参与和决策的工具，而逐渐弱化环评的审批功能。法国通过多项立法形成了一套完整的环评公众参与制度，即知情—咨询—商讨—共同决策，同时形成了法国社会独立的公众辩论组织——全国公众辩论与听证委员会、公众辩论国家委员会[209]。欧盟在战略环评中规定了多个公众参与的机会，包括战略环评和报告书形成阶段、战略决策阶段、战略实施监测阶段等，同时对公众参与的对象和方式提出了详细要求[210]。除了在环评法规方面的细化外，欧美还通过法院诉讼强化其公众参与的效果。例如，荷兰环境评价委员会将法院对其环评报告评估意见的支持率，作为评估质量的评价标准之一[211]。

3.加强信息公开力度，建立面向周边社区的环境补偿机制

针对环保公众参与中突出的邻避问题，应加大力度公开有环境风险设施或项目的信息，并建立面向环境风险设施周边社区的环境补偿机制。信息的公开和透明是消除公众对工程项目环境风险疑虑和担忧的最佳方式之一。原环保部2018年3月出台的《生活垃圾焚烧发电建设项目环境准入条件（试行）》要求针对项目建设的不同阶段，制定完整、细致的环境信息公开和公众参与方案，明确参与方式、时间节点等具体要求[212]。各地市环保部门可以与长期从事工业污染调研、污染监督的环保组织合作，对"重点排污单位名录"情况进行整理

统计，敦促各地市环保部门公开"重点排污单位名录"，将未按照法律要求纳入名录的企业及时纳入名录，督促其履行环境信息公开的义务。

另外，随着科学技术的发展，具有环境污染风险的工业设施和项目的负外部性可以通过提高污染处理技术而得到很大改善，但是这不代表其负外部性可以完全忽略。不可否认的是，以垃圾焚烧发电项目为代表的设施虽然是为了服务社会大众的公共利益而存在的，但是它的负外部性更多却是由周边社区的居民承受。因此，有必要建立面向环境风险设施周边社区的环境补偿机制。鼓励制定构建"邻利型"服务设施计划，面向周边地区设立共享区域，因地制宜配套绿化或者休闲设施等，拓展惠民利民措施，努力让垃圾焚烧设施与居民、社区形成利益共同体。这实际上就是针对垃圾焚烧企业周边社区的一种环境补偿机制。"邻利型"服务设施计划的构建不应该仅限于垃圾焚烧项目，而应推广至其他同样对周边社区有负外部性的工业设施和项目。至于如何建构面向周边社区的环境补偿机制，中国香港、中国台湾以及日本等国家和地区均有较为成熟并行之有效的方式。一般来说，在地方政府的主导下，企业应该承担起主体责任，通过与周边社区居民、社会组织等利益相关方协商，制定出环境补偿的方案，在各方的参与和监督下保证方案的顺利执行。补偿的方式包括但不限于直接的经济补偿、为社区建设公共休闲活动场所、为居民提供定期的免费医疗体检等。当社区居民真正获得实在的利好时，才能更加长期而有效地减少邻避冲突问题。

4. 整合网络资源，提升政府新媒体使用专业性

针对目前新媒体平台上信息公开零散化问题，应整合新媒体与互联网资源，提升政府使用新媒体的专业能力，实现信息共享与高效互动。2009年，美国宣布实施"政府开放计划"（Open Government Initiative），利用全面整合的开放网络平台，及时向公众公开政府信息、工作程序及决策过程[213]。该计划的核心之一是"一站式数据下载网站"——Data.gov，该网站整合了近17万个联邦政府的数据库，生态系统是其中的一个重要类别。生态系统大数据平台包括生物多样性资源、生态系统服务资源和土地覆盖动态资源三大枢纽，由生物多样性平台、环境地图平台、多尺度土地特征联盟组成，实现了生态信息的公共可见性和协调访问。

在环境信息公开方面，自2002年起，美国环保局执法守法历史在线系统（http://echo.epa.gov）便向公众公布执法和守法信息，包括80多万台受环保局

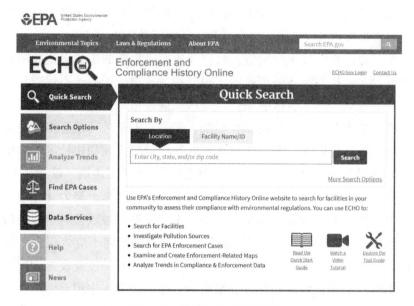

图5-2　美国环保局网站截图

监管的大气固定污染源、污水排放源及有害废物产生与处理设施的情况，过去三年的许可证信息、监察内容及结果、违法排污行为、采取的执法措施和处罚情况等，并在每月进行更新。这些信息由企业自主上传，并及时进行更改，一旦发现数据造假，企业将面临巨额罚款。我国可以借鉴美国的这一经验，整合政府部门、企业以及环保组织所掌握的环境信息和资源，建立类似于"政府开放计划"的开放网络平台，为打造"共建共治共享"社会治理格局提供保障。同时，各级政府应该加强新媒体使用的业务能力学习，切实提高自身的专业素养，规范政府利用新媒体回应公众环保诉求的流程，实现政府和公众更加实质有效的互动。

公众是生态文明建设中最广泛的参与者，在建设"美丽中国"的新时代背景下，公众对"优质生态产品"和"优美生态环境"的需要在不断增长，这与过去长期以来人民生活的物质财富匮乏的时代有很大的不同。与之相伴的是，公众对私有环境权利的意识不断提升，并结合新媒体时代下的各种渠道积极开展维护自我环境权利的行动，而政府部门当前的回应更多体现为被动的行为，缺乏主动性、整体性、前瞻性的布局和谋划，这也为新的环境风险事件生成埋下隐患。另一方面，公众的公共环境意识并不强，对于国家积极倡导的垃圾分类、低碳生活等公共环境议题的关注度较低，而政府部门的倡导行为手段单一，更多依靠自上而下的行政手段加以影响，这不仅会造成巨大的行政成本，也会导致环境治理效果的不可持续性。因此，面对新时代背景下公众参与的新需求和新变化，需凝聚社会公众力量，并且有序高效参与环境治理。

（本节内容由清华大学国情研究院国家高端智库课题报告《中国环境保护公众参与新趋势、存在问题与政策建议》修改形成）

第二节 环保组织参与的趋势与思路

作为公众参与环境治理重要中介的环保社会组织，虽然当前在中国环境治理的实践领域越来越活跃，但是在规模和功能上，还远未能形成一股重要的参与力量[214]。中国环保社会组织目前仍是多元环境治理体系中的薄弱一环，如何充分发挥环保组织在环境治理体系中的作用成为亟待解决的问题。经过三十多年的发展，中国环保组织在自身能力建设、行动领域、策略方式等方面都经历了众多变化。正确认识环保组织在参与当今中国环境治理中的角色、趋势与存在的问题，对于建立多元共治的环境治理体系，实现"美丽中国"目标具有重要的现实意义。

（一）环保组织参与的角色与趋势

1. "嵌入式"的环境保护参与者

中国环保组织在环境治理中所扮演的角色一直是学界关注的重点问题。与发达国家的环保组织相比，中国环保组织在角色定位和作用发挥上与之存在一定差别。西方发达国家的环保组织经常参与到与污染企业以及环境执法部门直接相关的倡议和行动中，在环境治理体系中发挥着重要的作用，并不断推动环境运动与治理过程[215]。但是，长久以来，中国的环保组织在环境治理中承担的角色较为单一，甚少涉及环境保护的核心领域[216]。中国的环保组织主要在加强公众环保教育、促进公民环保行动、参与和推动环保政策过程三个方面发挥作用，而在协助公众环境维权、监督环境政策实施、推动企业环保责任方面则相对较弱。这一方面是因为环保组织自身能力较弱，缺乏深入参与环境治理所需的专业素质[217]。另一方面，环保组织在环境治理体系中难以发挥更大的作用也与中国的环境监管体制密切相关。

中国传统的环境监管依靠的主要是政府制定并执行法律法规和标准，通过强制手段确保以企业为主的监管对象遵规守法，使环境违法违规行为受到惩治。在行政主导的传统环境监管体制中，环保组织参与环境治理的空间本身就非常有限，再加上国家对社会组织行动边界定义的不确定性，环保组织为了实现自身的目标，必须选择合适的路径和行动策略。因此，许多研究从国家与社会关系的视角出发，探索中国环保组织在环境治理中的角色和生存策略。例如，在社会组织的双重管理体制下，社会组织可以通过注册成为一个商业机构、通过组织负责人的个人关系找到与自身业务范围不一定相关的上级主管单位，或者通过个人关系直接在地方民政局注册等方式，获得合法身份。在传统的人情和关系社会，包括环保组织在内的中国社会组织也会通过与体制内精英的关系或者创始人自身在体制内的身份，传递组织的政策理念，从而影响政府的决策过程[218]。环保组织会通过上级业务主管单位在体制内部建立的政策网络，对改变政策议程和结果产生影响[219]。有研究证实了，有政府背景或者与体制内的政治精英有更多关联的环保组织就越可能被政府官员信任，获得更多的资源，从而争取更大的空间参与政策倡导等环境治理行动[220]。正是出于政治环境和组织生存的考虑，中国的环保组织在参与环境治理中更倾向于采取自我限制的策略，严格在体制许可的范围内活动，成为"嵌入"体制而运转的行动者。有学者因此将中国的环保组织角色定义为"嵌入式"的环境治理参与者[221]。

然而近年来，随着国家对环境保护的重视程度和公众环境意识的不断提升，中国的环保组织在环境治理体系中的角色也更加凸显，环保组织参与环境治理不仅仅表现为自我限制的策略，而是呈现多元化发展的趋势。嵌入体制内行动者的传统理论认知已越来越不能准确描述中国环保组织在新时代背景下的角色定位，因此有必要分析当前环保组织参与环境治理的多元化趋势。

2.组织类型多样化，行动领域多元化

根据民政部2017年发布的《社会服务发展统计公报》，截至2016年底，全国共有生态环境类社会团体6000个，生态环境类民办非企业单位444个。在组织类型上，除了最为常见的直接面向社区和公众的环保组织外，近年来，行业内出现了一定量的面向环保组织的支持型、资助型和枢纽型组织。环保组织内部的生态链条初步显现，上游有专注于环境保护，为各类环保组织提供资助的基金会；中游出现了为环保组织提供培训和咨询服务的枢纽型、支持型组织；下游有大量为社区和公众提供服务和进行倡导的实务操作型环保组织。同时，

自2004年6月1日《基金会管理条例》开始施行，非公募基金正式合法化，中国民间的资金开始进入环境保护领域。尽管自然保护领域基金会数量不多，但是近十年来发展势头良好。2014年至2017年，自然保护领域基金会从最初的12家增加到80家。目前，中海油、亿利资源集团、华侨城集团和阿里巴巴等大型央企和民企相继成立基金会，共同开展自然保护领域项目。2008年，阿拉善SEE生态协会成立阿拉善SEE基金会，这在很大程度上促进了一批专注于生态环境保护的社会组织的成长。另外，环保组织之间的横向连接趋于紧密，环保组织之间的网络化趋势加强，各类枢纽型和支持型的环保组织应运而生。

中国环保组织长期活跃于环境教育、植树观鸟、生态保育等行动领域。城市化进程带来的污染问题越来越被社会公众所感知，环保组织的行动领域也相应地发生改变。从2006年发生在福建厦门的反对PX项目群体性事件开始，中国各地发生了一系列影响重大的环境群体性事件。在这一背景下，环保组织开始意识到传统以环境教育为核心的参与方式，已经无法回应社会公众对于环境污染的关切。因此，除了传统的环境教育外，目前越来越多的环保组织开始参与到环境治理的直接行动中，包括污染调查、污染监督、污染举报、公益诉讼、对污染受害者的救助等内容。2015年广东省环保社会组织发展状况调研报告显示，除了传统的环保宣教项目以外，社会监督、政策研究与倡导已经成为环保社会组织服务的主要内容（见图5-3）。可以发现，环保组织行业内部正逐步拓展和加深在环境治理各方面的参与和行动，大致形成了环境教育、政策倡导（包括影响政策制定和政策执行）、污染受害者救助等几个主要的专业行动领域。

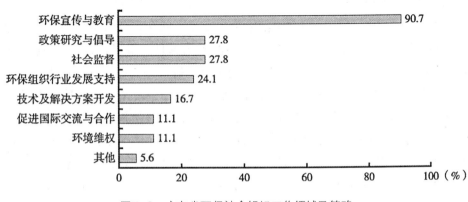

图5-3　广东省环保社会组织工作领域及策略

3.环保参与专业化，服务购买深入化

随着环境问题复杂性的加强，中国社会组织参与环境治理的专业化程度有所提升。我国环保组织专业化水平提升表现为从业人员的专业背景和能力的不断提高[222]。长期以来，由于中国环保组织的专业化程度不高，环保组织不得不局限于植树、观鸟、捡垃圾等专业化要求较低的环境宣教活动。但近年来，环境污染监督、环境公益诉讼、环境政策倡导、污染受害者救助等环保活动对环保组织的专业化程度提出了更高的要求。虽然仍有相当部分的环保组织从事专业化程度较低的环境教育工作，但是还有部分环保组织开始活跃于对专业化程度要求更高的领域。譬如，"绿色江南"组织专注于工业污染源调查与监督，并形成了一系列具有影响力的污染调查报告。该组织目前近十名全职工作人员均有大学本科学历，组织的创始人认为"绿色江南"行动策略的关键之一即专业化。根据中华环保联合会于2008年发布的《中国环保民间组织发展状况报告》，中国的环保组织的专业化水平有了很大的提升，但仍处在一个相对较低的水平上，工作人员的专业化程度要远远低于国际环保组织[223]。中国社科院于2017年发布的《社会组织蓝皮书：中国社会组织报告（2016—2017）》显示，从总体上看，社会组织的从业人员的素质较高。从业人员中大部分为大专、本科和本科以上学历[224]。从受访的环保组织来看，拥有和组织业务方向相似专业背景的从业人员占了较大比例，这也为开展专业化的环保服务奠定了基础。

随着环境治理压力的增大，地方环保部门对污染治理等核心业务服务的购买力度逐渐加大，服务购买内容从以环境宣教为主向污染监督和治理不断深化。从政府购买环保组织服务来看，早期政府多购买环境教育、宣传巡查、民意调查等服务。例如，20世纪末以来，天津市的众多环保组织与市环境保护宣传教育中心共同参与世界环境日、世界地球日、世界水日、"地球一小时""环保下乡""环保进社区""环保进家庭"等环保公益活动。近年来，基层环保部门作为环境政策执行的末端，承担了大量的环境工作内容。尤其是在2016年中央环保督察实施以后，环境治理案件的数量快速增长，地方环保部门任务重、时间紧、压力大的现象愈加突出。在环境工作量大量增加，环境治理复杂化的同时，地方环保部门面临工作人员不足，素质水平不高，治理经费或缺等现实困境。为此，相关政府部门也积极推动政府购买环境治理服务以缓解基层环境治理难题。例如，2014年12月，财政部印发《政府购买

服务管理办法（暂行）》，将环境治理列为政府购买服务指导性目录的"基本公共服务"目录。

各地也深化了对环境治理的服务购买，以江苏省为例，2013年4月，江苏省政府办公厅下发了《全省城市河道环境综合整治工作指导意见》，明确在三年内基本消除城市河流黑臭现象。随后，江苏省环保厅打包购买了"南京绿色家园""南京市绿色青年志愿者协会"等6家环保社会组织服务，要求从2014年1月至6月，由6家环保组织通过实地访问、民意调查、摄影摄像等方式对6条公众密切关注的污染河道的环境综合整治工作进行全过程监督[225]。昆山市、常熟市、张家港市、苏州工业园区等地方政府于2018年购买了"绿色江南"组织的污染监督服务，时间期限为一年。"绿色江南"组织通过企业排污数据监控、实地调研取证等方式，形成污染调研报告和企业非法排污证据提交给当地环保部门，由地方环保部门对污染企业进行执法。被执法的企业在整改后除了向当地政府部门，还需向"绿色江南"组织报备整改情况，由此既加强了对地方环境污染企业的监督力度，又降低了地方政府的行政成本，形成了政府—社会组织—公众三方在污染监督和治理上的良好互动。再如，贵州省清镇市政府在2013年12月购买了"贵阳公众环境教育中心"的第三方环境监督的服务，督促辖区内的企业和部门对于环境污染现象进行整改。"贵阳公众环境教育中心"进行了长期性的驻点工作，周期性提交关于企业监测报告书给生态局备案，并根据相关的调研报告给企业提出切实可行的措施。

4. 行动策略丰富化，组织合作密切化

中国的环保组织参与环境治理的路径方式和行动策略也日趋多元化。根据参与方式和行动策略的不同，中国环保组织的行动策略大致可以分为互有关联的四类：体制内参与、社会动员、行动联盟、公益诉讼。第一，体制内参与，即通过行政体制内一系列制度化渠道，如与政府官员座谈、向政府部门传递政策建议、申请信息公开、申请行政复议等，进而影响政府的政策制定与执行的行为。在具有典型意义的反对怒江建大坝的案例中，环保组织多次向中央领导人递送政策建议，这在很大程度上推动了地方政府决策的改变。第二，社会动员，即环保组织通过发动和引导公众舆论从而参与环境治理的行为。近年来，中国环保组织开始频繁地利用自媒体引导公共舆论，并在某些特定的议题上对政府和企业形成舆论压力，推动政府和企业行为的改变。例如，由北京的公众与环境研究中心制作并在互联网社交媒体平台发布的污染信息地图；2017年环保组织"野性中国"在微博上发起的保护云南绿孔雀的倡导行动等。第三，行动联盟，即环保组织通过和其他国内或者国际社会组织、社会行动者合作、联署或结成网络和联盟，集体参与环境治理的行为。从20世纪90年代开始的一系列环保事件中，比如反建怒江大坝事件，环保组织就已经通过联署公开信的方式进行环境政策倡导。当前的环保组织除了基于某些案例进行不定期的松散合作之外，也出现了一部分就某个环境政策或者环境治理议题而横向连接成组织化或类组织化的行动倡议联盟，比如旨在保护鸟类的"让候鸟飞"行动网络，旨在推动垃圾分类的"零废弃联盟"等。第四，公益诉讼，即环保组织代表公众通过司法程序纠正企业环境违法行为、帮助公众进行环境维权的行动。例如，自然之友和福建绿家园就福建省南平市采矿主破坏林地的行为向当地法院提起的公益诉讼，中国生物多样性保护与绿色发展基金会就腾格里沙漠污染事件起诉宁夏8家企业等。

另一方面，随着环保组织的专业分工更加细化，组织间的合作也有不断加强的趋势。中国的"零废弃联盟"即是环保组织专业化不断发展后组建合作性联盟的典型代表。在反垃圾焚烧行动主义发展的背景下，一批围绕垃圾议题的草根行动者和环保组织应运而生。由于垃圾处理是一个相对复杂的公共议题，不同的环保组织形成了各自不同的关注点和专业方向。为了推进垃圾的高效与低污染处理，环保组织在行动过程中开始和其他组织进行合作，在不断地合作和交流的过程中，环保组织之间逐渐形成了松散的合作网络。经过核心积极分子不断努力，这个松散的合作网络已经转化为一个合作性的平台组织，即"零废弃联盟"。目前，"零废弃联盟"已经成为一个关注垃圾处理全链条议题的联盟型组织，既有专注于在社区指导居民参与垃圾分类实践的组织，也有专注于监督垃圾焚烧厂污染排放的组织，还有在宏观层面对垃圾治理政策进行倡导的组织和行动者。环保参与的专业化与组织合作的密切化是环境问题日趋庞杂化的必然趋势，公众个人或单个环保组织往往难以"孤军作战"，公众与社会组织都在寻求更专业、更高效的参与模式。

（二）环保组织参与的现实挑战

环保组织在参与环境治理方面的多元化发展趋势表明环保组织在生态文明建设中的作用在不断增强，也可见环保组织在环境治理体系中的角色愈加复杂。这是中国的环境治理体系变革和社会对环保诉求不断提升的必然结果，多元共治的环境治理体系的建构要求环保组织在环境治理中承担更大的责任。但是，基于对环保组织的调研发现，目前环保组织参与环境治理仍然存在着一些不容忽视的问题。

1.环保组织注册登记困难

注册登记困难是长久以来束缚中国环保组织发展的难题。虽然和20世纪90年代初相比，中国的环保组织数量大幅增长，但是环保组织占社会组织总量的比例仍然较低。根据民政部的统计数据，截至2016年底，全国生态环境类社会团体占社会团体总量的比例仅为1.80%，生态环境类民办非企业单位占民办非企业单位总量的比例仅为0.12%。造成这一现象的主要原因在于束缚环保组织发展的社会组织登记管理制度。按照《社会团体登记管理条例》和《民办非企业单位登记管理暂行条例》规定的申请成立程序，中国社会组织成立的前提之一是要经业务主管单位的同意。但是，出于对环保组织不确定性的担忧，很少有政府机构愿意为民间自发的社会组织做业务主管单位。虽然2013年《国务院机构改革和职能转变方案》明确提出"重点培育、优先发展行业协会商会类、科技类、公益慈善类、城乡社区服务类社会组织。成立这些民间组织，直接向民政部门依法申请登记，不再需要业务主管单位审查同意"。但环保组织并不在放宽登记的范围之内，这就使得环保组织在登记注册过程中需要面临比以上四类组织更大的障碍。部分环保组织不得不以企业的身份在工商部门登记，并和企业履行同样的纳税义务，更多的组织因此沦为"黑户"。北京一家专注于做垃圾分类倡导的枢纽型环保组织历经一年多尝试注册民办非企业单位身份失败以后，只能通过商业注册的方式获得合法身份。值得一提的是，那些已经成功注册的环保组织的业务主管单位往往又是和环境治理工作联系较弱的科协、学会等组织。这种业务主管单位与环保组织的业务不挂钩的现象，导致很多环保组织名义上的业务主管单位在实际工作中并不能与之有很多业务上的沟通，也就难以对环保组织的业务发展进行有效而专业的管理。

2.环保组织制度参与的支持度不足

在中央政府不断倡导和推动政府购买社会组织服务的背景下，地方政府购买环保组织服务的力度依然薄弱。2013年9月，国务院办公厅下发《关于政府向社会力量购买服务的指导意见》，在此之后，中央各部委出台了一系列相关的配套政策文件。在不断完善政府购买社会服务的相关政策立法的同时，中央财政自2013年以来，每年提供2亿元用于支持社会组织参与社会服务项目。不过，相比于助残、养老、扶贫、教育等领域的大量投入，中央财政在购买环保组织服务方面的力度却十分不足。根据2017年中央财政支持社会组织参与社会服务项目实施方案，资助范围包括扶老助老、关爱儿童、扶残助残、社会工作以及能力建设和人员培养，而其中并不包括环境保护。对环保组织的调研也发现，虽然很多组织的负责人都表达了愿意承接政府购买服务的期望，但是大部分环保组织获得的地方政府购买服务相当有限。实际上，环保组织在过往30多年来在中国社会发挥了重要作用，环保组织积极参与环境教育、政策倡导、污染受害者救助等工作，与其他类型的社会组织一起对社会治理做出了许多重要贡献。中国的环保组织是在生存和发展环境欠佳的情况下，发挥了超越环境条件的作用，树立了较好的社会形象。然而，与环保组织的贡献相比，目前政府对环保组织的支持力度依然不足。

另一方面，当前环保组织参与环境治理存在制度途径不畅通的情况。虽然2015年通过并实施的《环境保护公众参与办法》规定了公民、法人和其他组织参与制定政策法规、实施行政许可或者行政处罚、监督违法行为、开展宣传教育等环境保护公共事务的基本方法。然而，由于地方政府的重视度不够，环保组织在参与地方环境治理的制度渠道往往受阻。以申请信息公开为例，环保组织"芜湖生态中心"与"自然之友"曾两度向各地环保部门申请垃圾焚烧信息公开，但结果均不乐观。2015年发布的《160座在运行生活垃圾焚烧厂污染信息申请公开报告》显示，中国现有160座运行的生活垃圾焚烧厂，最终只获得65座垃圾焚烧厂大气污染物监测数据。此前2013年的报告中显示，对122座垃圾焚烧厂申请信息公开，最终只获得45份排放监测数据，两次报告显示的披露比例都不到一半[226]。

3.政府服务购买受制于非正式制度

尽管政府的环境服务购买呈现核心化趋势，但核心业务购买的主动性不强，购买力度不大和持续性不足。由于政府与环保组织、环保企业之间缺乏足够信任，仅少数长年与地方政府"打交道"的社会组织才能取得地方政府信任，从而获得购买环保服务的机会。更多的环保组织寄希望通过提供专业化服务和扩大社会影响力以获得地方政府关注。例如，上海的环保组织"爱芬环保科技服务咨询中心"致力于为社区提供垃圾分类的解决方案和技术支持，通过其专业化和大范围的服务，成功获得上海市政府的关注。有环保组织表示，和地方政府的信任关系是通过长年沟通形成的，这种关系来之不易。因此，尽管关于政府购买服务的正式制度安排被不断完善，但对于大部分年轻的环保组织来说，政府购买服务往往受制于非正式制度因素。大部分环保组织获得地方政府的购买服务依然有限，且依然集中在非核心化的环保宣教方面。另一方面，地方政府的环保服务购买投入少、持续性不高。以某环保组织为例，大多地方政府对该组织全年的污染监督服务购买资金仅为一两万元，且仅限于当年。按照该环保组织的说法，地方政府购买其污染监督服务本意是好的，但一两万元的资金完全不足以完成辖区内全年的污染调研活动，而且这种不持续性的资助，是地方政府为了让环保组织对地方政府产生资源依赖，这样政府能更好地"控制"环保组织。显然，尽管该组织与地方政府形成了"信任"关系，但这种"信任"关系依然十分薄弱，这很大程度上是由于政府与社会组织之间的关系缺乏正式制度的保障。正式制度的缺乏具体表现为地方政府与社会组织合作制度的缺乏，政府购买服务考核制度和监督制度的缺乏，政府环境治理信息公开制度的缺乏等。

4.环保组织参与的能力欠缺

除了外部环境的影响，环保组织自身存在专业性不足、资金缺乏的问题，这也制约了环保组织在多元环境治理中的作用发挥。随着工业化进程的推进，生态环境问题变得越来越复杂，环境治理对专业化知识的要求也越来越高。以政策倡导为例，相比于传统的环境教育活动，污染监督等政策倡导活动对环保组织的专业化程度提出了更高的要求。有的环保组织虽然有意愿开展此类业务活动，但是由于没有足够的专业化人力资源和知识储备的支撑，只能暂时放弃与政策倡导相关的专业活动。再如环保公益诉讼，自新环保法于2015年1月1日实施以来，全国有环境公益诉讼主体资格的环保组织有700余家。但在2015年，全国仅有中华环保联合会、自然之友和福建绿家园等9家社会组织成为环境公益诉讼的原告[227]。根据2013年中华环保联合会和国际自然资源保护协会的调查，阻碍环保组织参与环境公益诉讼的一个关键原因是环保组织诉讼能力总体较低。调查显示，尽管73%被调查的环保组织都有法律专业人员，但大部分都是志愿者，而非从事环境法律服务专职工作人员，投入到环境公益诉讼中的时间和精力难以保证。同时，环保组织对有关环境公益诉讼的立法了解不够，接近60%的环保组织对民诉法和当时的环保法修正案中环境公益诉讼条款并不了解[228]。另外，导致中国的环保组织参与公益诉讼积极性不高的一个重要因素是资金的缺乏。诉讼是成本高昂的活动，需要足够的财力支持。缺乏资金保障导致了符合条件的社会组织不愿意提起诉讼的现象，也致使组织难以进行能力拓展和通过外包的形式购买服务。环保组织对于环境公益诉讼的了解和实践专业能力的匮乏固然与环保组织自身的业务方向相关，但关键的问题在于国家相关的配套政策支持不足，限制了环保组织参与环境公益诉讼的积极性。

5.环保组织参与的透明度不高

目前，中国环保组织的透明度不高，缺乏有效的信息公开约束。信息公开对包括环保组织在内的社会组织规范化发展和外部监督管理都至关重要。环保组织公开组织发展和业务开展方面的信息既可以促进组织自身规范和行业自律，也为社会对环保组织的监督提供了重要保障。社会组织领域三大条例——《社会团体登记管理条例》《基金会管理条例》《社会服务机构登记管理条例》发布的修订草案征求意见稿，都要求把信息公开列为专章进行规范。但是，环保组织在信息公开方面仍存在着不规范、不充分以及主动性不够等问题，这不仅为政府的管理造成了困难，也导致公众对环保组织的监督难以进行。调研发现，许多环保组织已经建立了网站、微博、微信公众号，通过这些社交媒体平台介绍组织的登记注册信息、业务范围、联系方式等信息，但对于一些关键性的信息，比如组织年报，公众仍然难以获取。当前，民政部网站已经开辟了"全国社会组织查询"的栏目，社会组织统一在这一平台上公开基础信息、年检结果、评估信息、行政处罚信息、表彰信息以及中央财政支持项目等信息。但是，目前公开的信息大多属于一些简单的基础性信息，缺乏关于社会组织工作的具体信息。另外，随着网络众筹逐步成为环保组织资金收入的重要来源，公众对环保组织的财政透明度提出了更高的要求，这是相关管理部门和环保组织自身都需要面对的迫切问题。

（三）环保组织参与的思路

1.调整登记管理制度，将环保部门作为环保组织主管单位

调整与完善社会组织的登记管理制度，建议将地方政府的环保部门作为环保组织的业务主管单位。针对环保组织登记注册难的问题，在不改变上位法的前提下，可以将地方政府的环保部门作为申请登记和已经登记于辖区内的环保组织统一的业务主管单位。根据党的十九大报告提出的构建政府为主导、企业为主体、社会组织和公众共同参与的环境治理体系要求，地方政府理应在多元共治的环境治理体系中承担领导责任，对于管理环保组织的业务负有不可推卸的责任。政府环保部门统一作为环保组织的业务主管单位不仅可以改变目前对

环保组织业务多头管理的窘境,有利于加强环保部门对辖区内的环保组织业务发展的集中管理;同时,地方环保部门可以及时全面地了解辖区内环保组织的业务发展情况,将相对分散的民间环保力量进行有效整合,引导环保组织在环境治理中发挥作用,弥补行政主导型环境治理模式的短板。

2.组建环境咨询委员会,畅通环保组织参与的制度渠道

鼓励环保组织通过制度型渠道参与政策倡导。当前,地方人大和政协均下设有环境保护委员会,可以通过环境保护委员会定期与环保组织进行座谈,听取环保组织对于地方环境治理的意见,接受问询。另外,建议在地方环保部门内部,建立有公众代表、环保组织、企业负责人代表以及专家学者组成的环境咨询委员会,让社会多元主体在这一平台内通过对话、沟通、博弈等过程,充分表达各自对环境治理问题的诉求和想法。环境咨询委员会的定位是为政府就环境保护事宜提供咨询的智囊团。由多元主体参与的环境咨询委员会是许多国家和地区用来吸纳社会力量参与环境治理、为政府进行相关决策制定和执行提供建议的一种常用方式,在世界各地已有广泛的实践。环境咨询委员会的一般职能包括:(1)检讨当地环境情况;(2)向政府决策部门建议适当措施以应对各类环境问题;(3)对政府将要推行的重要环保政策方案,提供咨询和意见。环境咨询委员会应设有专人负责牵头以及日常的管理协调工作,可以由环保部门的宣教工作负责人兼任,或者另设专门人士来负责管理和执行。除该负责人以外,环境咨询委员会的所有其他成员均不受固定薪酬,应视为其履行社会和公民责任的一个部分,但可以适当补贴一定的咨询费用,用以支付最基本的交通或者调研费用开支等。作为一种常态化的沟通机制和平台,环境咨询委员会应定期举行会议,讨论环境保护相关的事宜,以充分发挥多元共治的优势,解决环境治理过程中遇到的难题和挑战,提升环境治理绩效。

3.提升环保组织专业能力,加强环保组织分类培育力度

中央和地方各级政府应尽快建立健全培育环保组织的长效机制。首先,建议设立环保组织扶持专项资金。在中央财政支持社会组织参与社会服务项目立项中,建议将环保组织提供环境保护相关的公共服务列为重点支持的对象之一,增加环保组织参与环境保护服务的立项比例,以此引导地方政府加大购买环保组织服务的力度。其次,加强对环保组织的分类培育,培育以信任为核心的社会资本,通过圆桌讨论、建立联络机制等方式,加强政府部门与环保团体的沟通以及对环保团体日常运作的支持,积极主动参与环保团体活动,同时加强对环保组织关于落实国家政策精神的宣传，引导环保组织有针对性开展环境治理活动，以此消除因信息不对称形成的信任隔阂。与此同时，地方政府在购买环保组织服务时，应综合考虑环保组织的专业性、规范性以及环境治理目标一致性等因素。对于环境治理目标一致但专业能力不够的环保组织，不能仅依靠政府购买，还需采用项目资助、业务能力培训、提供办公场所等孵化社会组织的方式支持环保组织进行内部能力建设，提升其参与环境治理的专业能力。再者，进一步优化环保组织的税收环境，简化环保组织免税资格和公益性捐赠税前扣除资格申报和认定的程序。重点发展支持型的环保组织，重点培育资助型环保公益基金会，枢纽型环保组织，确保社会组织扶持专项资金中留有一定比例用于此类组织的建设，并对向此类环保组织提供捐赠的企业进行税费减免优惠等。最后，建立健全社会服务购买监督机制、环境治理信息公开机制、社会服务验收考核机制等正式制度安排，促进政府环境治理信息和环保服务购买项目公开化、透明化，政府与环保组织的合作制度化、持续化。同时通过环保服务购买考核机制，调动社会团体参与环境治理的积极性，实现环境购买服务性价比最大化。

另一方面，加强地方政府与环保组织合作治理，重视对环保组织的分类培育。政府在综合考虑环保组织的专业性、规范性以及环境治理目标一致性等因素的基础上，对于有助于实现政府环境治理目标且比较规范专业的环保组织，可以加大与其合作和资助力度；对于环境治理目标一致但专业能力不够的环保组织，不能仅依靠政府购买，还需采用项目资助、业务能力培训、提供办公场所等孵化社会组织的方式支持环保组织进行内部能力建设，提升其参与环境治理的专业能力；对于与自身目标一致性不足且又不够规范专业的环保组织，可以采用监管性和规范性的政策工具加以引导，使环保组织更有序地参与环境治理活动。除此之外，对于在环境治理领域提供公共服务表现优秀，做出突出贡献的环保组织，可以进行奖励，并通过社会组织评估体系向社会公布，以进一步激发环保组织参与环境治理，提供优质公共服务的创造性和积极性。

4.推进环保组织信息公开和信用体系建设，提高组织透明度

针对环保组织存在的透明度不够的问题，政府应进一步加强和完善环保组织信息公开和信用体系建设，提高环保组织的透明度。首先，加快建设涵盖各类型社会组织的全国统一信息公开平台。当前，在民政部网站"全国社会组织查询"栏目里查询到的环保组织的信息普遍存在不充分、不全面的问题。因此，政府应为社会组织积极履行义务，向社会公开其年报信息提供激励。其次，针对环保组织制作信息公开范本，要求环保组织按照范本公开信息。对于暂时没有条件进行合法登记但是实际在运营的环保组织，也要严格执行登记备案制度，要求这一部分组织定期向所在地民政部门提供收入来源、项目活动等信息。民政部门应该定期对掌握的社会组织信息进行统计分析，并向社会公众公布分析报告。再者，建立环保组织失信惩戒和"黑名单"等信用管理制度，将环保组织信用状况与政府购买制度和评估制度挂钩，把环保组织工作与其法人代表的个人征信系统挂钩，对失信社会组织，将其法定代表人纳入失信行为记录。

另外，社会组织信息公开制度离不开社会组织评估体系的基础性支持，因此，在完善社会组织信息公开制度的同时，应努力完善包括环保组织在内的社会组织评估体系建设。目前在社会组织评估体系中，环保组织还没有被作为一个独立的社会组织类别进行评估。由于环保组织与其他领域的社会组织在行动策略、服务目标、资金来源方面有较大的差别，不加区别地将环保组织与其他类型的社会组织一起参与评估，在一定程度上影响了评估的科学性，也影响了环保组织参与评估的积极性。因此建议由生态环境部、民政部社会组织管理局、民政部社会组织服务中心联合有关单位研究制定统一的环保组织评估指标体系，并向全国推广。在此基础上，进一步建立评估结果与政府购买、补贴、以及奖励相挂钩机制，发挥评估机制在提高环保组织透明度上的重要作用。

新时代背景下，环保组织是多元环境治理体系中不可或缺的一个环节。中国环保组织当前的运行状态与行动策略存在多元化的趋势，从另一个角度来说，环保组织的多样化行动策略也增加了环境治理中的不确定性，这种不确定性既可能推进环境治理往善治的方向演进，也有可能成为环境多元治理体系建设过程中的一个障碍。因此，如何保证环保组织的活动在环境善治的轨道上，促进环保组织成为多元环境治理体系中有效的一环，这是新时代背景下中国环境治理需要直面和解决的一个问题。尽管中央政府再三强调多元共治，发挥公众力量，但地方政府对于环保组织发展的态度更多的是"堵"，而不是"导"。仅在环保组织注册登记上，地方政府部门怕担责任，不愿作为环保组织的主管单位，这在源头上就体现了不敢直面环保组织参与环境治理的问题。某种程度上看，环保组织活动的不确定性是由当地政府间接造成的，使得环保组织的身份合法性难以获得，组织制度参与的渠道越来越狭隘，在这种情况下，环保组织采取各种"变通"的手段，组织活动从台上转移到台下，组织透明度愈加模糊，这进一步加大了地方政府的环境监管难度。

（本节内容由课题报告《新时代背景下环保组织参与环境治理的角色演变与现实挑战》修改形成，报告发表于《国情报告》2018年第18期）

第三节 中国环保组织的行动转变

（一）愈加活跃的政策倡导行为

一直以来，大多数的中国环保组织更倾向于环境教育、植树造林、生态导赏类等活动领域，对于公共表达、污染监督等政策倡导行动更多采取相对回避的态度[①]。这是因为社会组织在政策倡导的过程中很可能会出现与政府立场相抵牾的情形。因此，中国的环保组织主要在加强公众环保教育、促进公民环保行动参与、参与和推动环保政策三个方面发挥作用，而在协助公众环境维权、监督环境政策实施、推动企业环保责任方面的作用则相对较弱。

值得注意的是，近年来中国环保组织在政策倡导领域日趋活跃。在环保组织发展的早期阶段，只有少数知名、由精英领导的环保组织，如自然之友、北京地球村、北京绿家园等，零星地进行政策倡导，如今，越来越多草根环保组织参与到政策倡导的领域。除了传统体制内的倡导活动，环保组织越来越多地参与到多元化的倡导活动中去。有的环保组织在社交媒体上曝光有环境违法行为的企业并要求政府加强环境执法，或者通过政府信息公开或公益诉讼等手段，直接向环境监管部门和污染企业施压，影响政策的制定和执行。2012—2014年，部分环保组织积极参与新《环境保护法》修订的过程，在一定程度上推动了新《环境保护法》的出台。

---

① 英语里的"倡导"（advocacy）一词原指的是律师为客户辩护的行为，20世纪60年代和70年代美国民权运动将这个词的使用范围大为延伸。倡导一词的解释包括一系列为了某些目的而努力施加影响的行为。政策倡导是目标指向更为明确的一种倡导形式，是公众、非政府组织、其他公民社会组织、网络和联盟通过影响政府、其他权力机关的政策设计、政策执行和决策过程，进而寻求政治、经济、文化和环境权利的过程。根据政策倡导的不同路径方式，政策倡导可以分为不同的类型，比如直接倡导和间接倡导、挑战性政策倡导和非挑战性倡导等。本书中的政策倡导既包括对政府行为采取批判态度的倡导，也包括非批判态度的倡导。

　　中国环保组织的行动策略为什么会有这样的转变，使得政策倡导呈现日趋活跃之势？现有的研究更多从宏观的制度环境来解释中国环保组织的行动转变。制度环境对于环保组织而言，主要体现为环保组织从制度环境中所能获取的政治机会和组织能够获取的发展资源。政治机会（political opportunity）是社会运动研究领域解释社会运动为何发生的重要概念之一①。随着体制改革和利益多元化的发展，中国政策过程日趋多元化，越来越多非传统或者非体制内的行动者进入了决策领域，成为影响政策过程的重要变量。环境问题的严峻性促使中央政府对环境保护的重视程度提升，这为环保组织参与政策倡导提供了有利的政策空间。

　　除了政治机会，组织的发展资源也是影响社会组织生存与行动策略的重要因素②。组织需要外部世界的资源——资金、人员、信息和认可——来生存和发展。在中国，资金和人力资源向来是困扰社会组织发展的主要障碍之一。20世纪90年代，中国环保组织的资金很大一部分来自于境外机构，比如国际基金会、外国政府以及跨国企业。为了避免政治争议，境外组织同样更倾向于资助那些去政治化的项目，比如环境教育、物种保护等。随着中国公益慈善领域的发展，社会组织的资金来源比以往更加多样化，包括来自基金会和企业的自愿捐赠、政府购买、公众募捐等[229]。同时，国家对环境保护的重视使得基金会等资助方对政策倡导项目的态度较以往变得相对开放。筹资环境的优化在客观上赋予环保组织更大空间去争取更多所需的资源开展政策倡导行动。

　　政治机会的出现和组织获取资源渠道的开放给环保组织参与政策倡导提供了更多的空间和可能性，在一定程度上解释了环保组织在政策倡导领域活跃度的提升。但是，这两种解释却未充分发掘社会组织自身的能动性。笔者于

---

① 政治机会可以从四个维度去理解：政治制度的相对开放或封闭，支撑政体的精英群体的稳定或不稳定，精英同盟的存在或缺失，国家的镇压能力和倾向。

② 有关组织资源影响倡导行为的一个最基本的假设是，拥有资源越多的组织可能越多地参与政策倡导活动。一项基于美国公益组织的调查发现，一个组织掌握的资源数量与该组织参与政治活动的活跃度密切相关。但是，现有研究也发现，组织资源的水平对不同类型组织行为的影响是有差别的。大量的全职员工可以为环保组织提供稳定性和持久性，使其可以与志趣相投的团体或者成熟的政治和社会行动者建立持续的联系。资源丰富、专业性强的社会组织往往偏向于常规的低风险活动。与此相反，资金不足的组织往往依赖于志愿者的时间和精力，从而导致自发的、以抗议为基础的策略。为了引发关注，预算和工作人员较少的社会组织反而更有可能进行更具对抗性的活动。

2017—2018年对全国各地18个环保组织进行了调研，通过对位于Y省L组织与S省R组织两家环保组织的深入观察与分析，从组织学习理论这一微观的视角对中国环保组织的这种行为变迁进行解释。之所以选择这两个组织是因为他们代表了两种典型的组织学习影响组织行为变迁的方式。

（二）一个组织学习的逻辑路线

组织学习（organizational learning）的概念由阿吉瑞斯（Argyris）和熊恩（Schon）在其著作中首次提出的[230]。学习是人类社会生活极为常见的行为之一，但是究竟什么是学习，学习又是如何发生的实际上是一个很复杂的过程。组织学习包含了通过处理信息或事件来产生知识，并且用这些知识来触发行为改变的过程。也就是说，仅仅产生知识是不足够的，组织学习还包括利用知识来影响组织行为和实践的过程[231]。基于不同学科对于组织学习的定义，陈国权、马萌认为，"组织学习是指组织不断努力改变或重新设计自身以适应不断变化的环境的过程，是组织的创新过程"[232]。根据这一定义，组织学习应被视为组织能动地获取信息、创造知识、并利用知识改变组织行为的一个过程。为了从组织学习的视角分析其对环保组织政策倡导行为的影响，研究特从组织学习方式、学习过程、学习程度和学习结果构建了一个逻辑路线（如图5-4所示）。

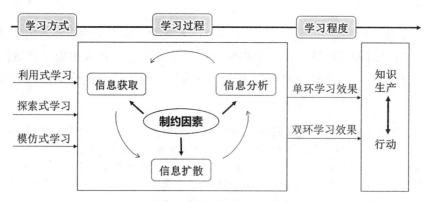

图5-4　组织学习的逻辑路线

组织学习的方式。组织学习主要分为三种方式：利用式学习（learning by exploitation）、探索式学习（learning by exploration）和模仿式学习（learning by imitation）。利用式学习指的是组织在已有知识或实践经验的基础上，加以分析、总结，以提升组织原有流程、技术表现的过程。探索式学习指的是组织在已有的知识之外，探索全新的思路、技术、策略等的过程。探索式学习经常伴随着搜寻、冒险、实验、发现、创新等过程[233]。除了从自身经验中学习，组织也经常通过模仿其他组织的行为来学习。模仿其他被视为更成功或更正规的组织的行动或策略，有时候是组织面对不确定的外部环境的一种生存策略[234]。以上三种类型的学习方式均可发生在不同的层次上。

组织学习的过程。组织到底是如何学习的？组织学习的过程主要在于知识和信息的生产。组织学习可以从知识流动视角划分为知识获取、信息散布、信息解释和组织记忆[235]。它是利用外部知识、消化知识和应用知识的过程[236]。具体来说，组织学习包括四个基本步骤：（1）获取有关组织及其环境的信息；（2）通过分析和解释信息或对行动进行反思来产生知识；（3）通过将知识应用到组织活动中或试验新的想法来采取行动；（4）将知识和经验常规化成为指导组织行为的规范。因此，从总体而言，组织学习的过程是对信息处理的过程，包含了信息获取、信息扩散、信息分析三个阶段。信息获取意味着组织需要通过各种途径和方法来获取知识；信息扩散是指分享来源不同的信息，使得组织能够从共享信息中获得新的资讯；信息分析是指对信息进行整合、解读和加工的再生产过程。与此同时，同样的组织学习过程可能会受不同因素的影响，从而出现不同程度的组织学习效果。组织学习的过程会受到组织内外因素的影响，包括认知能力（cognitive capacities）、权力关系（relations of power）和知觉框架（perceptual frames）。组织的认知能力一般指的是组织收集、分析，以及解读信息的能力。组织内外部的权力关系也是影响组织学习过程的一个重要制约因素。比如，社会组织与他们资助方之间的权力互动关系会在很大程度上影响组织的学习过程。另外，由于个体通常利用其知觉框架理解他们身处的环境和世界，那么组织中起领导作用的个体知觉框架和价值观也成为影响组织学习重要制约因素之一。

组织学习的程度。正是基于组织学习过程中的制约条件，阿吉瑞斯和熊恩定义了两种不同深度的组织学习，称为单环学习（single-loop learning）和双环学习（double-loop learning）（见图5-5）[237]。单环学习是将组织运行的结果与组织的行为和策略联系起来，通过修正组织的行为和策略，从而提升组织的能力或者绩效。单环学习只有一个反馈环，即在组织既定的价值和文化框架下提高组织的能力，完成已确定的任务（目标）。在单环学习中，组

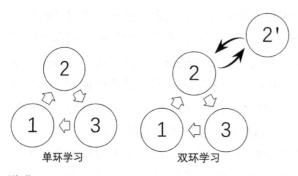

说明：
1：感知、监测环境的变化；
2：将所获取的信息与组织规范与目标进行比较；
2'：思考组织规范与目标的正确性；
3：对行动进行改进。

图5-5　单环学习和双环学习示意图

织运作背后的价值、文化框架并不会被改变。双环学习对组织背后的价值、文化框架等进行重新评估和调整。双环学习有两个相互联系的反馈环，它不仅要发现与组织目标有关的策略和行为的错误，而且还要发现组织根本的价值或者目标的错误并加以调整。相对于单环学习，双环学习给组织带来的可能是更为根本性的变化。

阿吉瑞斯和熊恩如此总结这两种不同深度组织学习的差异：单环学习主要关注的是有效性，即如何在既定的价值和规范内提升组织的表现，更好地实现现有的目标。然而，在某些情况下，错误的纠正需要探究组织的价值和规范本身如何被调整，这就是我们所说的双环学习。在单环学习和双环学习这两个层次的组织学习过程中，利用式学习、探索式学习和模仿式学习都可能发生。

（三）环保组织的探索式学习

利用组织学习这一逻辑思路，对两个典型环保组织的政策倡导行为进行分析，以解释中国环保组织行动策略转变的原因。L组织是位于中国西南Y省K市的一家非营利性环境保护组织，于2006年6月起组建并开始开展活动，2007年12月16日经K市民政局批准正式登记注册。在其官方网站上，L组织定位其是Y省目前唯一从事污染监督和预防的倡导型草根环保组织。但是，L组织在成立之后的很长时间内虽也涉足政策倡导领域，但是面向公众的环境教育才是组织的业务重心所在。这一转变的发生在很大程度上与组织自身的学习有着密切关系，L组织是通过自身的探索式学习推动组织行为转变的典型代表。

出于对社会组织工作的兴趣，L组织的创始人M女士于2005年来到K市创办了该组织。从2006年到2008年，该组织主要是以志愿者团队的形式存在，结合所在地区生态资源丰富的特点，在K市开展了多个动植物保护的活动。由于没有合法注册的志愿者团队，L组织在这一段时间并没有明确的组织目标和业务发展方向。2007年12月，L组织成功在当地的民政部门注册。从2008至2010年间，该组织选择了以公众环境教育作为主要的业务发展方向，在K市开展一系列环境教育活动，例如，中小学生环保教育课、环境教育教师培训、动植物园亲子活动等。在开展环境教育活动的同时，该组织也尝试以污染监督为主的政策倡导工作，比如，对湖泊D的地下水污染情况开展调查，并根据调查结果提出政策建议交给当地政府。不过，这一时期，L组织并没有把政策倡导作为组织的主要业务来发展：

> 在做环境教育的同时，我们也做企业污染监督，河流的调查，地下水调查，但是这些东西有一部分是没有钱的，就是很从心地做，当时理事会的意思就是可以这样尝试，但是不要把污染监督弄得非常的重（2017年8月8日与M的访谈）。

而在基金会去政治化资助策略的背景下，环境教育比政策倡导更容易获得资助。从维持组织生存和发展的角度，L组织在发展初期将公众环境教育作为组织的主要业务方向。M女士强调自己是具有强烈社会价值导向的人，她希望通过环境教育项目改变人的环境意识和价值取向，进而参与到改善环境的实践中去。但是，随着公众环境教育的深入，该组织逐渐意识到环境教育活动与切实改善环境的组织目标相去甚远：

> 做环境教育我自己觉得还是很诚恳，我们项目一般都很长，两三年，去做了全K市儿童的教育。在做的过程中我发现，孩子还是很难教育的（2017年8月8日与M的访谈）。

L组织在进行以儿童为主要对象的环境教育过程中发现，由于孩子的教育极大地受到家庭教育的影响，环保组织开展的环境教育活动对孩子环境行为的影响很有限。组织由此开始反思并调整公众环境教育的策略，将环境教育的对象从孩童转向成年人：

> 我们在反思有没有耐心一辈子做教育，有没有耐心去陪伴这些孩子成长。其实我们还是有些急功近利的，我们希望看到环境的改善，而不是去陪一群孩子长大。所以我们在2010年的时候稍微调整了一下策略，换了另外一个途径，就是想把教育的对象改成成人，想试一下社会动员的感觉（2017年8月8日与M的访谈）。

虽然L组织仍然坚持将公众环境教育作为主要的工作方向，但是环境教育对象的改变意味着组织行动策略和方式的改变。成人环境教育活动的开展要求组织在已有关于儿童环境教育的知识之外，探索全新的策略和方式，这是典型的探索式学习方式。与以传授知识为主要目标的儿童环境教育不同，面向成人的环境教育更加强调公众直接参与改善环境的行动。2010年开始，L组织设计了一系列以"爱K市"为主题的环境教育活动，比如，城市历史街区导赏、城市历史文化专题讲座等。L组织希望通过"爱K市"这个概念动员公众参与改善所居住城市环境的行动，但之后发现面向成人的环境教育实践也没有取得预期的效果。虽然公众确实会因为关心或喜欢K市的环境而参加L组织的活动，但是很少有人真正为了改善当地的环境而付诸实际行动。

L组织开展公众环境教育的过程实际上是不断试错、不断学习的过程。组织通过将行动的结果与组织目标进行对比、分析和反思，最终认识到公众环境教育并不能实现组织想要有效改善环境的目标，这促使L组织继续调整行动方向和策略。在一份2011年10月完成的《L组织环保民间行动能力提升计划》中，L组织认为中国环境问题频发，亟待环保组织参与并推动问题真正解决。但是，面对突出的环境污染问题，组织也意识到自身及其他环保组织在应对现实环境问题方面的能力存在严重不足。L组织因此决定增加在污染监督等政策倡导领域的专职人员配备，以提升其应对和解决现实环境污染问题的行动能力。在组织内部，公众环境教育与政策倡导活动出现了明显此消彼长的趋势（见附表5-1）。L组织一方面大幅减少公众环境教育活动的数量，同时不断增加在污染监督和政策倡导方面的投入。2012年前后，后者超越前者成为组织的业务重心。2015年后，L组织完全退出公众环境教育领域，成为Y省唯一一家专注从事污染监督的民间环保组织。M女士解释了组织的业务重心从环境教育向政策倡导转变的原因：

我们（当时）重新做了一个设计，基于一个找对的人做对的事情（的原则）……如果我们不能影响一批人，我们就去找本身有意愿去做这个事情的人，然后跟大家一起做一点事情。所以污染监督从2013年开始就越来越大，项目越来越多，越来越完整。到2015年我们正式把所有的环境教育、社区动员的项目都砍完，一个都不留，只留下做污染监督（2017年8月8日与M的访谈）。

表5-1　L组织历年项目开展情况统计

年份	环境教育	政策倡导
2008	1. K市及周边县花卉市场外来物种/品种的调查及花农/公众对外来物种防范意识的普及 2. K市环境教育教师培养和教学实践 3. 植物园/动物园自然体验及教育活动	1. D湖地下河调查和保护行动 2. 古树保护行动
2009	1. 同上2008-2（与2008年第二个项目相同） 2. 同上2008-3 3. WS保护区华盖木保护互动式宣传教育 4. K市中小学绿色生活地图制作竞赛	1. 同上2008-1 2. 同上2008-2
2010	1. 同上2008-2 2. 同上2008-3 3. 同上2009-3 4. 同上2009-4	1. 同上2008-2 2. 水环境管理行政体制、政策制度及推动方法探究 3. XGLL贯叶马兜铃及DM麝凤蝶社区保护
2011	1. 同上2008-3 2. 同上2009-4	1. 同上2008-2 2. 同上2010-2 3. 同上2010-3
2012	1. "K市绿生活"可持续生活倡导 2. "话说老K市"K市文化历史讲解及公众行动激励	1. 同上2008-2 2. 同上2010-2 3. Y省生物多样性破坏干预 4. FM钛产业基地企业污染干预
2013	1. 同上2012-1 2. 同上2012-2	1. 同上2008-2 2. 同上2010-2 3. 同上2012-3 4. 同上2012-4 5. K市D湖及小江流域国控企业信息公开推动项目
2014	1. 同上2012-2	1. 同上2008-2 2. 同上2010-2 3. 同上2012-4 4. 同上2013-5

（续表）

年份	环境教育	政策倡导
2015	1.同上2012-2	1.同上2008-2 2.同上2012-4 3.同上2013-5
2016	无	1.同上2012-4 2.垃圾焚烧厂污染监督 3.河流排污口污染监督 4.工业项目选址环评报告解读和倡导行动 5.K市及Y省中部地区国控企业信息公开倡导项目
2017	无	1.同上2016-4 2.同上2016-5 3.推动公众参与黑臭河整治项目 4.推动整治后的H河开展长效监督项目 5.清水为邻K市市民间水环境观察项目 6.Y省工业园区污染调查和倡导行动

在L组织的业务重心从环境教育转向政策倡导的过程中，探索式学习发挥了重要的作用。根据M女士的说法，组织在成立之初的目标是影响公众的环境意识和价值观念、动员公众参与，从而有效改善环境。但是，L组织对于如何有效实现这一目标并没有明确的认识。在有限理性假设下，人们信息加工的能力是有限的。因此，个人或者组织没有能力同时考虑所面临的所有选择，无法总在决策中实现效率最大化。正是由于组织无法同时全面地比较面临的选择，不能预测未来，组织需要通过不断学习来纠正自己的错误，不断地适应新的环境变化[238]。组织实践的过程实际上是不断试错、总结经验、策略调整的过程。这一过程也是L组织持续获取信息、反思、再不断行动的过程。当组织意识到现有的策略不能有效达到组织目标的时候，L组织主动积极地开拓新的思路和策略，这是典型的探索式学习。不管是面向儿童还是成人的环境教育，其根本目标是影响公众的环境意识和行为，而以污染监督为主的政策倡导行动的目标更多是监督企业和政府的行为。也就是说，在L组织通过组织学习引发业务重心转变的过程中，组织内在的目标和战略也已经悄然变化。从学习的结果来看，L组织业务重心从公众环境教育向政策倡导的转变主要是双环学习。组织在政策倡导行动领域的不断学习推动了组织在这一

领域知识的累积，其行动效率也因此而逐步提升，这体现了单环学习的过程。

需要指出的是，L组织的学习过程也受到组织内外部环境因素的影响。2010年前后，中国环境问题频发并引发普通公众的广泛关注，甚至采取集体行动，这一社会环境的变迁进一步激发了L组织变革的意愿和行动。L组织在2011年完成的《L组织环保民间行动能力提升计划》即是通过反思和学习对外部社会环境变化的一种积极反应。当然，L组织之所以对外部环境变化进行反思、学习并做出积极改变，与组织领导人自身的价值取向有很密切的关系。当被问及为何在明知有一定政治风险的前提下仍坚持从事政策倡导活动时，M女士认为这是其自身性格和价值观决定的。

进一步地，L组织的学习过程与政策环境、组织资源之间的关系如何？不可否认，二者对组织行为演变有着重要作用。以L组织经常使用的政策倡导手段，即申请政府信息公开为例，这种方式之所以被L组织在内的社会组织广泛采用，与国家在信息公开方面的立法和政策空间的开放直接相关。但是即便如此，L组织在进行监督这类政策倡导行动时，也会出现与地方政府立场相左，批判政府行为的情况，这甚至给组织的发展带来了一定的负面影响。L组织也清楚，相比于政策倡导，去政治化的公众环境教育仍然更容易获得政府和基金会等资助方的项目资助。因此，如果不是在行动过程中通过学习认识到政策倡导比公众环境教育更有效的话，L组织不会进行业务重心的转移，并最终退出环境教育的项目，完全转向政策倡导。

（四）环保组织的模仿式学习

R组织是西部S省C市注册成立的环保组织。R组织的缘起是一位国际知名的动物学家面向全球的公众环境教育项目，目的是鼓励和培养青年人关心环境、关爱动物和关怀社区的意识和行动。2003年该项目被引入C市，以项目为载体的R组织及其志愿者们在S省随即开始活动。2008年4月，R组织由C市环境保护局作为主管单位，在C市民政局正式登记注册，成为独立的民办非企业单位。与L组织类似，R组织在发展过程中也经历了业务重心的较大转变，从专注公众环境教育转变为公众环境与政策倡导并重。这一转变的发生在很大程度上与组织学习有着密切关系，而R组织是通过组织间的模仿式学习推动组织行为转变的典型代表。

根据组织业务重心的演变，R组织的负责人D女士将R组织从2003年至

2017年的发展大致分为三个阶段，包括公众环境教育阶段（2003—2008年）、抗震救灾阶段（2008—2010年）以及环境教育与政策倡导并重阶段（2010年至今）。从2003年到R组织正式成立前的2008年4月，组织的行动领域主要是面向中小学生的自然保育、环境教育。第二阶段是从2008年正式注册到2010年，由于2008年5月12日发生了汶川地震，R组织的行动领域偏离了环境保护，与全国其他组织联合投入紧急救灾行动。紧急救灾结束之后，R组织又在受灾社区开展了一系列灾后重建项目。在此过程中，R组织意识到救灾及灾后重建与组织目标偏离的问题，从而开始反思机构的定位和转型问题：

> 我们也在考虑，毕竟R组织是个环保机构，我们不想转型做救灾，也不想转型做灾后重建，所以我们想应该做什么样的机构。然后反反复复找人帮我们做战略规划，想R组织因为什么而存在，应该是由于环境问题存在的，你的存在应该能够给问题解决带来什么。回顾过去的工作，发现没有在这个上面体现（2017年6月19日与D访谈）。

R组织进行的战略规划，其实是在将组织的目标与工作绩效进行评估和分析后，探索组织新的目标和战略的过程。R组织因此而注意到城市面临的垃圾处理困境这一问题。经反复讨论和评估后，R组织决定将垃圾分类议题定为主要业务发展方向：

> 综合评判下来，我们想要回应垃圾问题。因为大的政策走向都讲我们要变成"垃圾围城"了，C市媒体都这么写，说是要垃圾分类……但是，2010年C市还没有相关的组织……我们确定要做一个在C市的、关注当地垃圾问题、推动垃圾管理可持续发展的机构（2017年6月19日与D访谈）。

此后，R组织从相对擅长的公众环境教育入手，开始在学校和社区开展针对垃圾分类的公众教育项目。从一般的以学生为对象的环境教育过渡到聚焦于垃圾分类的教育，其本质是对其公众教育项目的对象和策略的调整和优化。这需要R组织在充分利用已有相关实践的基础上，还要不断探索新的知识，以提升行动的绩效，因此利用式学习和探索式学习在这个阶段均发挥了作用。但是，R组织在开展针对垃圾问题的公众教育活动的过程中，又逐渐意识到公众教育的局限性，这进一步促使其认识到政策倡导的重要性：

> 面对快速增长的垃圾量和整个政府的垃圾处理（政策）的走向，我们发现一个一个小区做（垃圾分类教育），真的很慢。我们想说政策很重要。不能光下面动啊，上面如果政策不动是没有办法的，这是系统问题，我们试着做政策

建议的工作，这也是我们没有做过的（2017 年 6 月 19 日与 D 访谈）。

　　然而，相比公众环境教育，政策倡导对于环保组织专业能力的要求显然要高。由于缺乏专业知识和实践经验，虽然 R 组织意识到政策倡导的重要性，但是实际上并没有开展与政策倡导相关的实质活动。这种情况在 L 组织加入"零废弃联盟"后才发生了改变①。零废弃联盟对自身的定位是一个非营利性的关注生活垃圾问题的行动者合作网络与平台。2011 年，D 女士在北京参加了"自然之友"环保组织举办的一个论坛，因此而结识了零废弃联盟，并在之后的2012 年加入成为其中一个会员组织。在零废弃联盟开展的活动中，对会员组织进行专业能力输出和培训是重要的一项内容。R 组织因此也受到了零废弃联盟对其专业知识和能力方面的影响：

　　2014 年以前 R 组织做得更多的是针对学校和社区的教育。加入零废弃联盟以后，一开始是零盟的其他伙伴成员教我们怎么做政策倡导。从 2014 年开始学习怎么根据社区、学校的工作，获得数据，做分析，写成政策建议，通过政协渠道、民主党派渠道向政府提交（2017 年 6 月 19 日与 D 访谈）。

　　组织间的交流和学习促进了 R 组织在政策倡导这一新领域的实践。在零废弃联盟其他成员的影响下，R 组织在政策倡导方面的专业知识和能力逐步提升，参与政策倡导的活动数也随之逐年增长。与 L 组织不同的是，R 组织目标和行为的转变，不仅有组织自身利用式和探索式学习的影响，而且组织间的模仿式学习发挥了关键性的作用。正是通过组织之间的交流互动，有关政策倡导的专业知识和技能才形成了跨组织的流动和扩散，相关知识的获得直接促成了 R 组织政策倡导的实践。自 2014 年开始，R 组织主要通过与体制内精英（如与组织有关联的当地政协委员）合作向地方政府提交调研报告、政策建议。随着实践经验的积累，R 组织对于政策倡导的流程、方法、策略等问题日益熟悉，并将这些知识在其他不同的倡导案例中复制，实现了知识的生产、推广及行动绩效

---

①　根据零废弃联盟官网的介绍，"零废弃联盟"，简称"零盟"，于 2011 年 12 月正式成立，旨在推动中国垃圾危机的解决，促进政府、企业、学者、公众及公益组织等社会各界在垃圾管理过程中的对话与合作。芜湖生态中心、自然之友、自然大学、宜居广州四家机构共同组成零盟秘书处，目前零盟已有 35 个团体及个人成员。零废弃联盟的三个近期推动目标：第一，垃圾管理工作一定要有前瞻性、具体、反映社会共识的远期目标；第二，垃圾分类教育一定要进入中小学课程体系；第三，垃圾焚烧等处理设施的污染控制设备与管理一定要达到国际先进水平。

的提升。可以看到，通过组织学习，组织的目标已经从一开始单一地影响公众的环保意识和行为，逐渐过渡到不仅影响公众的环保意识和行为，而且影响地方政府的生活垃圾治理行为。由于组织的目标已经发生变化，R组织在这一过程中发生了深层次的双环学习。

R组织的学习过程也受到组织内外部因素的影响。R组织将关注城市生活垃圾问题确定为组织的业务方向这一决策深受媒体报道的影响。媒体关于"垃圾围城"的报道使R组织意识到当地所面临垃圾处理问题的严重性，经过对这一问题相关知识的学习和分析，R组织决定将推动当地垃圾分类和改善垃圾治理作为业务方向。R组织在向其他组织学习政策倡导的过程中，组织本身与体制内精英之间已有的联系，促使其选择了与体制内精英合作的方式进行倡导。另外，D女士认为R组织的专业知识和能力不足（D女士与组织其他员工均没有环境相关专业背景），导致他们对于政策倡导过程中所涉及的更复杂的技术性问题难以把握，因此选择更容易预测行动边界、风险相对较小的体制内渠道进行倡导，而不是公开对政府行为进行批判的方式。这说明了即便组织意识到政策倡导的重要性，组织自身的专业能力实际也制约着组织对倡导策略的学习偏好和行为。

中国环保组织能动的学习促使组织意识到传统公众环境教育的局限性，促进了组织的知识生产和更新，从而推动了环保组织更多地参与政策倡导活动。不同方式、不同深度的组织学习对环保组织行为产生了不同的影响机制。环保组织的学习过程还受到组织内外部因素的制约影响，例如组织领导人的价值取向、外部社会环境、组织自身的资源等。同时，我们也可以看到，中国情境下的政策倡导相较于西方国家而言，呈现出较为鲜明的特点。由于外部政治环境和组织专业能力的影响和制约，中国环保组织具有严格的组织自律性和去政治化的特征，它们通常以更加谨慎、小心的态度，通过采用意见、建议等温和的行动方式来影响公共政策的制定和执行，以此来实现组织使命和目标，推动环境治理和环境保护。

（本节内容由期刊论文《组织学习、知识生产与政策倡导——对环保组织行为演变的跨案例研究》修改形成，该文发表于《中国非营利评论》2019年第2期）

第四节　邻避冲突治理中环保组织的角色及限度

因邻避设施选址问题而形成的邻避冲突已成为我国公共冲突治理的一大难

题。邻避冲突，又称"不要在我家后院"（Not In My Back Yard，简称NIMBY），是指地方民众由于担心邻避设施（如垃圾焚烧厂、变电站等）建设所带来的诸多负面影响而进行的反对行为[239]。邻避冲突不仅严重影响了社会和谐稳定与发展，而且对于我国政府的治理能力构成极大挑战。当前有关邻避冲突治理的观点大多是从经济补偿、设施规划、公民参与、制度建设、风险管理、技术保障等角度提出化解冲突的办法。然而，关于社会组织在邻避冲突治理中主体性的作用与效果却鲜有关注。社会组织是参与社会治理的重要主体。尤其是面对频繁显现的邻避冲突，政府在化解公共冲突中显得捉襟见肘。如何实现从单纯工具理性的治理方式转向多元主体动态协商的制度化冲突治理方式成为关键。随着我国环保组织迅速成长与壮大，其在公共冲突治理中的作用也将日益凸显。那么在化解当下环境类邻避冲突问题时，环保组织在其中发挥着哪些作用？他们参与的效果如何？是否能够找到新的突破口和改进方式？这一系列问题都是关注的焦点。

（一）邻避冲突治理中的环保组织参与

1.公共冲突治理中社会组织介入的优势

第三方介入是公共冲突治理中较为常见的冲突化解方式，其最早在国际冲突、法律争端解决程序等领域应用十分广泛。近些年第三方介入（third party intervention）在化解公共管理领域的冲突中逐渐受到青睐。第三方介入是指当冲突当事方自己无法解决冲突过程中出现的一些难题，或者冲突双方的直接谈判、交涉已无法有效处理冲突时，可以通过第三方介入，为冲突双方提供帮助[240]。第三方可以是个人，也可以是组织，但最好与冲突当事人没有直接的利益关系，这样在冲突的调解和管理中才具有一定的权威性和公正性。但是第三方干预的目的不仅限于迅速地化解冲突，而是向冲突中的各方灌输一种相互合作、相互信任的解决问题的观念和态度。所以罗伊·J·莱维奇（Roy J. Lewichi）认为第三方介入对公共冲突化解起到积极作用，如缓和紧张气氛、加强冲突双方的沟通、修补破坏的关系、挽救谈判僵局的沉没成本以及为冲突双方提出建设性的解决方案等[241]。

社会组织是公共冲突治理中的重要主体和依托。相关研究表明，公共冲突中社会组织的第三方介入具有一定的优势和作用。社会组织在化解公共冲突中起到"安全阀""防火墙""救火队"的积极作用[242]。在参与社会矛盾化解的过程中，社会组织有着各级政府不可替代的积极作用，可以有效地摆脱新型治理模式下“政府失灵”的困境[243]。其作为政府与市场之外的第三方，在群体性事件中发挥着“资讯—预警”“协商—对话”“治理—服务”以及“修复—善后”的功能，是群体性事件治理不可或缺的重要力量[244]。同时在经济社会发展的新常态下，形成政府、市场、社会协调发展的多元治理共同体更是社会治理的迫切需要[245]。赵伯艳在与公共行政组织的对比中发现，由于公共部门在公共冲突治理过程中面临自上而下的结构性压力、科层制的体制性迟钝、冲突治理权责混沌、中立性较差、被动的事后监管模式等困境。相比较公共行政组织而言，社会组织可以借助于利益整合和利益表达、冲突中的信息沟通和传递、创造建设性地冲突解决方案等参与方式来实现公共冲突化解的功能[246]。其进一步分析了公共冲突治理中社会组织的角色定位，认为社会组织是冲突治理中的促进者和调解者、相对弱势的辩护者、冲突治理的辅助者、持续推动者和监督者[247]。张恂、钟冬生将社会组织在环境冲突治理中的主要功能概括为协调矛盾功能、利益表达及维权功能、协助管理功能[248]。值得注意的是，目前我国社会冲突的治理结构是政府单一主体把控，市场与社会力量尚未有效参与到社会冲突治理中来[249]。

2.环保组织参与治理的逻辑路线

目前，对于社会组织参与邻避冲突治理的关注仍显不足。彭小兵在考察多起环境群体性实践的演变及应急处理过程中，发现一些正式的、理应且扮演好角色的社会组织始终没有出现在对话及公共政策的决策中。尤其是在邻避冲突中，冲在最前面的始终是政府，难以看到社会组织活跃的身影[250]。而大部分观点是将社会组织参与邻避冲突治理作为倡导式的政策建议。例如，刘超基于湖南湘潭九华垃圾焚烧厂事件认为，要重视非政府组织作用的发挥，特别是环境保护、权益维护类型的非政府组织具有突出的利益聚合、利益表达功能，是邻避冲突协商治理的重要主体[251]。何艳玲认为环保团体的广泛介入对于邻避冲突的走向至关重要，环保团体可以使地方对环境政策和地方价值的表达具有更强的回应性[252]。任丙强认为环保组织可以通过环境影响评价、公益诉讼、环境纠纷协调会议以及介入群体冲突来化解冲突，认为环保组织与政府形成多元协作的治理机制，有利于降低环境群体性事件发生的概率[253]。此外，部分学者从环境类邻避冲突事件中具体分析了社会组织介入的角色和作用。例如，杨立华总结了八种社会组织参与环境危机治理的角色，包括维权者、信息员、协调者、资源提供者、持续推动者、专家顾问、促进员和志愿者[254]。陈红霞结合英美国家城市邻避冲突的典型案例，明确了社会组织在实现公众参与，介入邻避危机管理中的角色定位，认为社会组织可以以"中介"的角色在邻避危机中承担利益协调作用[255]。

基于此，结合邻避冲突的特征，从公共冲突第三方介入的视角界定了环保组织在邻避冲突治理中扮演的三种主要角色和作用，并制订考察分析量表，用案例检验环保组织参与的实际效果（见图5-6）。在邻避冲突治理中，环保组织介入角色具体包括：一是信息员，即认知调解和信息培训的作用。环保组织能够及时有效地搜集、查询、整理相关的信息，并利用自身的专业技能与知识，促进公众的认知解放。二是协调员，即理性引导和沟通对话的作用。一方面环保组织自身在邻避冲突治理中有明确的组织目标、清晰的行动策略，能够通过理性化的方式来引导公众的利益表达，缓解公众抵触情绪；另一方面致力于搭建公众、政府、企业之间互动沟通的桥梁，让利益相关方通过民主协商的方式来解决邻避冲突的问题。三是促进员，即动员参与、议题拓展和助理维权的作用。是指环保组织以实际的行动策略持续性地推动冲突问题的发展，寻求解决之道。其通过积极的动员策略，发挥网络媒体、草根领袖在邻避冲突治理中的引领作用，并将环境的法律维权作为化解邻避冲突的又一重要方式。

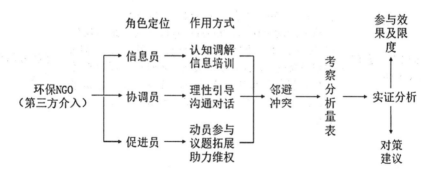

图5-6 环保组织参与邻避冲突治理的逻辑路线

（二）环保组织参与治理的效果考察

在我国，邻避冲突主要以"环境污染型"和"风险集聚型"的冲突为主。笔者在利用网络搜索引擎和门户网站的新闻报道、关注热门论坛以及查阅60余篇期刊论文的基础上，遵循目的性抽样的原则，筛选出了10起典型案例作为研究样本（见表5-2）^①。

表5-2　环保组织参与邻避冲突治理的10起典型案例

序号	案例名称	环保组织参与作用	事件结果	主要参与的环保组织
1	2003—2004年云南反对修建怒江大坝事件	环保组织通过媒体资源扩大事件的关注度，以内参、公开信的形式向中央反映情况。主动动员水电开发沿江的村民参与决策，帮助村民发声，并积极争取国际社会支持	暂时搁置	绿色流域
2	2004年安徽仇岗村村民环境维权事件	"绿满江淮"帮助村民搜集证据，理性维权。发动群众给市长联名上书，与化工厂代表进行谈判，引导当事人申请政府信息公开、帮助意见领袖参加环保论坛，借助媒体平台扩大影响力	化工厂停工，并在2009年撤出村子	绿满江淮
3	2005年建省（屏南）榕屏化工有限公司环境污染损害赔偿纠纷案	村民在环保组织协助下，向法院提起要求停止污染侵害和赔偿损失的诉讼。该环保组织突破了咨询服务的限制，帮助福建省屏南县1721位农民起诉企业污染行为	案件胜诉，当地居民挽回经济损失68万余元	中国政法大学污染受害者法律帮助中心
4	2007年厦门PX事件	在事件发展中，"草根社会组织"发挥了重要的动员作用，并通过QQ群交流PX项目的最新动向和媒体报道，自发组织民众进行抗议。事件最终，政府本着尊重民意的原则，启动公众参与程序，以公众座谈会的形式征求广大市民意见	最终决定迁建PX项目至漳州古雷半岛	还我厦门碧水蓝天

---

① 案例筛选的标准如下：第一，为了保证能够对邻避冲突中环保组织的参与作用进行考察，案例筛选的首要标准就是要有环保组织的参与，这是研究有效性的前提；第二，案例必须具有一定的社会影响力，在当时有大量的新闻报道、较高的公众热议度以及学者的深入探讨。能够搜集到全面而翔实的信息，通过过程追溯（process-tracing）整个案例的起始过程，降低对于案例的片面性描述；第三，尽可能选择最能代表普遍情况的"邻避设施"，例如垃圾焚烧厂、变电站等这类邻避设施所引发的邻避冲突。

序号	案例名称	环保组织参与作用	事件结果	主要参与的环保组织
5	2009年北京苏家坨垃圾焚烧厂事件	"北京达尔问"等环保组织曾多次前往苏家坨镇大工村实地考察，并指出该项目环评报告造假及失误之处，积极参与垃圾焚烧厂环境的监测与监督工作	项目暂停，2015年复建	达尔问自然求职社
6	2009年江苏江阴港集装箱有限公司环境污染侵权事件	中华环保联合会多次实地调查取证，并与居民代表朱正茂共同起诉江阴集装公司环境污染行为。责令企业立即停止实施污染侵害行为	公司全面整改，最终以民事调解告罄	中华环保联合会
7	2011年浙江反对晶科能源环境污染事件	嘉兴市环保联合会走访企业进行污染问题调研；积极协助政府做好舆情引导、信息收集和教育宣传等工作；并致力于搭建村民、企业和政府之间沟通的平台	停顿整改	嘉兴市环保联合会
8	2013年昆明PX事件	"绿色昆明"介入调查，并与当地政府与项目园区负责人进行对话，指出了项目推进过程中，存在信息披露不充分和与公众沟通不足的问题，致力于推动政府信息公开和搭建与公众互动的平台	政府及时沟通，和平商议	绿色昆明
9	2015年南京栖霞区烷基苯厂区域环境整治	"绿石组织"深入当地调研，进行环境监测，并开创性地建立了多方会议机制，搭建企业、社区居民、环保组织的环境圆桌对话平台，理性沟通，专业引导，共同推进区域环境的改善	企业搬迁、多方对话、共同改善	绿石
10	2016年天津蓟县垃圾焚烧发电厂事件	"自然之友"介入调查，指出该项目涉及环评造假、健康风险评估缺失、监测不利等问题，并向天津市环保局发建议函，有效弥补了村民维权过程中取证不足的缺陷	项目回应仍在进行中	自然之友

在选取的10个典型案例中，将环境邻避冲突治理中主要参与的环保组织逐一进行编码，研究其实际参与作用的效果。为了保证能够对环保组织参与作用做具体的考察，特针对环保组织扮演的三种角色做了进一步的细化，说明环保组织每一项具体角色的定位与要求，并在衡量指标上采用实然的表述方式"能够……"，最终形成了7个观测变量和25个衡量指标。在评价标准

上，由于衡量指标并没有涉及程度的测量，因此通过"有""没有""难以判断"三个选项衡量环保组织对于每个指标的满足情况，使用"是=Y""否=N"和"难以判断=\"进行评价。邻避冲突治理中我国环保组织参与作用的具体情况，如表5–3所示。

表5–3　邻避冲突治理中环保组织参与作用的指标体系及效果

角色	观测指标	衡量指标	10个邻避案例的环保组织									
			案例1	案例2	案例3	案例4	案例5	案例6	案例7	案例8	案例9	案例10
			①	②	③	④	⑤	⑥	⑦	⑧	⑨	⑩
信息员	认知调解	信息挖掘与传播										
		主动查找、搜集与邻避项目相关的信息，而非道听途说	Y	Y	Y	Y	Y	Y	Y	Y	Y	Y
		能够及时督促政府进行信息的公开	Y	Y	Y	N	Y	Y	Y	Y	Y	Y
		在确认信息真实性之后向社会公众发布，增强公众认知	Y	Y	Y	\	Y	Y	Y	Y	Y	Y
		信息汇集与整理										
		能够通过专业技能将分散复杂的信息进行梳理与整合	Y	Y	Y	N	Y	Y	Y	Y	Y	Y
		能够在邻避冲突之后持续进行信息的监督与观测	Y	N	N	N	Y	N	Y	\	Y	Y
		信息辨析与评估										
		能够用专业性知识与技能客观地对邻避项目的相关信息进行评价，而不误导公众	Y	Y	Y	\	Y	Y	Y	Y	Y	Y
	信息培训	能够通过宣传教育的方式，增强公众对于邻避项目的知识	Y	Y	Y	N	Y	Y	Y	N	Y	Y
		能够通过专业培训来增强公众收集信息与证据的能力	Y	N	N	N	N	Y	N	N	Y	N

（续表）

角色	观测指标	衡量指标	10个邻避案例的环保组织									
			案例1	案例2	案例3	案例4	案例5	案例6	案例7	案例8	案例9	案例10
			①	②	③	④	⑤	⑥	⑦	⑧	⑨	⑩
协调员	理性引导	能够对理性控制自身行为来获得政府信任、取得组织合法性	Y	Y	Y	\	Y	Y	Y	Y	Y	Y
		能够通过理性化的方式为公众提供利益表达的机会与渠道（公开信、纪实录像、调查报告等）	Y	Y	Y	Y	Y	Y	Y	Y	Y	Y
		能够通过理性有序的方式将公众利益表达整合成系统性的利益诉求	Y	Y	Y	N	N	Y	Y	Y	Y	Y
		能够通过专业培训来增强公众诉求表达技巧，清晰说理、就事论事	Y	N	N	N	Y	N	N	Y	Y	N
		能够通过理性引导的方式让公众选择理性化利益表达与抗争的方式，避免激烈的暴力冲突	Y	Y	Y	Y	\	Y	Y	Y	Y	Y
		能够通过理性化的方式适当调解公众的心理情绪，缓解矛盾	Y	Y	Y	\	Y	Y	Y	Y	Y	Y
	沟通对话	能够通过跨NGO间的协作，实现信息沟通、合作与资源共享	Y	Y	Y	N	Y	\	Y	Y	Y	Y
		能够促成与政府、企业沟通互动的平台，就邻避项目现区域修建进行协商	N	N	N	Y	Y	N	Y	Y	Y	N
		能够通过对话交流，增强政府对于公众利益诉求的回应性	Y	Y	\	Y	Y	Y	Y	Y	Y	Y
		能够通过对话交流，增强政府对于NGO的信任	\	\	\	\	\	\	Y	\	Y	\
		能够通过对话交流，逐渐增强公众对于政府行为的信任	Y	\	\	\	\	\	\	\	Y	\

（续表）

角色	观测指标	衡量指标	10个邻避案例的环保组织									
			案例1 ①	案例2 ②	案例3 ③	案例4 ④	案例5 ⑤	案例6 ⑥	案例7 ⑦	案例8 ⑧	案例9 ⑨	案例10 ⑩
促进员	动员参与	能够自始至终持续推动邻避冲突的发展进程，寻求解决之道，而非辅助性的咨询建议	Y	N	N	Y	N	N	N	N	Y	N
		能够动员媒体的力量，放大公众的呼声，引发社会和兴建方（政府、企业等）的关注	Y	Y	Y	Y	Y	Y	Y	Y	Y	Y
		能够发挥组织领袖作用，通过社会关系网络筹措资源，拓展行动的组织空间	Y	Y	Y	Y	Y	Y	Y	Y	Y	Y
		能够发挥草根领袖在邻避冲突中的引领作用，推动邻避冲突的解决进程	Y	Y	N	Y	N	Y	N	N	\	\
	议题拓展	能够推动邻避冲突的议题从利益纠纷上升到环境正义、族裔平等的考量	N	N	N	N	N	N	N	N	N	N
	助力维权	能够通过提供法律咨询、律师专家等法律途径为公众助力维权	N	N	Y	N	Y	N	Y	N	N	N

注：10个环境邻避案例中涉及的环保组织：①绿色流域；②绿满江淮；③中国政法大学污染受害者法律帮助中心；④还我厦门碧水蓝天；⑤达尔问自然求职社；⑥中华环保联合会；⑦嘉兴市环保联合会；⑧绿色昆明；⑨绿石；⑩自然之友。

（三）环保组织参与治理的生效逻辑

基于以上对10个环境邻避冲突治理案例中环保组织作用的考察发现，邻避冲突治理中环保组织在认知调解、理性引导、动员参与方面发挥着明显的积极作用。虽然其在具体行动方面存在低效能的现象，但是总体上对于推动环境邻避冲突的治理有着重要的作用。其生效逻辑具体表现为以下几个方面：

扫除信息障碍，解放公众认知。在环境邻避冲突中，公众与兴建方之间通常存在着明显的信息不对称，有时邻避设施的兴建涉及大量的专业知识和科学论证，造成公众的认知困境。案例中的环保组织"能够主动查找、搜集与邻避项目相关的信息，而非道听途说"；90%的环保组织"能够通过专业技能将分散复杂的信息进行梳理与整合""能够用专业性知识与技能客观地对邻避项目的相关信息进行评价，而不误导公众"。总体上，环保组织在信息的挖掘与搜集、汇集与整理、辨析与评估上发挥了实质性作用。特别是其专业优势，通过实地调研、科学论证可以帮助公众扫除信息障碍，揭开邻避项目的真实内容，促进公众的认知解放，使公众与政府、兴建方间从信息的不对称走向信息均衡。如在2009年北京苏家坨垃圾焚烧厂事件中，北京民间环保组织"达尔问自然求职社"的工作人员介入到这一事件中，多次前往苏家坨镇大工村实地考察，进行环境监测，最终得出政府所给出的环评报告存在造假现象，多处失误的结论。并且他们通过专业性的环境质量检测设备，对苏家坨周边地区的水环境质量、空气环境质量进行测量，以及通过"独立民间检测"的方法，帮助公众了解身边的环境现状及其对健康的可能影响，这些对于增强公众对邻避设施负面效应的认识起着重要的作用。

探索参与方式，理性表达看法。地方政府在兴建邻避设施时往往采取封闭式决策的方式，造成公众在参与公共议题中利益表达主体地位的缺失。而环保组织能够打破政府一贯封闭式垄断决策的体系，为公众开辟新的公共参与方式，增强公众在利益表达中的弱势地位。同时又将公众分散化的利益诉求进行整合，让公众理性发声。案例中，环保组织都"能够通过理性化的方式为公众提供利益表达的机会与渠道（公开信、纪实录像、调查报告等）""能够动员媒体的力量，放大公众的呼声，引发社会和兴建方（政府、企业等）的关注"。环保组织协助公众进行利益表达的方式有：借助媒体资源、表达公众呼声；整合公众意见、递送调查报告；搭建公益平台、帮助草根群众等。例如，2015年南京栖霞区烷基苯厂区域环境整治，"绿石"做出了一次开创性的尝试，通过多方会议机制推动该区域环境圆桌对话会的召开，各抒己见，对于大家关心的环境问题进行区域界定，共同商讨。

增强政府回应，推动官民互动。在分析案例中，90%的环保组织"能够通过对话交流，增强政府对于公众利益诉求的回应性"。环保组织参与邻避冲突治理无疑对政府的回应产生了良好的倒逼机制。环保组织通过发挥自身的专业优势，揭露邻避项目的真相；通过积极的动员能力，呼吁公众知情并参与有关决策，这与政府回避敷衍式的回应态度形成了强烈的反差，迫使政府不得不主动与民众进行沟通交流，表明公正的态度，做好信息公开的职责。例如，"还我厦门碧水蓝天"环保组织是2007年厦门PX事件中公众自发组织形成的草根社会组织，该组织在动员公众参与邻避冲突治理发挥着重要作用，该组织的行动让当地政府面临空前考验。起初，政府对公众的质疑采取强势性的压制，但是随着民意的沸腾，环保组织的积极动员，最终政府本着尊重民意、重视民生的出发点，启动了公众参与程序，广开短信、电话、传真、电子邮件、来信等渠道，充分倾听市民意见。因此，厦门PX事件也成为我国官民互动的典范，这其中不乏草根社会组织所发挥的积极作用。

疏导公众情绪，化解抗争局面。案例中90%的环保组织"能够通过理性引导的方式让公众选择理性化利益表达与抗争的方式，避免激烈的暴力冲突"，80%的环保组织"能够通过理性化的方式适当调解公众的心理情绪，避免矛盾的升级"。一般而言，公众在邻避冲突的抗争行为包括反建签名、集体上访、占领道路、围堵政府、游行示威，打砸暴力行为等，通常这些抗争行为以公众集体行动为特征。因此，邻避冲突中公众的情绪活动就成为一个极需要密切关注的点[256]。尤其是邻避冲突中公众的负面情绪会存在累加趋势，而增加公众参与表达的对抗性行为。但是通过对10个典型案例中环保组织参与效果的实际考察，环保组织的介入不但没有使得公众的集体行为出现暴力化的倾向，而且不断疏导公众激动化的情绪，增强公众对于自身行为的理性控制，选择理性化的抗争方式与表达方式。例如，在2004年安徽仇岗村村民环境维权事件中，安徽当地环保组织"绿满江淮"在介入这一事件时，维权态度相当温和，并希望群众不要和污染企业面对面对抗，保持克制。其组织负责人周翔认为"避免矛盾激化很重要"。"绿满江淮"组织在处理环境污染问题上十分稳妥谨慎，即便在游说没有成功的情况下，也不会选择与污染企业当面对抗，更不会与政府直接起冲突。

（四）环保组织参与治理的限度

从环境邻避冲突中环保组织参与产生的积极效果来看，环保组织的确在化解邻避冲突的困境中起着一定作用。然而这并不是意味着环保组织能够完全履行其角色定位的要求。从观测变量发现，在信息培训、沟通对话、议题拓展、助力维权方面仍有不足之处。可以概括为：

行为限度。"身份"是中国社会组织参与公共治理的门槛，也是社会组织行为活动的前提。中国有相当一部分社会组织实际上由民众自发组织成立，独立于制度体系之外。这些社会组织由于未在政府民政部门登记，平常只要不涉及巨大的社会利益关系，政府对他们一般采取放任政策，因此他们往往具有较大的活动自由度。但是正因为没有获得官方合法身份，这些社会组织在一些具体公共活动领域的行为受到限制与怀疑。

议题限度。当前环保组织参与邻避冲突治理的行动议题仍难以拓展。在10个典型案例中，环保组织参与邻避冲突的议题都是致力于邻避设施的反建、公民权利的表达，并以邻避设施的停工停建作为最终诉求结果。在西方，环境运动被誉为20世纪"最重要的社会运动"，环保组织通过社会动员的方式介入到环境类的集体行动中，进一步推进环境运动的发展，希望能够呼吁有关的政府部门重视与人类生存发展的相关议题，推进人与自然的和谐相处。在对待邻避问题时，环保组织关注的目标也会从反建行为逐渐过渡到环境正义、族裔平等议题上来。当前，面对我国因邻避设施而引起的邻避冲突问题，公众更关注于有直接利益关系的内容，这种出于主体性地位自我保护的意识使得公众很难拓展邻避议题的宽度。而环保组织以环境保护作为组织目标，更应该从深层的视角推进社会公众、政府对于邻避问题中环境正义的认识。

信任限度。在观测变量"沟通对话"中，有80%的比例不能够判断是否环保组织"能够通过对话交流，增强政府对于社会组织的信任"。信任是环保组织参与环境邻避冲突治理的重要因素。如果缺少了信任的支持，就会形成政府对于环保组织片面性的认识和怀疑的态度。起初我国环保组织为了能够获得政府的认可与支持，经常会将自己的活动范围局限于"种树、观鸟、捡垃圾"的老三套，尽量避免那些可能涉及重大社会利益冲突的问题。而当环保组织介入到较大的社会冲突时，政府传统的思维习惯造成了更加混乱的局面。尤其在邻避冲突中，政府认为环保组织经常处于当事人一方的辩护型位置上，增加了政府治理的压力，导致政府的排斥心理。因此，环保组织如何在邻避冲突治理中赢得政府的信任，这对于推动冲突化解的实质性进展是至关重要的。

能力限度。能力建设是环保组织参与环境邻避冲突治理的重要保障。当前我国环保组织在信息培训、沟通对话、助力维权能力方面存在不足。首先，在观测变量"信息培训"中，80%的环保组织"不能够通过专业培训来增强公众收集信息与证据的能力"。忽视了公众在解决邻避问题中的主体地位。其次，在观测变量"沟通对话"中，有60%的环保组织"不能够促成与政府、企业沟通互动的平台，就邻避项目现区域修建进行协商"，这与环保组织在推动政府回应性、组织间友好协作交流方面形成了巨大反差。在促进公众与政府之间形成实质性的协商平台中，政府往往起着主导作用，公共决策的协商平台依赖于政府开启的契机。这就需要环保组织在邻避冲突的进程中持续性地增强与政府互动的能力。最后，就当前环保组织助力维权的能力而言，维权方法仍过于单一。媒体仍然是环保组织帮助公众进行环境维权的主要方式。环保组织借助媒体维权的作用是毋庸置疑的，但是还需要积极寻找新的方法，2005年福建省（屏南）榕屏化工有限公司环境污染损害赔偿纠纷案、2009年江苏江阴港集装箱有限公司环境污染侵权事件就是很好例子。法律维权为环保组织维护邻避冲突中弱势群众的权益开辟了新的路径，而这也是环保组织亟需培养的能力。

邻避设施引发的社会冲突已经成为当前政府社会治理的难题。通过对国内10起典型环境邻避冲突治理案例的考察，可以发现，环保组织介入邻避冲突的治理能够促进公众认知调解、理性引导公众参与行为、增强政府回应能力、疏导公众集体情绪，对于邻避冲突的治理具有明显的积极效果。但在具体实践中，环保组织却并不能完全落实每一项具体角色的定位与要求，其在信息培训、沟通对话、议题拓展、助力维权方面存在不足之处，具体表现为在环境邻避冲突治理中的行为限度、议题限度、信任限度和能力限度问题。

因此，为了增强邻避冲突中环保组织参与的作用，仍需要进一步创新政府管制方式，切实转变过去政府部门对社会组织的控制理念，完善配套法律措施，出台专门关于社会组织参与社会治理的法律法规，明确社会组织活动的规范、原则、内容，合理引导社会组织的自律行为。着力拓展行动议题深度，积极搭建组织间公共交流的平台，以会议、论坛、培训的形式增强公众对于行动议题的反思，拓展现有邻避议题的深度。转变各方思维定式，通过各种合同签订、保险机制等建立一系列沟通合作机制，形成饱含结构洞、密度分散、结构扁平的社会冲突治理网络，以及多方共治的常态化协作关系。

第六章

环境共治的意涵

　　中国传统治理模式中以行政主导的环境治理体系难以有效应对涉及市场、社会等多方利益的环境问题，地方政府表现出环境监管无动力、无能力、无压力的"三无力"弊端[257]。随着环境保护体系和社会治理体系的变革，中国环境治理逐步从政府主导的环境监管模式，走向动员社会和公众参与的多元治理体系。这一转型强调不再仅仅依靠政府的权力和权威，而是通过各种利益相关者的参与、协商和共同行动，在政府部门和私人部门之间建立良好的伙伴关系，从而构建多元的现代环境治理体系。让多元主体共同参与到环境治理中是政府改革环境治理制度，提升环境治理绩效的关键所在，也是政府公共管理现代化的时代要求。

　　政府作为中国多元共治环境治理体系的主导者，首先应在政府内部实现良好的合作关系，这包括了纵向的央地政府之间的协同，以及横向的区域政府之间的协作。谈及府际合作时，纵向政府间的协同往往是被忽视的。在科层制下，下级政府理性服从上级政府的命令要求理所应当。然而，由于激励结构的倒错、制度安排的缺陷等一系列问题，地方政府的政策执行偏差很容易发生在资源环境领域，具体表现为地方政府在执行中央环境政策时存在不作为、乱作为、敷衍执行、选择性执行、象征性执行等行为。为了贯彻落实生态文明建设思想，保持央地间生态责任和生态意识的一致性，国家在"十三五"期间做出了一系列重大制度安排。其中，中央环保督察制度的实施对于地方环境行为的纠偏纠错产生了重要作用。中央环保督察在运行逻辑上强调了两方面的内容——国家权威和公众参与，这是中央环保督察制度生效的关键机制。一方面，中央环保督察致力于将环境保护上升为政治任务，将部门行动上升为国家行动，通过加强地方党政部门的环保责任，从而强化权威治理；另一方面，通过加大宣传力度，鼓励公众参与环境问题举报，督促地方政府回应公众环境诉求，从而推动政社互动和持续性治理。但是作为动员机制的中央环保督察制度，其与常规机制之间存在内在的紧张和不兼容性。动员机制生效的原因在于其建立在稳定的正式组织之上，通过国家行为，在短时间内调动大量的资源和精力完成目标。这一方式也意味着动员机制无法长久持续，其是以消耗国家权威和资源为代价的行动模式，维持其持续生效的成本和代价都是巨大的，甚至存在打乱科层组织运作稳定性的风险。因此，中央环保督察延续的目标在于纠正常规机制中存在的问题，促使现有机制生效；以及培育新的治理机制，促使环境治理持续。

相比纵向府际间的高效纠偏，横向府际合作被广泛地呼吁却鲜有成效。横向的地方政府之间彼此不构成领导与被领导关系，或管辖与被管辖关系，反而容易形成竞争博弈的关系。中国幅员辽阔，生态环境问题多以区域性呈现，日益严峻的跨域污染问题让传统自上而下的科层治理模式面临诸多挑战。区域间政府的竞争博弈会导致环境治理的碎片化，进而造成政府失灵问题。在属地环境治理模式下，县级行政单位对辖区内的环境质量负责。中国有2800多个县级行政区，这意味着有超过2800个监管主体对其辖区的环境质量负责，承担污染治理任务。然而，在跨域污染治理中，并不意味着治理的主体越多，治理的成效越好。在一个区域内，治理的主体越多，"搭便车"、扯皮推诿、责任碎片等现象发生的可能性越高，污染治理的效率反而更低，治理的效果更差，即所谓的"管制反公地悲剧"。府际合作共治一方面有利于遵从环境污染跨域性的自然规律，促使环境污染问题的负外部性问题内部化，避免"公地悲剧"和"囚徒困境"，促进环境治理的科学性；另一方面，有利于治理公共行政"碎片化"问题，避免污染治理的"反公地悲剧"，促进公共管理改革，优化公共权力配置，提高公共行政效率和加深区域一体化程度。这要求地方政府间要避免负和博弈或零和博弈，勇于进行合作，敢于"试错"。从成本收益的视角来说，地方政府对合作收益的敏感性要弱于个体收益的敏感性，也就是说，一定程度上的合作收益损值并不会影响跨域污染合作治理这一整体策略选择；反而，一旦地方政府的自我收益受损，地方政府选择合作治理的可能性就会大大降低。因此，跨域污染的合作治理首先要保障地方政府的自身收益，其次才是府际合作收益问题。在具体实践上，区域政府间应围绕跨域污染的协同治理形成伙伴型的横向府际关系，并通过权力让渡和移交，构建新型的府际协同治理组织，使其能独立高效地开展区内的污染治理工作，进而通过伙伴关系的构建、府际利益的协调、法律法规的保障打造持续稳定的府际协同治理模式。

多元主体协同参与是构建现代环境治理体系的另一重要环节，尤其对于日趋活跃的社会主体而言，政社共治也是中国政府必须积极面对的时代议题。政社共治的实现需要政府和社会主体双方共同的努力，尤其是面对开放性、复杂性和持续性的环境治理问题，社会公众的广泛参与是解决政府失灵问题的有效方式。这不仅要求社会主体提升自身参与能力，也需要政府深化改革，转变职能，主动承担起构建政社合作模式的责任。韩国在资源循环利用领域30余年的实践为中国提供了宝贵的经验启示，多元主体的共同协作和互相补充是解决单一主体运作失灵的必然要求。政府部门在资源循环体系建构过程中需要发挥其引领功能、保障功能、培育功能和兜底功能优势，将其不擅长的宣教功能、利益平衡功能等交给市场和社会主体运作，从而构建多元主体共建共治共享的格局。另外，在中国政社共治语境中，党组织是一个十分重要的参与主体，但也常常被人们所忽视其在社会治理中的角色作用。一方面，党组织可以通过构建以执政党为主导的权力组织网络使分散、多元、自主的力量能够聚合到党组织的周围，向心于党的领导。另一方面，党组织对于社会力量的各层渗透，积极引导了社会力量对于国家治理的作用和影响，并实现了对于居民需求的前瞻型汇集和精准化识别。在这个过程中，党组织在政社关系中的角色就像是行政力量和社会力量的决策中枢和联动器，使得一边资源、力量、政策往下倾斜，一边需求、民意、问题向上汇集，从而构筑稳定的政社合作关系。

最后，社会参与作为生态多元共治中重要但薄弱的环节，虽然整体上呈现出积极活跃的趋势，但依然面临一系列的问题。在公众方面，公众私有环境权利意识不断提升，但公共环境意识仍显不足；公众参与环境治理的制度渠道不断优化，但依然存在阻碍；环境群体性风险有所降低，但风险防范和纾解机制尚未健全；新媒体催生了政社互动的新潮流与新趋势，但政府与公众互动的有效性不足。在社会组织方面，经过数十年的发展，中国环保社会组织类型多样化、行动多元化、参与专业化、策略丰富化、合作密切化，但依然面临注册登记困难、制度支持不足、政府购买服务受制于非正式制度影响、自身参与能力不足和透明度不高等问题。社会公众和环保社会组织在化解环境风险、污染监督等一系列公共物品和服务提供上具有积极作用，但因为自身及外部环境存在的问题，社会公众作用的发挥受到限制。因此，优化社会公众参与环境治理的制度环境、畅通制度参与渠道、推动环境信息公开、加强社会资本培养、提升社会公众参与能力是达成"善治"目标，推动"美丽中国"建设的必然要求。

参考文献

［1］ HEILBRONER R L. An Inquiry into the Human Prospect ［M］. New York: Norton, 1974.

［2］ OPHULS W. Ecology and the Politics of Scarcity: Prologue to a Political Theory of the Steady State ［M］. San Francisco: W. H. Freeman, 1977.

［3］ SHEARMAN D J C, Smith J W. The Climate Change Challenge and the Failure of Democracy ［M］. Westport, CT: Greenwood Publishing Group, 2007.

［4］ WELLS P. The Green Junta: or, is democracy sustainable? ［J］. International Journal of Environment and Sustainable Development, 2007, 6(2): 208-220.

［5］ BEESON M. The coming of environmental authoritarianism ［J］. Environmental Politics, 2010, 19: 276-294.

［6］ GILLEY B. Authoritarian environmentalism and China's response to climate change ［J］. Environmental Politics, 2012, 21(2): 287-307.

［7］ WINSLOW M. Is democracy good for the environment? ［J］. Journal of Environmental Planning and Management, 2005, 48(5): 771-783.

［8］ FREDRIKSSON P G, NEUMAYER E, DAMANIA R, et al. Environmentalism, democracy, and pollution control ［J］. Journal of Environmental Economics and Management, 2005, 49(2): 343-365.

［9］ LI Q, REUVENY R. Democracy and environmental degradation ［J］. International Studies Quarterly, 2006, 50(4): 935-956.

［10］ PAYNE R A. Freedom and the environment ［J］. Journal of Democracy, 1995, 6(3): 41-55.

［11］ SCRUGGS L. Sustaining Abundance: Environmental Performance in Industrial Democracies ［M］. Cambridge: Cambridge University Press, 2003.

［12］ 冉冉. 政体类型与环境治理绩效: 环境政治学的比较研究 ［J］. 国外理论动态, 2014(5): 48-53.

［13］ MIDLARSKY M I. Democracy and the environment: An empirical assessment ［J］. Journal of Peace Research, 1998, 35(3): 341-361.

［14］ SHEARMAN D J C, SMITH J W. The Climate Change Challenge and the Failure of Democracy ［M］. Westport, CT: Greenwood Publishing Group, 2007.

［15］ TANG C P, TANG S Y. Democratization and capacity building for environmental governance: Managing land subsidence in Taiwan ［J］. Environment and Planning A, 2006, 38(6): 1131-1147.

［16］ SCOTT M M. Modernisation, authoritarianism, and the environment: The politics of China's South–North Water Transfer Project［J］. Environmental Politics, 2014, 23(6): 947-964.

［17］ 陈少威. 政府策略互动与节能减排政策优先级选择研究［D］. 北京：清华大学, 2017.

［18］ ZHU X, ZHANG L, RAN R, et al. Regional restrictions on environmental impact assessment approval in China: the legitimacy of environmental authoritarianism［J］. Journal of Cleaner Production, 2015, 92(1): 100-108.

［19］ WINSLOW M. Is democracy good for the environment?［J］. Journal of Environmental Planning and Management, 2005, 48(5): 771-783.

［20］ MOL A P J, CARTER N T. China's environmental governance in transition［J］. Environmental Politics, 2006, 15(2): 149-170.

［21］ FAHN J D. A Land on Fire: The Environmental Consequences of the Southeast Asia Boom［M］. Boulder, CO: Westview Press, 2003.

［22］［美］蕾切尔·卡逊著, 吕瑞兰、李长生译. 寂静的春天［M］. 长春：吉林人民出版社, 1997.

［23］［美］丹尼斯·米都斯著, 李宝恒译. 增长的极限——罗马俱乐部关于人类困境的报告［M］. 长春：吉林人民出版社, 1997.

［24］［美］芭芭拉·沃德, 勒内·杜博斯著, 国外公害丛书编委会译. 只有一个地球［M］. 长春：吉林人民出版社, 1997.

［25］［美］巴里·康芒纳著, 侯文蕙译. 封闭的循环——自然、人和技术［M］. 长春：吉林人民出版社, 1997.

［26］ PETERS B G, PIERRE J. Governance without government? Rethinking public administration［J］. Journal of Public Administration Research and Theory, 1998, 8(2): 223-243.

［27］ PROVAN K G, FISH A, SYDOW J. Interorganizational networks at the network level: A review of the empirical literature on whole networks［J］. Journal of Management, 2007, 33(3): 479-516.

［28］ 陈振明. 公共管理学——一种不同于传统行政学的研究途径［M］. 北京：中国人民大学出版社, 2003.

［29］ 李维安. 网络组织：组织发展新趋势［M］. 北京：经济科学出版社, 2003.

［30］ 夏金华. "网络化治理"——政府回应力建设的新视阈［J］. 行政与法, 2009, (6): 16-19.

［31］ KAMENSKY, JOHN M, THOMAS J. Burlin. Collaboration: Using networks and partnerships［M］. Lanham: Rowman & Littlefield Publishers, 2004.

［32］ 易志斌. 跨界水污染的网络治理模式研究［J］. 生态经济, 2012, (11): 165-168.

［33］［美］菲利普·库伯著, 竺乾威等译. 合同制治理——公共管理者面临的挑战与机遇［M］. 上海：复旦大学出版社, 2007.

［34］张万宽. 国内外公共网络治理研究进展与趋势［J］. 理论界, 2013, (11): 158-160.

［35］郭莉. 网络治理: 生态城市管理的路径选择［J］. 科技进步与对策, 2007, 24(4): 65-68.

［36］PROVAN K G, KENIS P. Modes of network governance: Structure, management, and effectiveness［J］. Journal of PublicAdministration Research and Theory, 2008, 18(2): 229-252.

［37］马捷, 锁利铭. 区域水资源共享冲突的网络治理模式创新［J］. 公共管理学报, 2010, 7(2): 107-114.

［38］锁利铭, 马捷. "公众参与"与我国区域水资源网络治理创新［J］. 西南民族大学学报(人文社会科学版), 2014, 35(6): 145-149.

［39］全球治理委员会. 我们的全球伙伴关系［R］. 牛津大学出版社, 1995.

［40］高明, 郭施宏. 基于巴纳德系统组织理论的区域协同治理模式探究［J］. 太原理工大学学报(社会科学版), 2014, 32(4): 14-17.

［41］余敏江. 论区域生态环境协同治理的制度基础——基于社会学制度主义的分析视角［J］. 理论探讨, 2013, (2): 13-17.

［42］严燕, 刘祖云. 风险社会理论范式下中国"环境冲突"问题及其协同治理［J］. 南京师范大学学报(社会科学版), 2014, (3): 31-41.

［43］姬兆亮, 戴永翔, 胡伟. 政府协同治理: 中国区域协调发展协同治理的实现路径［J］. 西北大学学报(哲学社会科学版), 2013, 43(2): 122-126.

［44］黄爱宝. 论走向后工业社会的环境合作治理［J］. 社会科学, 2009, (3): 3-10.

［45］徐艳晴, 周志忍. 水环境治理中的跨部门协同机制探析——分析框架与未来研究方向［J］. 江苏行政学院学报, 2014, (6): 110-115.

［46］肖爱, 李峻. 协同法治: 区域环境治理的法理依归［J］. 吉首大学学报(社会科学版), 2014, 35(3): 8-16.

［47］王佃利, 史越. 跨域治理视角下的中国式流域治理［J］. 新视野, 2013, (5): 51-54.

［48］田丰. 论美国州际河流污染的合作治理模式［J］. 武汉科技大学学报(社会科学版), 2013, 15(4): 430-441.

［49］李胜. 构建跨行政区流域水污染协同治理机制［J］. 管理学刊, 2012, 25(3): 98-101.

［50］刘春湘, 李乐. 湘江流域协同治理缺失分析与因应之策［J］. 湖南师范大学社会科学学报, 2014, (3): 80-84.

［51］李正升. 从行政分割到协同治理: 我国流域水污染治理机制创新［J］. 学术探索, 2014, (9): 57-61.

［52］蓝宇蕴. 奥斯特罗姆夫妇多中心理论综述［J］. 国外社会学, 2002(3): 51-61.

［53］欧阳恩钱. 环境问题解决的根本途径: 多中心环境治理［J］. 桂海论丛, 2005, 21(3): 55-57.

［54］欧阳恩钱. 多中心环境治理制度的形成及其对温州发展的启示［J］. 中南大学学报(社会科学版), 2006, 12(1): 47-51.

［55］ 肖建华, 邓集文. 多中心合作治理: 环境公共管理的发展方向［J］. 林业经济问题,
2007, 27(1): 49-53.

［56］ 陈宏泉. 地方政府环境污染的多中心治理——以山西省大同市为例［J］. 理论界,
2014, (3): 30-32.

［57］ 肖扬伟. 政府治理理论: 兴起的缘由、特征及其中国化路径选择［J］. 工会论坛 (山
东省工会管理干部学院学报), 2008, (5): 142-143.

［58］ 吴坚. 跨界水污染多中心治理模式探索——以长三角地区为例［J］. 开发研究, 2010,
(2): 90-93.

［59］ 严丹屏, 王春凤. 生态环境多中心治理路径探析［J］. 中国环境管理, 2010, (4): 19-22.

［60］ 张俊哲, 梁晓庆. 多中心理论视阈下农村环境污染的有效治理［J］. 理论探讨, 2012,
(4): 164-167.

［61］ 郝德利, 侯小军, 董宝生. 基于多中心治理理论的农村环境污染防治对策［J］. 环境
科学与管理, 2013, 38(2): 14-17.

［62］ 竺乾威. 从新公共管理到整体性治理［J］. 中国行政管理, 2008, (10): 52-58.

［63］ LEAT, DIANA, SETZLER, KIMBERLEY, STOKER, GERRY. Towards holistic governance:
the new reform agenda［M］. London: Palgrave Macmillan Publishers, 2002.

［64］ DUNLEAVY P, MARGETTS H, BASTOW S, et al. Digital era governance: IT
corporations, the state, and e-government［M］. Oxford: Oxford University Press, 2006.

［65］ 张丽娜, 袁何俊. 后新公共管理改革——作为一种新趋势的整体政府［J］. 中国行政
管理, 2006, (9): 83-90.

［66］ 涂晓芳, 黄莉培. 基于整体政府理论的环境治理研究［J］. 北京航空航天大学学报 (社
会科学版), 2011, 24(4): 1-6.

［67］ 黄莉培. 整体政府理论对我国环境治理的启示——基于英美德三国环境治理模式［J］.
中国青年政治学院学报, 2012, (5): 93-97.

［68］ 吕建华, 高娜. 整体性治理对我国海洋环境管理体制改革的启示［J］. 中国行政管理,
2012, (5): 19-22.

［69］ 黄滔. 淮河流域环境与发展问题整体性治理研究［J］. 理论月刊, 2013, (12): 169-171.

［70］ 万长松, 李智超. 京津冀地区环境整体性治理研究［J］. 河北科技师范学院学报 (社
会科学版), 2014, 13(3): 6-9.

［71］ ［美］埃莉诺·奥斯特罗姆著. 余逊达、陈旭东译. 公共事务的治理之道［M］. 上海:
上海三联书店, 2000.

［72］ GUNNINGHAM N. The new collaborative environmental governance［J］. RegNet
Research Paper, 2011(2013/15).

［73］ ECKERBERG K, JOAS M. Multi-level environmental governance: a concept under stress?
［J］. Local Environment, 2004, 9(5): 405-412.

［74］ ANDERSON W, WEIDNER E W. Intergovernmental Relations in the United States［M］. Minneapolis: University of Minnesota Press, 1960.

［75］ 黄一涛. "府际治理"：长三角"政府间横向关系研究［D］. 上海：中共上海市委党校, 2008.

［76］ 林尚立. 国内政府间关系［M］. 杭州：浙江人民出版社, 1998.

［77］ 谢庆奎. 中国政府的府际关系研究［J］. 北京大学学报(哲学社会科学版), 2000, 37(1): 26-34.

［78］ 杨宏山. 府际关系论［M］. 北京：中国社会科学出版社, 2005.

［79］ 薛立强, 杨书文, 张蕾. 府际合作：滨海新区管理体制改革的重要方面［J］. 天津商业大学学报, 2010, 30(2): 54-58.

［80］ 郑永年. 中国的"行为联邦制"：中央—地方关系的变革与动力［M］. 北京：东方出版社, 2013.

［81］ 龚梦洁. 政府科层间环境信息传递机制及失真致因研究［D］. 北京：清华大学, 2018.

［82］ 张凌云, 齐晔, 毛显强等. 从量考到质考：政府环保考核转型分析［J］. 中国人口·资源与环境, 2018, (10): 105-111.

［83］ HARRISON T, KOSTKA G. Balancing priorities, aligning interests: Developing mitigation capacity in China and India［J］. Comparative Political Studies, 2014, 47(3): 450-480.

［84］ LANDRY P F. Decentralized Authoritarianism in China［M］. New York: Cambridge University Press, 2008.

［85］ XU C. The fundamental institutions of China's reforms and development［J］. Journal of Economic Literature, 2011, 49(4): 1076-1151.

［86］ LIEBERTHAL K. China's Governing System and its Impact on Environmental Policy Implementation［M］. Washington, DC: Woodrow Wilson, 1997.

［87］ ANSELIN L. Spatial effects in econometric practice in environmental and resource economics［J］. American Journal of Agricultural Economics, 2001, 83(3): 705-710.

［88］ POTOSKI M. Clean air federalism: Do states race to the bottom?［J］. Public Administration Review, 2001, 61(3): 335-342.

［89］ EATON S, KOSTKA G. Authoritarian environmentalism undermined? Local leaders' time horizons and environmental policy implementation in China［J］. The China Quarterly, 2014, 218: 359-380.

［90］ HARRISON T, KOSTKA G. Balancing priorities, aligning interests: Developing mitigation capacity in China and India［J］. Comparative Political Studies, 2014, 47(3): 450-480.

［91］ LI H, ZHOU L A. Political turnover and economic performance: The incentive role of personnel control in China［J］. Journal of Public Economics, 2003, 89(9): 1743-1762.

［92］ Qi Y, ZHANG L. Local environmental enforcement constrained by central–local relations in China［J］. Environmental Policy and Governance, 2014, 24(3): 216-232.

［93］杨海生，陈少凌，周永章. 地方政府竞争与环境政策——来自中国省份数据的证据［J］. 南方经济, 2008(6): 15-30.

［94］GILLEY B. Local governance pathways to decarbonization in China and India［J］. The China Quarterly, 2017, 231: 728-748.

［95］GAO J. Governing by goals and numbers: A case study in the use of performance measurement to build state capacity in China［J］. Public Administration and Development, 2010, 29(1): 21-31.

［96］陈潭，刘兴云. 锦标赛体制、晋升博弈与地方剧场政治［J］. 公共管理学报, 2011(2): 21-33.

［97］唐啸. 正式与非正式激励: 环境约束性指标政策执行机制研究［D］. 北京: 清华大学, 2015.

［98］KOSTKA G, HOBBS W. Embedded interests and the managerial local state: The political economy of methanol fuel-switching in China［J］. Journal of Contemporary China, 2013, 22(80): 204-218.

［99］QI Y, MA L, ZHANG H, et al. Translating a global issue into local priority: China's local government response to climate change［J］. Journal of Environment and Development, 2008, 17(4): 379-400.

［100］RAN R. Perverse incentive structure and policy implementation gap in China's local environmental politics［J］. Journal of Environmental Policy & Planning, 2013, 15(1): 17-39.

［101］LIEBERTHAL K. Governing China: From Revolution Through Reform［M］. New York: WW Norton, 1995.

［102］冉冉. 中国环境政治中的政策框架特征与执行偏差［J］. 教学与研究, 2014, (5): 55-63.

［103］RAN R. Understanding blame politics in China's decentralized system of environmental governance: Actors, strategies and context［J］. The China Quarterly, 2017, 231: 1-28.

［104］KOSTKA G. Command without control: The case of China's environmental target system［J］. Regulation and Governance, 2016, 10: 58-74.

［105］KOSTKA G, NAHM J. Central–Local relations: Recentralization and environmental governance in China［J］. The China Quarterly, 2017, 231: 567-582.

［106］冉冉. 道德激励、纪律惩戒与地方环境政策的执行困境［J］. 经济社会体制比较, 2015, (2): 153-164.

［107］MOL A P J, CARTER N T. China's environmental governance in transition［J］. Environmental Politics, 2006, 15(2): 149-170.

［108］VAN ROOIJ B. Regulating Land and Pollution in China, Lawmaking, Compliance, and Enforcement: Theory and Cases［M］. Leiden: Leiden University Press, 2006.

［109］KOSTKA G. Barriers to the implementation of environmental policies at the local level in China［J］. 2014, World Bank Policy Research Working Paper No. WPS 7016.

［110］VAN ROOIJ B, STERN R E, FÜRST K. The authoritarian logic of regulatory pluralism: Understanding China's new environmental actors［J］. Regulation and Governance, 2016, 10: 3-13.

［111］张希良, 齐晔. 中国低碳发展报告(2017)［M］. 北京: 社会科学文献出版社, 2017.

［112］WANG Y, SONG Q, HE J, et al. Developing low-carbon cities through pilots［J］. Climate Policy, 2015, 15(S1): S81-S103.

［113］马丽, 李惠民, 齐晔. 节能的目标责任制与自愿协议［J］. 中国人口·资源与环境, 2011, (6): 95-101.

［114］周宏春. 补生态环境短板从中央环保督察入手［J］. 绿叶. 2016, (8): 6-19.

［115］陈阳. 论我国土地督察制度良善化进路——以中央与地方关系为视角［J］. 东方法学, 2017, (2): 154-160.

［116］范柏乃, 汪基强, 张晓玲等. 国家土地督察制度实施绩效评估的理论基础与指标体系构建［J］. 中国土地科学, 2012, (4): 10-16.

［117］甘藏春. 土地督察: 全新的制度 全新的事业［N］. 中国国土资源报, 2007-3-12.

［118］杜新波. 基于国内外相关监管制度比较视角的土地督察体制创新研究［D］. 北京: 中国地质大学(北京), 2013.

［119］董祚继. 走向良好监管: 国家土地督察制度的理论和实践研究［M］. 北京: 地质出版社, 2009.

［120］顾龙友. 进一步显化国家土地督察工作的地位和作用［J］. 国土资源情报. 2015, (6): 8-12.

［121］施华赟. 国家土地督察机构现实困境分析［D］. 北京: 清华大学, 2016.

［122］周雪光. 运动型治理机制: 中国国家治理的制度逻辑再思考［J］. 开放时代. 2012, (9): 105-125.

［123］张乃贵. 把握土地督察工作主动权［N］. 中国国土资源报, 2006-12-26.

［124］卢安烈. 当前实践国家土地督察制度面临的突出问题及对策建议［J］. 国土资源情报. 2013, (6): 7-10.

［125］何为, 黄贤金, 钟太洋等. 基于内容分析法的土地督察制度建设进展评价［J］. 中国土地科学. 2013, (1): 4-10.

［126］毛寿龙, 骆苗. 国家主义抑或区域主义: 区域环保督查中心的职能定位与改革方向［J］. 天津行政学院学报. 2014(2).

［127］戚建刚, 余海洋. 论作为运动型治理机制之"中央环保督察制度"——兼与陈海嵩教授商榷［J］. 理论探讨. 2018(2).

［128］杨波. 中国环境监管体制创新——区域环境保护督查中心研究［D］. 北京: 清华大学,

2014.

［129］韩兆坤. 我国区域环保督查制度体系、困境及解决路径［J］. 江西社会科学. 2016, (5): 193-200.

［130］刘奇, 张金池, 孟苗婧. 中央环境保护督察制度探析［J］. 环境保护. 2018, (1): 50-53.

［131］WANG M, WEBBER M, FINLAYSON B, et al. Rural industries and water pollution in China［J］. Journal of Environmental Management. 2008, 86(4): 648-659.

［132］冉冉. 中国地方环境政治［M］. 北京: 中央编译出版社, 2015.

［133］丁瑶瑶. 首轮中央环保督察全面收官［J］. 环境经济. 2018, (2): 10-11.

［134］潘骞. 安徽省在中央环保督察宣传工作中的经验及建议［J］. 环境保护. 2017, (17): 75-76.

［135］刘奇, 张金池. 基于比较分析的中央环保督察制度研究［J］. 环境保护. 2018, (11): 51-54.

［136］周雪光. 中国国家治理的制度逻辑［M］. 上海: 三联书店, 2017.

［137］朱玫. 环保督察将成为常态［J］. 环境经济. 2018, (2): 46-47.

［138］RAN R. Perverse incentive structure and policy implementation gap in China's local environmental politics［J］. Journal of Environmental Policy & Planning. 2013, 15(1): 17-39.

［139］翁智雄, 葛察忠, 王金南. 环境保护督察: 推动建立环保长效机制［J］. 环境保护. 2016, (Z1): 90-93.

［140］张凌云, 齐晔, 毛显强, 龚梦洁. 从量考到质考: 政府环保考核转型分析［J］. 中国人口·资源与环境. 2018, (10): 105-111.

［141］张紧跟. 当代中国政府间关系导论［M］. 北京: 社会科学文献出版社, 2009.

［142］HARDIN G. The tragedy of the commmons［J］. Science, 1968, 162(3859): 1243-1248.

［143］COASE R H. The problem of social cost［J］. The Journal of Law and Economics, 1960, 3(10): 1-44.

［144］OSTROM E. Beyond markets and states: Polycentric governance of complex economic systems［J］. American Economic Review, 2009, 100(3): 641-672.

［145］HELLER M. The tragedy of the anticommons: property in the transition from Marx to markets［J］. Harvard Law Review, 1998, 111(3): 621-688.

［146］HELLER M, EISENBERG R S. Can patents deter innovation? The anticommons in biomedical research［J］. Science, 1998, 280(5364): 698-701.

［147］［美］迈克尔·赫勒. 困局经济学［M］. 北京: 机械工业出版社, 2009.

［148］MITCHELL M, STRATMANN T. A tragedy of the anticommons: local option taxation and cell phone tax bills［J］. Public Choice, 2015, 165(3): 171-191.

［149］BUCHANAN J M, YOON Y J. Symmetric tragedies: Commons and anticommons［J］. Journal of Law and Economics, 2000, 43(1): 1-14.

［150］PARISI F, SCHULZ N, DEPOORTER B. Duality in property: commons and anticommons ［J］. International Review of Law and Economics, 2005, 25(4): 578-591.

［151］朱宇江. "公地悲剧"与"反公地悲剧"对称性论证述评［J］. 山西大学学报 (哲学社会科学版), 2013, 36(3): 116-121.

［152］VANNESTE S, VAN HIEL A, PARISI F, et al. From "tragedy" to "disaster"：Welfare effects of commons and anticommons dilemmas ［J］. International Review of Law and Economics, 2006, 26(1): 104-122.

［153］RODRIGO C, DEATON B. Restoring Tsunami Damaged Coastal Lands in Sri Lanka: Evidence of the Anticommons?［J］. The Journal of Development Studies, 2016: 1-14.

［154］MAJOR I. A Political Economy Application of the "Tragedy of the Anticommons"：The Greek Government Debt Crisis ［J］. International Advances in Economic Research, 2014, 20(4): 425-437.

［155］高洁, 张奋勤. 政府公共管理中的"反公地悲剧"与"大部制"改革［J］. 经济社会体制比较, 2008, (6): 97-101.

［156］王勇. 从"公地悲剧"到"反公地悲剧"［D］. 上海: 华东师范大学, 2013.

［157］BRUNETTI K A. It's time to create a bay area regional government ［J］. Hastings Law Journal, 1991, 42(4): 1103-1141.

［158］席恒, 雷晓康. 合作收益与公共管理: 一个分析框架及其应用［J］. 中国行政管理, 2009, (1): 109-113.

［159］SMITH J M. The theory of games and the evolution of animal conflicts ［J］. Journal of Theoretical Biology, 1974, 47(1): 209-221.

［160］AND D L, LEVINE D K, PESENDORFER W. The evolution of cooperation through imitation ［J］. Games & Economic Behavior, 2007, 58(2): 293-315.

［161］FRIEDMAN D. Evolutionary Games in Economics［J］. Econometrica, 1991, 59, (3): 637-666.

［162］陶品竹. 从属地主义到合作治理: 京津冀大气污染治理模式的转型［J］. 河北法学, 2014, 32, (10): 120-129.

［163］施从美, 沈承诚. 区域生态治理中的府际关系研究［M］. 广州: 广东人民出版社, 2011.

［164］薄文广, 陈飞. 京津冀协同发展: 挑战与困境［J］. 南开学报 (哲学社会科学版), 2015, (1): 110-118.

［165］张志红. 地方政府社会管理创新中的伙伴关系研究［J］. 南开学报 (哲学社会科学版), 2013, (4): 19-25.

［166］SCHMITTER P C . Still the Century of Corporatism?［J］. Review of Politics, 1974, 36(1): 85-131.

［167］安戈，刘庆军，王尧.中国的社会团体，公民社会和国家组合主义：有争议的领域［J］.开放时代，2009，(11)：134-140.

［168］巴纳德.经理人员的职能［M］.北京：中国社会科学出版社，1997.

［169］巴纳德.组织与管理［M］.北京：中国人民大学出版社，2009.

［170］丁煌.西方行政学理论概要(第二版)［M］.北京：中国人民大学出版社，2011.

［171］余晖.管制与自律［M］.杭州：浙江大学出版社，2008.

［172］［美］菲利普·库珀著.竺乾威等译.合同制治理——公共管理者面临的挑战与机遇［M］.上海：复旦大学出版社，2007.

［173］王浦劬，［美］莱斯特·M·萨拉蒙等著.政府向社会组织购买公共服务研究——中国与全球经验分析［M］.北京：北京大学出版社，2010.

［174］BROADBENT, JANE, GRAY, ANDREW, JACKSON, PETER M. Public-Private Partnerships: Editorial［J］. Public Money & Management, 23(3): 135-136.

［175］［美］萨瓦斯著.民营化与公司部门的伙伴关系［M］.北京：中国人民大学出版社，2002.

［176］郁建兴，吴玉霞.公共服务供给机制创新：一个新的分析框架［J］.学术月刊，2009，(12)：14-20.

［177］PRAGER J. Contracting out government services: Lessons from the private sector［J］. Public administration review, 1994: 176-184.

［178］BARDACH E, LESSER C. Accountability in human services collaboratives—For what? and to whom?［J］. Journal of Public Administration Research and Theory, 1996, 6(2): 197-224.

［179］洪静.1987年以来韩国NGO与政府关系［J］.北京行政学院学报，2011，(2)：52-57.

［180］刘雨辰.民主主义视角下韩国市民社会的角色转换［J］.世界经济与政治论坛，2013，(4)：30-49.

［181］BRØDSGAARD, KJELD ERIK, Y. N. Cheng. Bringing the party back in: how China is governed［M］. East Asian Institute, National University of Singapore: Eastern Universities Press, 2004.

［182］孙柏瑛，武俊伟."双向建构"中的城市政府基层社会治理转型——路径、困境与未来展望［J］.公共管理与政策评论，2018，(1)：12-27.

［183］孙立平，王汉生，王思斌等.改革以来中国社会结构的变迁［J］.中国社会科学，1994，(2)：47-62.

［184］陈亮，李元.去"悬浮化"与有效治理：新时期党建引领基层社会治理的创新逻辑与类型学分析［J］.探索，2018，(6)：109-115.

［185］曹海军.党建引领下的社区治理和服务创新［J］.政治学研究，2018，(1)：95-98.

［186］CHARLES TILLY. Reflections on the History of European State-making in the Formation of National States in Western Europe［M］, Princeton and London: Princeton University Press, 1975.

［187］黄冬娅. 多管齐下的治理策略:国家建设与基层治理变迁的历史图景［J］. 公共行政评论, 2010, 3(4):111-140.

［188］汪晖等. 文化与公共性［M］. 北京:三联书店, 1998.

［189］纪莺莺. 从"双向嵌入"到"双向赋权":以N市社区社会组织为例——兼论当代中国国家与社会关系的重构［J］. 浙江学刊, 2017, (1): 49-56.

［190］杨宝. 政社合作与国家能力建设——基层社会管理创新的实践考察［J］. 公共管理学报, 2014, 11(2): 51-59.

王清. 共生式发展:一种新的国家和社会关系——以N区社会服务项目化运作为例［J］. 中共浙江省委党校学报, 2017, 33(5): 16-23.

［191］林尚立. 执政的逻辑:政党、国家与社会［J］. 复旦政治学评论, 2005: 1-17.

［192］BRUCE J. DICKSON. Democratization in China and Taiwan: The adaptability of Leninist Parties［M］. Oxford: Clarendon Press, 1997.

［193］阎小骏. 中国何以稳定:来自田野的观察与思考［M］. 北京:中国社会科学出版社, 2017.

［194］兰斯·戈尔, 张超. 市场化和城市化中党的基层组织转型的大趋势［J］. 国外理论动态, 2014, (9): 70-81.

［195］孙柏瑛, 蔡磊. 十年来基层社会治理中党组织的行动路线——基于多案例的分析［J］. 中国行政管理, 2014, (8): 57-61.

［196］刘伟. 从"嵌入吸纳制"到"服务引领制":中国共产党基层社会治理的体制转型与路径选择［J］. 行政论坛, 2017, 24(5): 38-44.

［197］杨日青, 李培元等. 政治学新论［M］. 台北:韦伯文化事业出版社, 2002.

［198］唐文玉. 区域化党建与执政党对社会的有机整合［J］. 中共中央党校学报, 2012, 16(1): 58-61.

［199］刘先春, 赵洪良. 新时代基层党组织建设的政治责任与路径创新——基于密切党群关系的视角［J］. 探索, 2018, (4): 123-128.

［200］孙柏瑛, 张继颖. 解决问题驱动的基层政府治理改革逻辑——北京市"吹哨报到"机制观察［J］. 中国行政管理, 2019, (4): 72-78.

［201］新华网.《2015年1-6月全国政务新媒体综合影响力报告》发布［EB/OL］. (2015-08-18)［2018-12-02］. http://www.xinhuanet.com/yuqing/2015/08/18/c_128137211.htm.

［202］中国新闻网. 都说垃圾分类是好事, 可参与度为何一直不高［EB/OL］. (2017-09-03)［2018-11-09］. https://news.china.com/domesticgd/10000159/20170903/31267822.html.

［203］中国政府网. 我国首份《全国生态文明意识调查研究报告》发布［EB/OL］. (2014-02-20)［2018-11-09］. http://www.gov.cn/jrzg/2014/02/20/content_2616364.htm.

［204］搜狐网.火速围观！359座生活垃圾焚烧厂信息公开和污染物排放报告［EB/OL］.
　　　 (2017-09-03)［2018-11-09］. http://www.sohu.com/a/243618480_465250.

［205］贾利佳, 钟卫红.政府环境信息公开的现状、问题及展望［J］.汕头大学学报(人文
　　　 社会科学版), 2018, (2): 74-80.

［206］张萍, 韩静宇, 农麟.浅析公众环保参与的理论内涵与现实问题［J］.中国矿业大学
　　　 学报(社会科学版), 2016, 18(6): 52-57.

［207］新京报.环境部放大招！就该让"环评公众参与"弄虚作假没门［EB/OL］.(2017-
　　　 09-03)［2018-11-09］. https://baijiahao.baidu.com/s?id=1608017034478398578&wfr=spi
　　　 der&for=p.

［208］人民网.人民网新媒体智库发布《2016年全国政务舆情回应指数评估报告》［EB/
　　　 OL］. (2016-12-23)［2018-11-23］. http://yuqing.people.com.cn/n1/2016/1223/
　　　 c408627-28972701.html.

［209］黄楠楠.环境影响评价中公众参与制度的研究［D］.上海: 华东政法大学, 2015.

［210］杨丹芳.我国战略环境影响评价法律问题研究［D］.天津: 天津大学, 2012.

［211］余艳红, 朱源, YUYan-hong等.中荷战略环评中的公众参与比较及启示［J］.环境科
　　　 学导刊, 2014, (5): 87-91.

［212］生态环境部.关于印发《生活垃圾焚烧发电建设项目环境准入条件（试行）》的通知
　　　 ［EB/OL］. (2018-03-05)［2018-11-11］. http://www.mee.gov.cn/gkml/hbb/bgt/201803/
　　　 t20180323_432980.htm.

［213］陈刚, 蓝艳.大数据时代环境保护的国际经验及启示［J］.环境保护, 2015, 43(19):34-
　　　 37.

［214］王名, 邢宇宙.多元共治视角下我国环境治理体制重构探析［J］.思想战线, 2016,
　　　 42(4).

［215］SIMA Y. Grassroots environmental activism and the Internet: Constructing a green public
　　　 sphere in China［J］. Asian Studies Review, 2011, 35(4): 477-497.

［216］LIANG, C. YANG, D. Crisis and Breakthrough of China's Environment (2005)［M］.
　　　 Beijing: Social Sciences Academic Press, 2006.

［217］邓国胜.中国环保NGO发展指数研究［J］.中国非营利评论, 2010, 6(2): 200-212.

［218］SAICH T. Negotiating the state: The development of social organizations in China［J］.
　　　 The China Quarterly, 2000, 161: 124-141.

［219］TEETS J C. The power of policy networks in authoritarian regimes: Changing
　　　 environmental policy in China［J］. Governance, 2018, 31(1): 125-141.

［220］ZHAN X, TANG S Y. Political opportunities, resources constraints and policy's advocacy
　　　 of environmental NGOs in China［J］. Public Administration, 2013, 91(2): 381-399.

［221］HO P, EDMONDS R L. China's Embedded Activism: Opportunities and Constraints of a

Social Movement［M］. New York: Routledge, 2008.

［222］林红. 我国民间环保组织发展的历时和共时向度［J］. 中华环境, 2016, (8): 40-43.

［223］中华环保联合会. 中国环保民间组织发展状况报告［J］. 环境保护, 2006, (5b): 60-69.

［224］黄晓勇. 社会组织蓝皮书:中国社会组织报告(2016-2017)［M］. 北京: 社会科学文献出版社, 2017.

［225］《环保公众参与的实践与探索》编写组. 环保公众参与的实践与探索［M］. 北京: 中国环境出版社, 2015.

［226］曾鼎. 垃圾焚烧信息申请公开难, 环保部门称泄露国家机密［EB/OL］.(2017-10-18)［2018-11-19］. https://gongyi.ifeng.com/a/20151222/41527600_0.shtml.

［227］新华网. 去年全国提起44件环境公益诉讼 环保组织称立案标准不统一［EB/OL］. (2016-12-17)［2017-10-30］. http://news.xinhuanet.com/politics/2016/12/19/c_1120140246.htm.

［228］王社坤. 民间环保组织在环境公益诉讼中的角色及作用［J］. 中国环境法治. 2013, (2): 157-192.

［229］LAI W, ZHU J, TAO L, et al. Bounded by the state: Government priorities and the development of private philanthropic foundations in China［J］. The China Quarterly, 2015, 224: 1083-1092.

［230］ARGYRIS, C., SCHON, D. A. Organizational Learning［M］. Reading, MA: Addison-Wesley, 1978.

［231］EBRAHIM, A. NGOs and Organizational Change: Discourse, Reporting, and Learning［M］. Cambridge: Cambridge University Press, 2005.

［232］陈国权, 马萌. 组织学习的过程模型研究［J］. 管理科学学报, 2000, (3): 15-23.

［233］MARCH J G. Exploration and exploitation in organizational learning［J］. Organization science, 1991, 2(1): 71-87.

［234］DIMAGGIO P J, POWELL W W. The iron cage revisited: Institutional isomorphism and collective rationality in organizational fields［J］. American Sociological Review, 1983: 147-160.

［235］HUBER G P. Organizational learning: The contributing processes and the literatures［J］. Organization science, 1991, 2(1): 88-115.

［236］COHEN W M, LEVINTHAL D A. Absorptive capacity: A new perspective on learning and innovation［J］. Administrative science quarterly, 1990, 35(1): 128-152.

［237］ARGYRIS, C., SCHON, D. A. Organizational Learning II: Theory, Method, and Practice［M］, Reading, MA: Addison-Wesley, 1996.

［238］周雪光. 组织社会学十讲［M］. 北京: 社会科学文献出版社, 2003.

［239］DEAR M. Understanding and overcoming the NIMBY syndrome［J］. Journal of the American planning association, 1992, 58(3): 288-300.

［240］常健.公共冲突管理［M］.北京：中国人民大学出版社，2012.

［241］LEWICKI R J, LITTERER J A, MINTON J W, et al. Negotiation (2nd Edition)［J］. Burr Ridge, IL: Irwin, 1994.

［242］康晓强.有效发挥社会组织在化解社会矛盾方面的积极作用［J］.教学与研究，2014，48(2): 24-30.

［243］范铁中.社会组织参与社会矛盾化解的作用探析［J］.青海社会科学，2013, (1): 34-37.

［244］梁德友，刘志奇.社会组织参与群体性事件治理研究：功能、困境与政策调适［J］.河北大学学报(哲学社会科学版)，2016，41(3): 136-142.

［245］范和生，唐惠敏.社会组织参与社会治理路径拓展与治理创新［J］.北京行政学院学报，2016, (2): 90-97.

［246］赵伯艳.社会组织参与冲突管理的功能与可行性分析——基于与公共行政组织的比较视角［J］.云南行政学院学报，2011, (3): 100-103.

［247］赵伯艳.社会组织在公共冲突治理中的角色定位［J］.理论探索，2013, (1): 99-103.

［248］张恂，钟冬生.国内学界关于社会组织环境冲突治理功能的研究述评［J］.云南行政学院学报，2017, (3): 134-141.

［249］汪大海，柳亦博.社会冲突的消解与释放：基于冲突治理结构的分析［J］.华东经济管理，2014, (10): 105-109.

［250］彭小兵.环境群体性事件的治理——借力社会组织"诉求—承接"的视角［J］.社会科学家，2016, (4): 16-21.

［251］刘超.城市邻避冲突的协商治理——基于湖南湘潭九华垃圾焚烧厂事件的实证研究［J］.吉首大学学报(社会科学版)，2016，37(5): 95-100.

［252］何艳玲."中国式"邻避冲突：基于事件的分析［J］.开放时代，2009, (12): 104-116.

［253］任丙强.以环保组织化解环境群体冲突：优势、途径与建议［J］.中国行政管理，2013, (6): 64-67.

［254］杨立华，张腾.非政府组织在环境危机治理中的作用、类型及机制——一个多案例的比较研究［J］.复旦公共行政评论，2014, (1): 101-134.

［255］陈红霞.英美城市邻避危机管理中社会组织的作用及启示［J］.党政视野，2016, (4): 38-38.

［256］赵鼎新.社会与政治运动讲义［M］.北京：社会科学文献出版社，2012.

［257］齐晔.中国环境监管体制研究［M］.上海：三联书店，2008.